SCHRIFTENREIHE FÜR GEOLOGISCHE WISSENSCHAFTEN

HEFT 24

HERAUSGEGEBEN VOM VORSTAND DER GESELLSCHAFT
FÜR GEOLOGISCHE WISSENSCHAFTEN DER DDR (GGW)

EGINHARD FABIAN, MARTIN GUNTAU und MANFRED STÖRR (Hrsg.)

Philosophie und Geologie

Beiträge zum III. DDR-UdSSR-Symposium
zur Geschichte der Geologischen Wissenschaften
„Entwicklungsgeschichte von philosophisch-methodologischen Ideen in den Geowissenschaften“,
25.—27. Oktober 1983 in Greifswald

Mit 11 Abbildungen und 2 Tabellen

AKADEMIE-VERLAG BERLIN

Schriftenr. geol. Wiss. · Berlin 24 (1985) · S. 1—176

Herausgeber der Schriftenreihe für Geologische Wissenschaften ist der Vorstand der Gesellschaft für Geologische Wissenschaften der DDR (GGW)

— Vorsitzender der GGW: Prof. Dr. sc. nat. Manfred Störr, Ernst-Moritz-Arndt-Universität, Sektion Geologische Wissenschaften, DDR - 2200 Greifswald, Friedrich-Ludwig-Jahn-Str. 17a

— Wissenschaftlicher Sekretär der GGW: Dipl.-Min. Joachim Lamprecht

— Das Sekretariat der Gesellschaft für Geologische Wissenschaften der DDR hat seinen Sitz in DDR - 1040 Berlin, Invalidenstraße 43, Fernsprecher 2826490/2826460

ISSN 0323-8946

Erschienen im Akademie-Verlag Berlin, DDR - 1086 Berlin, Leipziger Straße 3—4

Lizenznummer: 202 · 100/450/85
Printed in the German Democratic Republic
Gesamtherstellung: VEB Druckhaus „Maxim Gorki", 7400 Altenburg
Lektor: Dipl.-Phys. Helga Müller
Redaktionsschluß: 28. 6. 1984
LSV 1415
Bestellnummer: 7634422 (2170/24)

03300

INHALT

Vorwort

In den letzten Jahrzehnten haben philosophische und wissenschaftshistorische Arbeiten in den Geologischen Wissenschaften an Bedeutung gewonnen. Zu derartigen Themen wurden in verschiedenen Ländern wissenschaftliche Veranstaltungen durchgeführt und Publikationen herausgegeben. Erkenntnisfortschritte auf diesem Gebiet zu erreichen, ist auch das Anliegen der Zusammenarbeit zwischen Geologen, Philosophen und Wissenschaftshistorikern der DDR und der UdSSR. Nach den erfolgreichen bilateralen DDR-UdSSR-Symposien zur Geschichte der Geologischen Wissenschaften 1975 in Berlin und 1979 in Jerevan wurden auf einem dritten Symposium 1983 in Greifswald Beiträge zur Entwicklungsgeschichte von philosophisch-methodologischen Ideen in den Geowissenschaften vorgestellt und diskutiert.

Fragen dieser Art haben in der Geschichte des wissenschaftlichen Erkennens immer eine Rolle gespielt und sind auch in der Lehre und Forschung der Gegenwart von großer Wichtigkeit. Theoretische und methodologische Auffassungen in den Naturwissenschaften wirken auf die Ausarbeitung philosophischer Kategorien und weltanschaulicher Konzeptionen ebenso ein, wie das naturwissenschaftliche Denken stets in erheblichem Maße durch philosophische Vorstellungen beeinflußt wird.

Vertreter der Geologischen und Geographischen Wissenschaften sowie Philosophen und Wissenschaftshistoriker vereinte im Karl-Marx-Jahr 1983 auf dem Symposium in Greifswald die Absicht, ausgehend von marxistisch-leninistischen Positionen philosophisch-methodologische Probleme aus der Geschichte der Geologischen Wissenschaften herauszuarbeiten und zu analysieren. Letztlich sollten damit Impulse gegeben werden, auch in der Gegenwart wieder stärker theoretisch-methodologische Fragen der Geologischen Wissenschaften zu diskutieren, um damit insbesondere einen Beitrag zur Entwicklung der theoretischen Erkenntnis in diesen Disziplinen zu leisten. Dies vor allem auch deshalb, weil in der DDR nach einem markanten Höhepunkt in den 60er Jahren die Zahl der Publikationen zu philosophisch-methodologischen Problemen der Geologischen Wissenschaften in den letzten Jahren geringer geworden ist. Dagegen haben sich auf diesem Gebiet in der Sowjetunion die Aktivitäten spürbar verstärkt. Dort hat nicht nur die Anzahl der Publikationen zugenommen; es werden auch weiterführende und neue Fragestellungen in die Betrachtung einbezogen. Die Veröffentlichung wesentlicher Beiträge des Greifswalder Symposiums verfolgt daher das Ziel, weitere philosophisch-methodologische Studien auf dem Gebiet der Geologischen Wissenschaften auch in der DDR anzuregen.

In das vorliegende Heft wurden Beiträge aufgenommen, die in interessanten Detailuntersuchungen Ideen und Zusammenhänge darlegen und durch ihre Problemsicht Impulse für weitere Überlegungen oder Diskussionen geben. Es handelt sich um Beiträge mit Aussagen über Wechselbeziehungen zwischen Philosophie und Geologischen Wissenschaften, zum Gesetzesbegriff in der Geologie, zur Frage der Dialektik natürlicher geologischer Prozesse, mit Gedanken über Modelle in der geologischen Arbeit und mit Vorstellungen zur Entwicklung von Theorien und Begriffen in der Geschichte der Geologie. Probleme des Systemcharakters in der geologischen Erkenntnis,

Überlegungen zur historischen und aktualistischen Methode in der Erdgeschichtsforschung sowie philosophische Interpretationen der Leistungen bedeutender Gelehrter in der Vergangenheit werden ebenso zur Diskussion gestellt wie Fragen der Gegenstandsbestimmung verschiedener Disziplinen der Wissenschaften von der Erde. In einzelnen Arbeiten werden praxiswirksame Problemstellungen aufgegriffen und philosophisch analysiert. Andere Beiträge verdeutlichen, daß verabsolutierende Wertungen naturwissenschaftlicher Ideen in der Geschichte der Geologischen Wissenschaften dem objektiven Verlauf der Theorienentwicklung in der Regel nicht gerecht werden und demzufolge differenziertere Interpretationen erarbeitet werden müssen. Weitere Überlegungen tragen zum besseren Verständnis und zur präziseren Bestimmung wichtiger geologischer Begriffe aus wissenschaftshistorischer Sicht bei. Alles das sind Beispiele für fruchtbare Resultate philosophisch-wissenschaftshistorischer Arbeit in den Geologischen Wissenschaften, die weitergeführt werden sollte.

Dabei hat sich bewährt, daß Geologen, Geographen, Philosophen und Wissenschaftshistoriker eng zusammenwirken und daß vor allem Problemsicht und Problemlösungen wechselseitig diskutiert werden. Deshalb sollten auch insbesondere Beiträge aus philosophischer Sicht als Anregung genutzt werden, wirkliche Probleme in den Geologischen und Geographischen Wissenschaften aufzugreifen und durch die gemeinsame Diskussion mit Philosophen zu lösen. Auf diese Weise könnte die philosophische Arbeit auf dem Gebiet der Geologischen Wissenschaften fortgesetzt und belebt werden. Dazu haben die Vorträge des Symposiums in Greifswald bereits in spürbarem Maße beigetragen.

Eginhard Fabian
Martin Guntau
Manfred Störr

Schriftenr. geol. Wiss. · Berlin 24 (1985) · S. 7–16

Zur Geschichte der Geologischen Wissenschaften an der Ernst-Moritz-Arndt-Universität Greifswald

Von MANFRED STÖRR, HELMUT NESTLER, KURT RUCHHOLZ und KARL-FRIEDRICH LANDGRAF (Greifswald)

Anläßlich des III. DDR-UdSSR-Symposiums zur Geschichte der geologischen Wissenschaften möchten die Angehörigen der Sektion Geologische Wissenschaften der Ernst-Moritz-Arndt-Universität Greifswald in kurzen Zügen mit der Entwicklung der geologischen Disziplinen an unserer Universität bekannt machen; von den bescheidenen Anfängen im 18. Jh. bis in unsere Gegenwart, in der die Sektion im Rahmen der sozialistischen Universität eine entscheidende Profilierung erfuhr. Es lassen sich im wesentlichen vier Entwicklungsphasen erkennen:

1. Eine Frühphase vor 1775. In jener Zeit wurden von Professoren der Medizinischen Fakultät die Belange der Naturwissenschaften und demgemäß auch der Mineralogie wahrgenommen.
2. In der Zeit von 1775 bis 1860 entwickelte sich die Mineralogie im Rahmen des Lehrstuhls bzw. des Instituts für Chemie und Mineralogie.
3. Die Phase von 1860 bis Anfang der 50er Jahre dieses Jahrhunderts begann mit der Gründung des Mineralogischen Instituts, setzte sich 1883 mit der Einrichtung einer Professur für Geologie fort und führte zur Entwicklung der mineralogisch-petrographischen und geologisch-paläontologischen Arbeitsrichtungen und Institute.
4. Nach 1945 erfolgte die Herausbildung einer sozialistischen Universitätseinrichtung, die in den 50er Jahren mit einer verstärkten Studentenausbildung einsetzte und 1968 in der Gründung der Sektion Geologische Wissenschaften einen Ausgangspunkt für eine optimale Entwicklung fand.

Die Zeit vor 1775

Wie alle Naturwissenschaften an der Universität Greifswald, entwickelten sich auch die Geowissenschaften recht spät und relativ langsam. Die 1456 als Pommersche Staatsuniversität gegründete Hochschule pflegte über Jahrhunderte hinweg vor allem Theologie, Rechtswissenschaften und Medizin. Im Rahmen der Philosophischen Fakultät wurde seit dem 16. Jahrhundert auch die Mathematik betrieben, aber allen Naturwissenschaften gelang es in Greifswald erst im 19. Jahrhundert, Fuß zu fassen. Es ist nicht unser Anliegen, diese wohl objektiv, aber auch subjektiv verursachte Verzögerung aufzuklären, weshalb nur auf wenige Aspekte verwiesen werden soll. Die kleinste preußische Universität lag in dem völlig unindustrialisierten, feudal beherrschten Vorpommern, in dem die Leibeigenschaft erst im 19. Jahrhundert u. a. durch das Wirken des Greifswalder Professors ERNST MORITZ ARNDT abgeschafft wurde. Während in den Bergbau- und Industriegebieten schon früher eigenständige Lehrstühle und Institute verschiedener Naturwissenschaften zu hoher Blüte gelangt waren, wurden in Greifswald bis ins 19. Jahrhundert hinein die Naturwissenschaften von Medizinern vor allem im Rahmen der Arzneimittellehre, Anatomie u. a. wahrgenommen. Es mag sein, daß auch durch die Angliederung Vorpommerns an Schweden (1638 bis 1815) die Entwicklung nicht sonderlich gefördert wurde. Auch herrschte zeitweilig kein besonderer Drang, sich in Greifswald immatrikulieren zu lassen. Am Ende der Schwedenzeit 1815 gab es an der Universität 16 Professoren und nur ca. 60 Studenten. Trotz dieser Umstände wurde dennoch 1775 in der Medizinischen Fakultät der Lehrstuhl für Chemie und Pharmazie eingerichtet, von dem auch die Belange der Mineralogie wahrgenommen wurden.

Damit beginnt die Entwicklung der Geowissenschaften in Greifswald.

Die Zeit von 1775 bis 1860

Im Jahre 1775 habilitierte sich CH. E. WEIGEL an der Greifswalder Medizinischen Fakultät mit einer Dissertation botanischen Inhaltes: „Observationes botanicae". WEIGEL war in den Folgejahren für die gesamte naturwissenschaftliche Ausbildung der Mediziner zuständig und wurde 1775 auf einen Lehrstuhl für Chemie und Pharmazie berufen; er wandte sich jedoch nach 1775 im wesentlichen der Mineralogie zu. Er war eine herausragende Persönlichkeit und hat auf den Gebieten der Botanik und Chemie Bedeutendes geleistet. In den Universitätsakten von 1777 wird u. a. ein von ihm errichtetes „Mineralien-Cabinett" erwähnt, was auch seine Aktivitäten auf dem Gebiet der Mineralogie demonstriert. [6]

Nach WEIGEL erhielt 1826 FRIEDRICH LUDWIG HÜNEFELD die Professur für Chemie und Mineralogie, dessen Hauptinteresse der Mineralogie galt. Sowohl WEIGELS als auch HÜNEFELDS wissenschaftliche Arbeiten konzentrierten sich auf das Sammeln und Ordnen von Mineralen und Gesteinen.

Die Arbeitsbedingungen in HÜNEFELDS chemisch-mineralogischem Institut waren, wie man aus den damaligen Berichten entnehmen kann, sehr kompliziert. Da die Naturwissenschaftler offenbar von den Medizinern und Philosophen nicht als gleichberechtigte Wissenschaftler akzeptiert wurden, waren Kampf um Anerkennung und auch um Räume an der Tagesordnung. Dieser Entwicklungsstand der Naturwissenschaften in Greifswald spiegelt die schleppende Entwicklung des wirtschaftlichen Umfeldes wider, dem noch immer fast jegliche Industrie fehlte. Erst in der zweiten Hälfte des 19. Jahrhunderts wird die Provinz Pommern zögernd wirtschaftlich erschlossen (Eisenbahnbau, Werftindustrie, erweiterte Wasserversorgung, verstärkte Bodennutzung etc.), so daß geologische Untersuchungen auch in diesem Territorium notwendig wurden.

Die Zeit von 1860 bis 1945

Mit der einsetzenden Industrialisierung waren auch die Feudalregenten bereit, eine Entwicklung der Naturwissenschaften zuzulassen. Am 18. 4. 1860 stimmten der Kanzler der Universität, Fürst zu Putbus auf Rügen und das Ministerium in Berlin der Gründung eines selbständigen mineralogischen Instituts zu.

Auf der Basis der aufwärtsstrebenden kapitalistischen Produktionsverhältnisse entfalteten sich nunmehr Mineralogie und Geologie. Es profilierten sich nach 1860 die mineralogisch-petrographischen und geologisch-paläontologischen Arbeitsrichtungen.

Von 1860 bis 1945 arbeiteten in Greifswald folgende Professoren:

HÜNEFELD, FRIEDRICH LUDWIG, Prof. für Mineralogie (1828–1882)
LIEBISCH, THEODOR, Prof. für Mineralogie (1882–1884)
SCHOLZ, MAX, Prof. für Geologie (1883–1894)
COHEN, EMIL, Prof. für Mineralogie (1884–1905)
DEECKE, WILHELM, Prof. für Geologie und Paläontologie (1886–1906)
MILCH, LUDWIG, Prof. für Mineralogie (1907–1917)
JAEKEL, OTTO, Prof. für Geologie und Paläontologie (1906–1928)
NACKEN, RICHARD, Prof. für Mineralogie und Petrographie (1917–1922)
GROSS, RUDOLF, Prof. für Mineralogie und Petrographie (1922–1954)
BUBNOFF, SERGE VON, Prof. für Geologie und Paläontologie (1929–1950)

Jeder der Ordinarien hat ein reiches wissenschaftliches Erbe hinterlassen und zur Entwicklung der Geowissenschaften in Greifswald und darüber hinaus beigetragen.

HÜNEFELDS Hauptverdienst war 1860 die Gründung des mineralogischen Instituts, in dessen Rahmen sich sowohl die mineralogischen als auch die geologischen Disziplinen besser entfalten konnten und in den Folgejahren auch in getrennten Lehrstühlen vertreten waren.

Der erste Geologe in Greifswald war MAX SCHOLZ, der vor 100 Jahren, 1883, als außerordentlicher Professor für Geologie berufen wurde. Er erwarb sich bleibende Verdienste vor allem auch als praktischer Geologe. Die von ihm bearbeiteten Spezial- und Übersichtskarten bedeuten einen wichtigen praktischen und methodischen Beitrag für die zu jener Zeit forcierte geologische Landesaufnahme. In den von MAX SCHOLZ aufgenommenen geologischen Karten der Insel Rügen liegen uns die ersten brauchbaren regionalen Kartierungsergebnisse in Form von Übersichtskarten von Pommern vor. Das trifft insbesondere für die „Geologische Karte von der Osthälfte der Insel Rügen" im Maßstab 1:100000 aus dem Jahre 1889 zu. Auf ihr sind unter pleistozänen Bildungen bereits der unter- und oberdiluviale Geschiebemergel, Diluvial-Grand mit Blockanhäufungen, Diluvialton, Spatsand sowie Deck- und Talsand unterschieden. Die Leistung wird verständlich, wenn wir vermerken, daß die „Geologisch-morphologische Übersichtskarte der Provinz Pommern" von Keilhack erst gegen Ende des vorigen Jahrhunderts, im Jahre 1898, erschien.

Die ebenfalls von MAX SCHOLZ erarbeitete „Karte des südöstlichen Teils der Insel Rügen als Versuch einer Darstellung der wichtigsten geognostisch-agronomischen Verhältnisse größerer Bodenflächen auf der Grundlage der Karten des K. Generalstabes und der Flurkarten" im Maßstab 1:25000 besaß einen besonderen methodischen Wert.

Außerhalb Pommerns wurden von SCHOLZ die Blätter Brandenburg, Plaue, Vieritz, Hindenburg und Burg ganz oder teilweise aufgenommen.

Aufmerksamkeit verdienen auch SCHOLZ' mehrfach wiederkehrende Überlegungen zu den Salzlinien in Vorpommern (1882, 1884). So wurde bereits von ihm die herzynisch (NW—SE) verlaufende Linie Ribnitz—Sülze—Demmin—Golchen postuliert. Daneben wurden aber auch erzgebirgische Linien, wie die von Reddevitz—Greifswald—Demmin—Gülitz bei Malchin (Peenetal-Störung) konzipiert. Dem Wissensstand der damaligen Zeit entsprechend hielt er sie jedoch noch nicht für weitergehende Schlußfolgerungen verwendbar.

Neben der Beschäftigung mit den Salzlinien wendet sich MAX SCHOLZ (1887) in verschiedenen Arbeiten den Lagerungsverhältnissen der Kreide und des Pleistozäns auf Jasmund und Wittow zu, stellt Überlegungen zum Auftreten und zur Entstehung von Söllen an und widmet sich der Verbreitung und der Ausbildung von Tertiärvorkommen in Pommern.

SCHOLZ nimmt damit mehrere der später im Geologisch-mineralogischen Institut und im Geologisch-paläontologischen Institut behandelten Themen vorweg. Teilweise stehen diese Forschungsgegenstände, insbesondere soweit sie die Erkundung von Lagerstätten berühren, auch in den heutigen Plänen der Sektion. Das trifft gleichermaßen für die von MAX SCHOLZ 1883 publizierte „Aufforderung zu Beobachtungen über die Glacialerscheinungen und ihre Einwirkungen auf die orographischen und hydrographischen Verhältnisse in der Provinz Pommern und den angrenzenden Gebieten" zu. Nach einer Einführung in den geologischen Bau und die Entwicklung Norddeutschlands, mit der Abkehr von der Drift-Theorie und Propagierung der Inlandvereisung, werden spezielle Glazialerscheinungen wie Moränen, Riesenkessel, Sölle, Gletscherschrammen, Rundhöcker, Verschiebungs- und Verwerfungserscheinungen dargestellt. Die Abhandlung schließt mit der Aufforderung an „alle Freunde der geographischen und geologischen Entwicklung dieses Gebietes, speziell Pommerns", diesbezügliche Mitteilungen an den Autor zu geben.

Um die Tätigkeit von Max Scholz in Greifswald in seiner Gesamtheit zu werten, ist als Aspekt der Angewandten Geologie neben seiner Kartierungstätigkeit auch die Beschäftigung mit hydrogeologischen Fragen zu erwähnen. Sie findet ihren Ausdruck in zwei Publikationen zu den geologischen Verhältnissen von Greifswald und Stralsund. Die Arbeiten nehmen Bezug auf die Trinkwasserversorgung der beiden Städte.

Nach Hünefelds Tod wurde E. Cohen 1884 auf den Lehrstuhl für Mineralogie berufen, den er bis zu seinem Tode 1905 innehatte. Professor Emil Cohens wissenschaftliches Hauptwerk ist seine dreibändige Meteoritenkunde, die 1906 erschien und bis in die neueste Zeit ein Standardwerk der Meteoritenforschung darstellt. Neben der Meteoritenforschung förderte Cohen die Geologie und Mineralogie insbesondere dadurch, daß er gemeinsam mit Deecke Forschungen sowohl in Pommern als auch in Skandinavien durchführte und das Mineralogisch-geologische Institut international bekannt machte. In dieser Zeit weilten stets auch ausländische Assistenten am Institut.

Cohen begründete die Greifswalder Meteoritensammlung, die mit 511 Einzelstücken von 388 Meteoritenfällen nach der Sammlung der Humboldt-Universität Berlin die zweitgrößte in der DDR ist. [10]

Das wissenschaftliche Werk Emil Cohens wurde von Weinschenk (1889) durch die Benennung des im Meteoriten vorkommenden Eisencarbids Fe_3C als Cohenit gewürdigt.

Eine Förderung erfuhr die Geologie durch Cohen auch dadurch, daß er 1886 Wilhelm Deecke von Straßburg nach Greifswald holte.

Wilhelm Deecke war der erste Geologe, der die Provinz Pommern systematisch geologisch erforschte. Sein Greifswalder Hauptwerk ist im Buch „Geologie von Pommern“ (1907) niedergelegt, das bis in die Gegenwart hinein seine Gültigkeit bewahrt hat. [5; 17]

Mit Scholz, Cohen und Deecke wurden die Geowissenschaften in Greifswald zu einem anerkannten Niveau geführt, das von den Nachfolgern zielstrebig weiterentwickelt wurde. Die Erfolge sind verknüpft mit der Hinwendung auf praktische Belange der geologischen Wissenschaften, die in einem ausgewogenen Verhältnis zu theoretischen Arbeiten standen.

Nach dem Tode Cohens (1905) und der Berufung Deeckes nach Freiburg i. Br. (1906) wurde Otto Jaekel 43jährig vom Naturkundemuseum in Berlin nach Greifswald berufen. Mit der Berufung Jaekels erfolgte auch eine Umbenennung des „Mineralogischen Institutes“ in „Geologisch-mineralogisches Institut“.

Der Paläontologe Jaekel engagierte sich mit seiner gesamten Persönlichkeit für die Entwicklung seiner Wissenschaft. So leitete er die Ausgrabungen oberdevonischer Fische bei Wildungen und der Dinosauriden der oberen Trias bei Halberstadt und bearbeitete das reichhaltige Fossilmaterial. Weiterhin widmete er der Neubearbeitung der Rügener Kreidefauna Aufmerksamkeit und bildete ein entsprechendes Bearbeiterkollektiv. [17]

Jaekel ist es zu verdanken, daß die Sammlungen des Instituts bedeutende Erweiterungen erfuhren. So gründete er 1908 die „Pommersche Geologische Landessammlung“, die auch als Schausammlung der Bevölkerung zugänglich gemacht wurde. [2; 4; 8; 9]

Das Wirken Jaekels für die Paläontologie gipfelte darin, daß auf seine Initiative hin 1912 die Gründung der „Paläontologischen Gesellschaft Deutschlands“ in Greifswald erfolgte. Otto Jaekel war ihr erster Präsident bis 1921. [1; 3; 11] Im selben Jahr wurde auch die Teilung des ehemaligen Geologisch-mineralogischen Instituts vollzogen und das Mineralogisch-petrographische Institut sowie das Geologisch-paläontologische Institut gegründet. Diese Verselbständigung wirkte sich insgesamt positiv auf die Wissenschaftsentwicklung aus.

Nach der Emeritierung Jaekels 1928 wurde Johannes Weigel auf den Lehrstuhl für Geologie und Paläontologie berufen. Er blieb aber nur bis 1929 und folgte dann einer Berufung nach Halle. Sein Nachfolger wurde SERGE VON BUBNOFF, der 1929 von Breslau nach Greifswald berufen wurde. Er hat in einer über 20jährigen Schaffensperiode das Geologisch-paläontologische Institut zu einer renommierten Lehr- und Forschungsstätte profiliert. [18; 12]

SERGE VON BUBNOFF

BUBNOFFS Bedeutung als Wissenschaftler ist vor allem auf sein ständiges Bemühen zurückzuführen, das geologische Wissen seiner Zeit zusammenzufassen. Seine bedeutendsten Werke

„Grundprobleme der Geologie" (1931)
„Einführung in die Erdgeschichte" (1941)
„Geologie Europas" (1926—1936)
„Fennosarmatia" (1952)

entstanden während seiner Greifswalder Zeit. Unter der Leitung BUBNOFFS entwickelten sich in den 30er Jahren die Quartärgeologie mit K. RICHTER und die Arktisforschung mit H. FREBOLD. SERGE VON BUBNOFF hat in bedeutendem Maße zur Entwicklung der deutsch-sowjetischen Zusammenarbeit auf geologischem Gebiet beigetragen, insbesondere dadurch, daß er die russisch-sprachigen Publikationen in seine regionalen Arbeiten einbezog und so die Leistungen und Erkenntnisse der sowjetischen Geologie für Westeuropa zugänglich machte. [13]

Die Leistungen SERGE VON BUBNOFFS fanden in der Deutschen Demokratischen Republik hohe Anerkennung. 1949 wurde er zum ordentlichen Mitglied der Deutschen Akademie der Wissenschaften zu Berlin gewählt, und 1953 wurde ihm der Nationalpreis I. Klasse verliehen. Die Gesellschaft für Geologische Wissenschaften der DDR stiftete nach seinem Tode 1957 als ihre höchste wissenschaftliche Auszeichnung die „SERGE-VON-BUBNOFF-Medaille".

Die von Bubnoff gepflegte regionalgeologisch-stratigraphisch-geotektonische Arbeitsrichtung wird heute von seinen Schülern G. Möbus und K. Ruchholz weiter verfolgt.

Die Lehrstühle für Mineralogie bzw. Mineralogie-Petrographie wurden nach Cohen zunehmend kristallographisch profiliert. R. Nacken befaßte sich mit der Kristallzüchtung, und R. Gross führte im Auftrage der Glühlampenindustrie röntgenographische Strukturuntersuchungen an Wolframkristallen und an Kupfer, Zink, Kupferkies u. a. durch.

Die Zeit nach 1945

Nach der Befreiung vom Faschismus wurde die Greifwalder Universität als eine der ersten wieder eröffnet, und die Professoren R. Gross und S. von Bubnoff waren von Anbeginn in die Lehre einbezogen. R. Gross war auch als einer der ersten Rektoren an der Ernst-Moritz-Arndt-Universität tätig und förderte deren Aufbau.

Mit der Schaffung der Grundlagen für den sozialistischen Aufbau in der DDR ergab sich die Notwendigkeit der verstärkten Erschließung einheimischer Rohstoffe. Dies spiegelte sich in den 50er Jahren sowohl in einer wesentlichen Erhöhung der Studentenzahlen der Fachrichtungen Geologie (10—15 Studenten pro Jahrgang) und Mineralogie (10 Studenten pro Jahrgang), als auch in der Anzahl der in den Instituten beschäftigten wissenschaftlichen und technischen Angestellten wider. In der Zeit bis 1968 waren folgende Professoren an den Instituten tätig:

S. von Bubnoff bis 1950 (Geologie und Paläontologie)
A. K. Beyer 1950—1956 (Geologie und Paläontologie)
R. Gross bis 1954 (Mineralogie und Petrographie)
W. Schriel 1953—1954 (Geologie)
H. Wehrli 1954—1967 (Paläontologie und Pleistozängeologie)
O. Zedlitz 1958—1960 (Mineralogie und Petrographie)
G. Hoppe 1961—1968 (Mineralogie und Petrographie)
K. Ruchholz seit 1964 (Geologie)

Im Geologisch-paläontologischen Institut entwickelten sich in den 50er Jahren die regionalgeologisch-stratigraphischen und die päläontologisch-biostratigraphischen Forschungsrichtungen.

Die Forschungen A. K. Beyers auf dem Gebiet der Stratigraphie des Altpaläozoikums, insbesondere der Silur-Devon-Grenze, und W. Schriels Arbeiten über das Altpaläozoikum des Harzes beeinflußten die Entwicklung der Geologie in Greifswald nachhaltig. Die Arbeiten im Harz wurden in der Folgezeit von K. Ruchholz fortgesetzt und umfassen stratigraphisch-fazielle und lithologische Probleme. H. Wehrli, der nach A. K. Beyers Tod berufen wurde, setzte die von Jaekel eingeleitete paläontologische Bearbeitung der Rügener Kreide fort, und es erschienen mehrere Monographien einzelner Tiergruppen: Spongien [14], Brachiopoden [15], Ostracoden [7].

Ihre besondere Anerkennung fanden diese Untersuchungen auf dem Internationalen Kreide-Symposium 1965 in Greifswald. [19]

Im Mineralogisch-petrographischen Institut wurden unter R. Gross die kristallographischen Untersuchungen an Wolframkristallen in Glühlampendrähten weiterentwickelt. Die Arbeiten wurden durch den plötzlichen Tod Gross' jäh beendet. Da der Lehrstuhl für Mineralogie und Petrographie erst 1958 wieder besetzt werden konnte, mußte auch die Ausbildung von Mineralogen an der Universität abgebrochen werden. Mit der Berufung von G. Hoppe 1961 wurde die Stagnation in der Entwicklung des Institutes überwunden; G. Hoppe setzte seine bereits in Halle begonnenen petrogenetischen Arbeiten über akzessorische Schwerminerale fort und begann mit dem Aufbau der tonmineralogischen Arbeitsrichtung.

In den 50er Jahren nahmen beide Institute eine kontinuierliche Entwicklung: Ein Neubau für beide Institute konnte 1958—1961 bezogen werden, und die Zahl der Mitarbeiter wuchs auf insgesamt 32 an, darunter 3 Professoren und 2 Dozenten. Jährlich verließen ca. 10 Absolventen der Fachrichtung Geologie die Universität.

Die Zeit nach 1968 — Sektion Geologische Wissenschaften

Mit der Gründung der Sektion Geologische Wissenschaften im Jahre 1968 wurde im Norden der DDR eine Lehr- und Forschungsstätte geschaffen, die den von der geologischen Praxis gestellten höheren Anforderungen beim Aufbau der sozialistischen Gesellschaft entsprach. Die Konzentration der Geologenausbildung in Greifswald und an der Bergakademie Freiberg ermöglichte eine Vervollkommnung und Erweiterung des Lehr- und Forschungspotentials. Die Sektion ist in vier Wissenschaftsbereiche gegliedert, in denen insgesamt 30 Wissenschaftler (davon 8 Professoren mit Lehrstuhl, 7 Dozenten), ca. 40 technische Mitarbeiter, bis zu 20 Doktoranden und 25—35 Studenten pro Jahrgang arbeiten und studieren.

Dem Wissenschaftsbereich Geologie obliegt die Ausbildung in den Fächern:

Allgemeine und regionale Geologie (Prof. K. Ruchholz)
Paläontologie (Prof. H. Nestler, Dr. W. Ernst)
Geotektonik/Strukturgeologie (Prof. G. Möbus, Dr. M. Krauss, Dr. K. Peters)
Historische Geologie und Quartärgeologie (Prof. G. Steinich, Dr. R. Gusen)
Marine Geologie (Dr. J. Mrazek)
Geofernerkundung (Dr. H. Weller)
Mikropaläontologie (Dr. E. Herrig, Dr. K. Kreisel)
Ingenieurgeologie (Doz. Dr. F. Präger).

Die Forschung des Wissenschaftsbereiches Geologie umfaßt Arbeiten zu päläontologischen, lithologischen, tektonischen und quartärgeologischen Problemen. Die lithologischen Arbeiten sind auf die Charakterisierung von Sedimentkörpern und die Klärung der Entwicklungsgeschichte sedimentärer Abfolgen ausgerichtet. Fragen der Fazies- und Formationsanalysen stehen dabei im Mittelpunkt. Die Untersuchungen zu den Organismus-Umwelt-Beziehungen dienen der Rekonstruktion fossiler Lebensräume und der Verwertung ökologischer Informationen in der angewandten Biostratigraphie. Die Arbeiten zur Mikropaläontologie sind ebenfalls auf die angewandte Biostratigraphie ausgerichtet. Die tektonischen Untersuchungen dienen der Ableitung genereller Gesetzmäßigkeiten des Baues der Erdkruste als Grundlage für die vergleichende Analyse von Krustenstrukturen. Die Lösung aktueller Probleme der Quartärgeologie ist das Ziel der Untersuchungen zur regionalen Quartärgeologie, die gleichzeitig Beiträge zur Suche und Erkundung verdeckter Lagerstätten liefert.

Im Wissenschaftsbereich Geochemie erfolgt die Ausbildung in den Fächern:

Geochemie (Prof. R. Seim, Dr. J. Eidam, Dr. F. Kraska)
Mineralogie (Doz. Dr. K. Koch)
Petrologie (Prof. R. Langbein, Dr. D. Korich, Dr. H. Dietrich).

Ziel der geochemisch-petrologischen Untersuchungen an Sedimentiten im Wissenschaftsbereich Geochemie ist die Klärung der Sedimentgenese, insbesondere die Ableitung von Sedimentations- und Diagenesemodellen mit Aussagen zu milieu- und faziesspezifischen Faktoren. Die Untersuchungen zur Elementverteilung und -migration in granitoiden Gesteinen werden unter dem Aspekt der lagerstättenbildenden, magmatischen und postmagmatischen Prozesse durchgeführt.

Zu den Aufgaben des Wissenschaftsbereiches Lagerstättenlehre gehört die Ausbildung in den Fächern:

Allgemeine Lagerstättenlehre, Erkundung und Rohstofftechnologie (Prof. M. STÖRR)
Lagerstätten fester mineralischer Rohstoffe und Minerogenie (Doz. Dr. K.-H. HENNING)
Erdölgeologie (Doz. Dr. E. MÜNZBERGER)
Technische Grundlagen der Geologie (Dr. D. SCHMIDT)
Mineralogische Phasenanalyse (Dr. K.-F. LANDGRAF)
Kohlengeologie (Dipl.-Geol. J. LEHMANN, Dr. H.-J. BELLMANN, Espenhain)
Hydrogeologie (Dipl.-Geol. R. MUSIL, Dr. B. KUHN, Frankfurt/Oder)
Ökonomische Geologie (Prof. H. HETZER, Berlin).

Hinzu kommt die Betreuung der Studenten bei experimentellen Arbeiten in den Laboratorien für Röntgenfeinstrukturanalyse, thermische Analyse und Elektronenmikroskopie. Die Forschung im Wissenschaftsbereich Lagerstättenlehre ist auf die Nutzung einheimischer Ressourcen ausgerichtet. Der Schwerpunkt liegt hierbei auf dem Gebiet der feinkörnigen Industrieminerale, insbesondere der Tonminerale. Neben Fragen der Mineralogie und Lagerstättengenese werden insbesondere Probleme der Erkundung, Veredelung und Verarbeitung dieser Rohstoffe bearbeitet.

Dem Wissenschaftsbereich Geophysik und Mathematische Geologie obliegt die Ausbildung in den Lehrgebieten:

Geophysik (Prof. G. PESCHEL, Dipl.-Geophys. H. H. POPPITZ)
Mathematische Geologie (Prof. G. PESCHEL, Dr. P. KOLYSCHKOW).

Die Untersuchungen zur Theorie und Methodik der Komplexinterpretation dienen der Erarbeitung theoretischer Grundlagen für die Anwendung mathematischer Methoden und der Computertechnik in der geowissenschaftlichen Arbeit.

Das in der Sektion Geologische Wissenschaften existierende Profil der Lehre und Forschung ermöglicht eine moderne Ausbildung von Geologen auf einer breiten mathematisch-naturwissenschaftlichen Grundlage und in den verschiedenen Spezialisierungen der o. g. Lehrgebiete. Seit 1968 haben ca. 300 Diplomgeologen das Studium absolviert. darunter zahlreiche Ausländer; 55 Dissertationen A sowie 18 Dissertationen B wurden verteidigt.

Die gegebene Übersicht über die Geschichte der geologischen Wissenschaften an der Universität Greifswald macht deutlich, daß ihre wesentlichen Entwicklungsetappen die gesellschaftlichen Verhältnisse des Umfeldes widerspiegeln. Die rückständigen bürgerlich-feudalen Verhältnisse in der schwedischen Provinz bzw. nach 1815 der preußischen Provinz Pommern boten den Naturwissenschaftlern nur wenige Möglichkeiten. Erst die in der zweiten Hälfte des 19. Jahrhunderts zögernd einsetzende Industrialisierung brachte, wenn auch schleppend, aber immerhin eine spürbare Entwicklung der Mineralogie und Geologie mit sich, indem die selbständigen Institute gegründet wurden. Die Positionen, die diese Institute im wissenschaftlichen und gesellschaftlichen Leben einnahmen, hingen im wesentlichen von den Persönlichkeiten der Ordinarien ab. Die Arbeitsrichtungen der Ordinarien entsprachen nur teilweise den wirtschaftlichen Erfordernissen ihrer Zeit, z. B. die Kartierungsarbeiten von M. SCHOLZ oder die Kristalluntersuchungen von R. GROSS. Zumeist aber wurden die wissenschaftlichen Profile der Institute von den individuellen wissenschaftlichen Interessen der Ordinarien geprägt, so daß sie sich folglich mit dem Wechsel der Ordinarien tiefgründig änderten. Wesentliche Beiträge zur Wissenschaftsentwicklung erbrachten vor allem die langjährigen Ordinarien wie COHEN, JAEKEL und BUBNOFF.

Mit der sozialistischen Entwicklung in der DDR werden die Arbeitsrichtungen zielstrebig und systematisch den volkswirtschaftlichen Notwendigkeiten untergeordnet.

Neben den in Greifswald traditionellen Richtungen entwickelten sich die angewandte Geologie, die Lagerstätten- und Rohstofforschung, die Geophysik und Mathematische Geologie neu zu eigenständigen Disziplinen, wodurch eine wesentliche Erweiterung des Greifswalder Potentials erreicht wurde.

Der wissenschaftliche Aufschwung der letzten Jahrzehnte ist eng verbunden mit einer intensiven interdisziplinären und internationalen Zusammenarbeit. Insbesondere entwickelten sich sehr enge Beziehungen zu verschiedenen wissenschaftlichen Einrichtungen, von denen die Staatlichen Universitäten Moskau, Leningrad und in der Sowjetunion Jerewan genannt sein sollen. Gemeinsame Forschungen und Publikationen, Austausch von Studenten und jungen Wissenschaftlern und nicht zuletzt auch die Durchführung des III. DDR-UdSSR-Symposiums zur Geschichte der geologischen Wissenschaften sind Ausdruck dieser engen Zusammenarbeit, die auch ihren spezifischen Anteil zur Erhaltung des Friedens zum Wohle der Menschheit beiträgt.

Literatur

[1] Abel, O.: Otto Jaekel. — Palaeobiologica, Wien u. Leipzig **2** (1929), S. 143—186.

[2] Bubnoff, S. v.: Die geologische Landessammlung von Pommern in Greifswald. — Pommersche Heimatpflege, Stettin **1** (1930) 4, S. 1—6.

[3] Bubnoff, S. v.: Otto Jaekel als Forscher. — Mitt. Naturwiss. Verein f. Neuvorpommern und Rügen in Greifswald, Greifswald **57/58** (1931), S. 3—9.

[4] Bubnoff, S. v.: 25 Jahre Pommersche geologische Landessammlung. — Mitt. Geol.-Pal. Inst. Greifswald, Greifswald **9** (1933), S. 1—58.

[5] Bubnoff, S. v.: Wilhelm Deecke †. — Zentralbl. Min. etc., Abt. B, Stuttgart **6** (1935), S. 264—272.

[6] Gross, N.: Die Geschichte des Mineralogisch-petrographischen Instituts der Ernst-Moritz-Arndt-Universität Greifswald. — Festschrift zur 500-Jahrfeier der Universität Greifswald Bd. **2** (1956), S. 483—488.

[7] Herrig, E.: Ostracoden aus der Weißen Schreibkreide (Unter-Maastricht) der Insel Rügen. — Paläont. Abh., Abt. A, Berlin **II** (1966) 4.

[8] Herrig, E.: Die geologische Landessammlung der Nordbezirke in der Sektion Geologische Wissenschaften der Ernst-Moritz-Arndt-Universität Greifswald. — Neue Museumskunde, Berlin **21** (1978), S. 21—27.

[9] Herrig, E.: 75 Jahre geologische Landessammlung in der Sektion Geologische Wissenschaften der Ernst-Moritz-Arndt-Universität Greifswald. — Z. angew. Geol., Berlin **29** (1984), S. 107—109.

[10] Hopfe, G.: Gesamtkatalog der in der Deutschen Demokratischen Republik vorhandenen Meteoriten. — Wiss. Z. Univ. Berlin, Math.-nat. R., Berlin **XXIV** (1975) 4.

[11] Krüger, F.: Otto Jaekel als Persönlichkeit. — Mitt. Naturwiss. Verein f. Neuvorpommern und Rügen in Greifswald, Greifswald **57/58** (1931), S. 10—17.

[12] Ludwig, G.; Weller, H.: Zu den philosophischen Ansichten von Serge von Bubnoff. — Z. geol. Wiss., Berlin **7** (1979), S. 121—127.

[13] Milanovskij, E. R.; Möbus, G.: Serge von Bubnoff und seine Bedeutung für die Entwicklung der deutsch-sowjetischen Beziehungen auf dem Gebiet der geologischen Wissenschaften. — Z. geol. Wiss., Berlin **4** (1976) 3, S. 457—467.

[14] Nestler, H.: Spongien aus der Weißen Schreibkreide (Unter-Maastricht) der Insel Rügen (Ostsee). — Paläont. Abh., Abt. A, Berlin **I** (1961) 1.

[15] Steinich, G.: Die artikulaten Brachiopoden der Rügener Schreibkreide (Unter-Maastricht). — Paläont. Abh., Abt. A, Berlin **II** (1965) 1.

[16] Wehrli, H.: Wilhelm Deecke — Der Gründer des Geologischen Instituts (Greifswald 1886—1906). — Festschrift zur 500-Jahrfeier der Universität Greifswald, Bd. II, Greifswald 1956, S. 497—498.

[17] WEHRLI, H.: OTTO JAEKEL (Greifswald 1906–1928). – Festschrift zur 500-Jahrfeier der Universität Greifswald, Bd. II, Greifswald 1956, S. 498–503.
[18] WEHRLI, H.: Das Geologisch-paläontologische Institut. – Festschrift zur 500-Jahrfeier der Ernst-Moritz-Arndt-Universität Greifswald, Bd. II, Greifswald 1956, S. 489–494.
[19] WEHRLI, H.: Internationales Symposium „Die Oberkreide der Baltischen Straße" vom 17. bis 21. Oktober 1965 in Greifswald. – Ber. dt. Gesellsch. geol. Wiss., A, Geol. Paläont., Berlin **11** (1966), S. 691–693.

Schriftenr. geol. Wiss. · Berlin 24 (1985) · S. 17—22

Gültigkeit und Grenzen geologischer Gesetzmäßigkeiten

Von ADOLF WATZNAUER (Karl-Marx-Stadt)

Die Frage nach der Existenz geologischer Gesetzmäßigkeit und deren Grenzen scheint angesichts der praktischen Erfolge der angewandten Geologie überflüssig zu sein, obwohl erfahrene Praktiker in Hinblick auf die Größenzunahme z. B. der Bauwerke und der Anforderungen an ihre Lebensdauer diesem Fragenkomplex hie und da näher getreten sind.

Ein Einwand gegen die Nominierung von Grenzen ist fast immer die Bemerkung „man sieht ja, daß es stimmt, also wird es auch richtig sein", aber man müßte hinzufügen „mit den Erfordernissen der Praxis und mit der Gewißheit der Erreichung eines gesteckten Zieles."

Ist diese Argumentation wirklich tragend? In der Zeit der kopernikanischen Wende lieferte die ptolemäische Vorstellung eine bessere Grundlage für die Berechnung einer Sternposition als die kopernikanische. War deshalb der alte Ansatz richtiger als der neue? Die Entwicklung zeigte bald das Gegenteil, und man übertrug folgerichtig die Gesetze des Kopernikus auf den ptolemäischen Bereich, den man als den gesicherten, weil richtigeren angesehen hatte.

In der Geologie ist die Situation in gewissem Sinne umgekehrt. Wir schöpfen die Gesetze aus einem Bereich, der jenseits unserer handgreiflichen Erfahrbarkeit liegt und wenden sie auf unser praktisches Tun und zum Aufbau theoretischer Vorstellungen an, ohne sicher zu sein, ob diese Übertragung, deren Faktor erhebliche Größenordnungen betragen kann, überhaupt richtig und möglich ist. Wenn man bedenkt, daß die Größenordnung der räumlichen Ausdehnung und vielleicht auch die Massen der wechselwirkenden Körper eine maßgebende Rolle bei der Gesetzbildung und für deren Gültigkeit spielen können — die Physik kennt dafür eklatante Beispiele — so kann man berechtigte Zweifel daran haben, daß dieser Faktor keine Rolle spiele. Nimmt man die Dimensionen unserer, durch die fünf Sinne erfaßbaren Welt, auch einschließlich jenes Teiles der Umwelt, den man apparativ oder lediglich durch seine Wirkungen in diese hineinprojizieren kann, als Standardwelt an, so kann der Faktor von Ångström bis zu Lichtjahren und von der Nanosekunde bis 4—5 Mrd. Jahren in seiner Größe schwanken.

Diese auf Größenordnungen bezogene Übertragbarkeit soll geprüft werden! Sie wird Grenzen aufzeigen oder deren Existenz negieren.

Eine weitere Schwierigkeit kommt jedoch für alle jene Wissenschaften hinzu, für die der Zeitfaktor als ein Ablaufcharakteristikum eine grundlegende Rolle spielt, also für jede historische — und die Geologie ist eine solche! Das gilt, um die zwei Extreme zu nennen, für die Astrophysik/Kosmogonie genauso wie für die Geschichte der Menschheit und den Lebenslauf des Einzelindividuums.

Erstere analysiert eine elektromagnetische Erscheinung, z. B. eine Strahlung so, als ob sie gestern entstanden wäre und den Gesetzen gehorcht, die wir als Resultate in unserem kleinen Laboratorium erarbeitet haben. In der Menscheitsgeschichte und bei Betrachtung eines Lebenslaufes legen wir bewußt oder unbewußt unser eigenes jetztzeitiges Tun und Denken der Entwicklung früherer Jahrhunderte bzw. Jahre zugrunde. Wir können es oft gar nicht anders. Kannibalismus widerspricht vollauf unserer Ethik und doch war er im frühen Neolithikum — vor kaum 500000 Jahren — eine heilige Sache. Bei dem Beispiel der Astrophysik, das als längstzeitiges Beispiel herangezogen sei, ist die Situation viel einfacher und dehalb viel durchsichtiger. Die Strahlung hat als einzigen Umweltfaktor den Raum; die menschliche Umwelt, die Randbedingungen des Geschehens sind ein großes, komplexes, rückgekoppeltes System. In der Astrophysik hat Einstein den Einfluß der Umwelt, des Raumes, herausgearbeitet und kalkulierbar gemacht. Bei der Geschichte wird dies wohl kaum je gelingen, dazu ist auch die subjektive Verbundenheit zu groß.

Es bleibt die Frage offen, ob dies in der Geologie, also für die geologischen Zeitspannen, die in ihrer Größenordnung ja zwischen denen der Astrophysik und der der Geschichte liegen, gelingen wird. Es soll am Schluß gezeigt werden, daß es gelingen kann, wenn die Frage richtig gestellt wird.

Vorerst soll jedoch auf den Begriff des „geologischen Gesetzes" eingegangen werden, d. h. also auf das, für das die Übertragbarkeit gefordert wird. Die mathematischen, geophysikalischen, geochemischen Gesetze, die in der Geologie zur Lösung bestimmter Probleme angewendet werden, sollen hier außer Betracht bleiben. Sie sind nicht geologischer, sondern mathematisch-physikalisch-chemischer Natur. Die Nichtbeachtung dieses vom eigentlichen geologischen Standort abweichenden Aspektes führt häufig zur Aufstellung einfüßiger, methodisch gefärbter Gesetzmäßigkeiten, die vom weniger erfahrenen Geologen oft als exakt angesehen und gern akzeptiert, vom erfahrenen oft übereilt abgelehnt werden. Beides möchte ich für zu weitgehend halten. Den kategorialen Charakter einer geologischen Gesetzmäßigkeit hat dagegen — sie mag richtig oder falsch sein — z. B. jene, die von H. Stille als Gleichzeitigkeitsgesetz bezeichnet wurde. Sie beruht auf der Beobachtung der stratigraphischen Lage von Diskordanzen. Daß das Gesetz heute nicht mehr voll anerkannt wird, beruht nicht auf seiner Gültigkeit bzw. Nichtgültigkeit, sondern auf seiner zeitlichen Überdehnung und dem Fehlen eines Ortsparameters. Die Schiefstellung der Elbe-Terrassen fällt zwar in die Zeit der pasadenischen Phase einer nordamerikanischen Orogese, hat aber örtlich und damit genetisch mit dieser nichts zu tun. Einer geologischen Gesetzmäßigkeit liegt auch die Tatsache zugrunde, daß die Evolution der Biosphäre eine beobachtbare Koppelung mit der der Erde als Himmelskörper erkennen läßt. Ich habe darauf bei einem Vortrag vor der Klasse Geo- und Kosmoswissenschaften der Akademie der Wissenschaften der DDR hingewiesen. Auch die kosmochemische Entwicklung, inklusive der geochemischen, läßt eine globale geologische Gesetzmäßigkeit erkennen, nicht aber z. B. jene Erscheinungen, die sich auf das Nernstsche Verteilungsgesetz gründen. Solche Gesetze sind chemischer, nicht geologischer Natur, können aber für die Erarbeitung geologischer Gesetzmäßigkeiten einen methodischen Weg darstellen. Hier fehlt, wie bei den physikalischen Gesetzen, die unmittelbare Kopplung an das Erdgeschehen, an dessen nur historisch zu verstehenden Ablauf. Die Zahl der Beispiele ließe sich beliebig vermehren.

Interpretationen von physikalischen oder chemischen Daten sind eben an sich noch keine Geologie. Sie sind einerseits methodisch mit der Unsicherheit inverser Probleme behaftet, zum anderen fehlt ihnen der historische Charakter, der Zeitfaktor, der einen integrierenden Bestandteil jeder geologischen Betrachtung oder Synthese darstellt.

Es gibt eine sehr große Zahl von Definitionen für den Begriff Naturgesetz — und das geologische ist ein solches. Ich glaube, daß man ein gutes Verständnis für diesen Problemkomplex bekommt, wenn man das Entstehen eines Gesetzes in den Mittelpunkt der Betrachtung stellt.

Eine Beobachtung — und jedes Gesetz, auch ein solches der Theoretischen Physik oder Mathematik, um zwei Extreme zu nennen, geht auf Beobachtungen zurück („Es ist nichts im Geiste, was nicht vorher in den Sinnen war.") — läßt eine Aufeinanderfolge von Ereignissen erkennen, die sich mit Stetigkeit immer, d. h. während der Beobachtungszeit, wiederholt. Man formuliert diese Stetigkeit in irgendeiner Form, die durch einen zeitlichen Parameter charakterisiert ist, und versucht sie in ein adäquates, bekanntes logisches System eben als Gesetz einzubauen.

Hier drängen sich Theorie und Hypothese als dem Gesetz artverwandte Begriffe auf. Man kann die Sachlage so sehen: Beim Gesetz ist die funktionale Beziehung zwischen den Parametern, die in ihrer Größenordnung variabel, aber in ihrer Stellung im System invariabel sind, gesichert — soweit die Gültigkeit der dem Gesetz zugrunde liegenden Prämissen bzw. Beobachtungen garantiert werden kann.

Bei der Theorie ist die funktionale Beziehung unsicher. Sie ruht auf Parametern von hypothetischer Grundlage, oft auf Vermutungen. Werden die Grundlagen gesichert, und darin liegt der heuristische Wert der Theorie, wird die Theorie zum Gesetz. Aber dieser Nachweis ist in der Geologie bei der Langzeitigkeit ihrer Prozeßabläufe sehr schwierig zu erbringen. Es bleibt bei der Theorie — ein Faktum, für das die Geologie oft genug ihr Ansehen opfert.

Als Hypothese soll ein Sachverhalt verstanden werden, über den man sprechen kann, aber möglichst nicht schreiben sollte. Hypothesen gehören in den engen Kreis der Diskussionen.

Einer Klärung bedürfen noch die Begriffe Gesetz — Geologisches Gesetz bzw. geologische Gesetzmäßigkeit. In der Geologie werden sie oft, trotz ihrer kategorialen Verschiedenheit, synonym gebraucht. Ihr Unterschied besteht darin, daß ein Gesetz in oben genanntem Sinne einen als gesichert betrachteten Geschehnisablauf charakterisiert und damit extrapolierbar macht, während die Gesetzmäßigkeit, d. h. im gegebenen Falle das Geologische Gesetz, die Bewertung einer Geschehniskette in bezug auf ein als richtig angenommenes Gesetz darstellt.

In der Geologie s. str. sind die beiden Begriffe Gesetz und Gesetzmäßigkeit = geologisches Gesetz schwer zu trennen. Die Schwierigkeit geht auf drei der Geologie inhärente Sachverhalte zurück. Die Geologie hat es einmal grundsätzlich mit Systemen hoher und höchster Komplexität zu tun.

Als komplex seien solche Systeme bezeichnet, die aus wechselwirkenden Subsystemen aufgebaut sind, d. h. Systeme „mit Umwelt". Im Gegensatz dazu seien Systeme, die durch eine Anzahl von Parametern charakterisiert sind, als komplizierte bezeichnet.

Selbstverständlich herrschen in den individuellen Subsystemen Naturgesetze der üblichen Art, aber das integrale Gesetz des Gesamtsystems, also das Gesetz eines höheren Hierarchiegrades, ist im Falle des geologischen Geschehens nicht sicher erkennbar.

Zum zweiten macht die Langzeitigkeit des geologischen Geschehens eine Überprüfung jeder Annahme praktisch unmöglich. Der Wille oder der Versuch einer solchen kann zu schwerwiegenden Irrtümern führen.

Drittens verbietet der historische Charakter der Geologie jedes Experiment, das ja in den „exakten" Naturwissenschaften im allgemeinen „rein", also milieufrei durchgeführt wird und zum Beweismittel für die Richtigkeit eines Gesetzes gehört, sowie einen direkten Vergleich von Vergangenheit und Gegenwart bzw. eine Extrapolation in die Zukunft.

Es würde sich empfehlen, in der Geologie so lange nur von Gesetzmäßigkeiten zu sprechen, solange das integrale Gesetz der Erdentwicklung nicht bekannt ist.

In die oben gegebene, gewiß etwas primitive Formulierung gehen in bezug auf „Geologische Gesetzmäßigkeiten" zwei Positionen ein, die einer näheren Betrachtung bedürfen. Zum ersten ist es die Beobachtung als die Prämisse allen Weiterdenkens und die conditio sine qua non für die nachfolgende begriffliche Fassung. Trägerfreie, d. h. nicht auf Beobachtung gestützte Gesetze sind, auch wenn sie getarnt als Modelle oder Theorien deklariert werden, unwissenschaftlich. Daß Beobachtungen ihre subjektiven Schwierigkeiten haben, weiß jeder Geologe. Daß man abends am letzten Aufschluß des Rätsels

Lösung sieht und am nächsten Morgen davon nichts mehr erkennt, hat jeder von uns schon einmal erlebt, auch daß man gern und „klar“ sieht, was in das Konzept paßt, ist eine menschlich verständliche Eigenschaft, von der auch GALILEI nicht frei war. Amphibolitlagen in einem Kalk sind initiale Vulkanite (wenn man sie zeitlich dort gern hätte), und wenige denken daran, daß es auch Mergel sein könnten. Aber es bleibt bestehen, daß Gesetze nur in dem Rahmen, aus dem die Prämissen genommen wurden, gelten und im Wahrheitsgehalt diesen äquivalent sind.

In der Geologie sind direkte Beobachtungen nur im Rahmen der Aktuogeologie möglich. Alle anderen tragen zum großen Teil den Keim einer Deutung in sich. Sie stammen mit ihrer Genesis schon aus jenem Bereich, der jenseits der vermuteten Grenze liegt, d. h., geologisch beurteilen wir an einem Aufschluß ein Erscheinungsbild nach unseren derzeitig geläufigen Gesetzmäßigkeiten. Und hierbei klingt eine zweite Position an. Geologische Gesetzmäßigkeiten werden aus *Vorgängen* abgeleitet bzw. entwickelt. Jeder Vorgang ist ein Phänomen der Zeit, ja, ist das ingredierende Charakteristikum der Zeit überhaupt. Ich habe über diese Problematik schon mehrere Male gesprochen und kann mich hier kurzfassen. Statische, zeitinvariante Gesetze kann es im Phänomen nicht geben. Das Gesetz muß im *Vorgang* liegen, dessen Zeitabhängigkeit man vielleicht in einem hierarchischen Überbau finden kann. Man formuliert gewöhnlich „die Zeit ist irreversibel“, tatsächlich aber ist es der Prozeß, der Ablauf, der sie charakterisiert, der ihr inhärent ist — aber das ist ja identisch mit der Aussage des II. Hauptsatzes der Thermodynamik. Auf die geologischen Gesetzmäßigkeiten, die ja Prozesse sind, angewandt, heißt dies, wie schon früher betont wurde, daß sie einen historischen Charakter haben. Vorgänge in früheren Zeiten lassen sich nicht ohne weiteres auf die Gegenwart übertragen. Sie haben in dieser keine Gültigkeit, es sei denn, man kennt das übergeordnete Gesetz, das diese Transformation ermöglicht. Aber davon sind wir noch weit entfernt. Ich glaube, daß hier noch nicht einmal die richtige Frage formuliert wurde. Wir können aus der Vergangenheit nicht lernen, und auch geologischen Experimenten (Modellen) fehlt die Beweiskraft.

Wie kommt man aus diesem Dilemma heraus? Denn, wie eingangs erwähnt wurde, „geht es ja doch“, d. h., man bekommt ein praktisch brauchbares Ergebnis. Hier benutzt die Wissenschaft als Gesetzeslehre bewußt, aber verschwiegen, oder unbewußt einen Weg, der schon lange bekannt ist, aber erst Anfang unseres Jahrhunderts voll in das Bewußtsein integriert wurde. Man bedient sich des Tricks, so zu tun, „als ob“ man die Prämissen für das Gesetz vollständig kennen würde. VAIHINGER hat diesen Trick eine Fiktion[1]) genannt. Fiktion ist also eine bewußt falsche Annahme, die es allein gestattet, ein Problem zu lösen, und von der man hofft, wie es in der Mathematik mit der Einführung einer Hilfsgröße geschieht, daß sie im Verlauf der Rechenoperation wieder herausfällt, oder daß der sich damit zwangsläufig einstellende Fehler unter der Grenze der Meßgenauigkeit liegt und deshalb vernachlässigt werden kann. Für die Frage der geologischen Gesetzmäßigkeit und deren Gültigkeit folgt, daß man die Historizität der Vorgänge und Gesetze für kleine Zeitspannen ignorieren kann. Solange der Schwerpunkt der geologischen Forschung und Betätigung im Mesozoikum lag, war die genannte fiktive Methodik zulässig. Heute liegt aber der Schwerpunkt theoretisch und praktisch bei 3—4 Mrd. Jahren. Ich glaube nicht, daß man weiter mit dieser Approximation arbeiten kann. Heute ist auch die Astrophysik eine zeitlich und räumlich überdimensionale Geologie und die Geologie eine kleine Astrophysik, für die die Gesetze jener nicht gleichgültig sein können. Die Grenze, bis zu der wir das „Als-Ob“ anwenden dürfen, ist die Gültigkeitsgrenze des postulierten Gesetzes der aufgestellten Gesetzmäßigkeit. Sie ist variabel und hängt einerseits vom Gegenstand ab, auf den sie angewendet wird,

[1]) Der Begriff „Fiktion“ ist sehr alt. Sinngemäß wurde er schon von den griechischen Philosophen des Altertums verwendet. Später erfuhr er unterschiedliche Definitionen. 1907 formulierte ihn H. VAIHINGER in der hier verwendeten Form.

und andererseits von der gestellten Forderung, physikalisch ausgedrückt von der Genauigkeit, die man von der Aussage erwartet und die notwendig ist, einer gestellten Frage gerecht zu werden.

Einen dritten Punkt, der auf die begriffliche Formulierung, besser auf die Problematik einer solchen Bezug hat, sei noch kurz erwähnt. Er erlangt in den biologisch orientierten Geowissenschaften, die man in Verkennung ihrer weltanschaulich-philosophischen Sprengkraft oft unterschätzt, eine zunehmend größere Bedeutung. Aber nicht nur in der Evolutionslehre, die ja den Kern der Paläontologie darstellt, sondern auch in der Gefügekunde, der Kristallintektonik, der Fazieslehre, der Sedimentologie, d. h. überall dort, wo die Menge von Beobachtungen großräumige Direkteinblicke ersetzen muß.

Die in der Zeit der Aufklärung, besonders in Frankreich, stark entwickelte Vorstellung von einem Gesetz, man könnte bei Kenntnis der Prämissen die Zukunft voraussagen (der Wissenschaftler als Zauberer im Sinne W. Ostwalds), ist wohl heute nicht mehr aufrechtzuerhalten. Eine Prämisse hat als Einzelbeobachtung einen individuellen Charakter und unterliegt im komplexen System, d. h. in einem solchen, das aus rückgekoppelten Subsystemen besteht, und das sind die realen Systeme alle, bei strenger Gültigkeit der Kausalität, in ihrer Variationsbreite dem Zufall. Die begriffliche Fassung einer Beobachtungskette zum Gesetz übernimmt diese Tatsache durch die Einbeziehung stochastischer Vorstellungen, d. h., daß jedes Gesetz dieser Art zeitbezogen, d. h. historisch, aufgefaßt werden muß. Praktisch ausgedrückt heißt das, daß man aus Einzelbeobachtungen auch in einer genetisch einheitlichen Zeitreihe kein vollgültiges Gesetz ableiten kann. Anders gesagt: Bei wenigen Beobachtungen ist alles „klar", aber erst bei *sehr* vielen ist alles richtig! Jetzt führt der Weg der Formulierung, und das ist in gewissem Sinne auch der der Erkenntnis, mathematisch über die Stochastik, physikalisch über die Quantenmechanik und gelangt philosophisch zum Problem, das man mit Heisenbergs „Der Teil und das Ganze" charakterisieren kann, in allen Fällen in die Nähe des Vielkörperproblems, d. h. geologisch zum Gegenstand mit Umgebung, zum Milieu, zur Einbeziehung der Facies. Mit anderen Worten in die Nähe der Realität, denn milieu-freie Systeme gibt es nur in der Abstraktion, nicht in der Wirklichkeit. Insofern ist die „alte" Geologie schon lange modern. Wenn diese Einsicht, daß zum System die Umwelt als wesentlicher integrierender Faktor gehört, z. B. bei Modellbetrachtungen, fehlt, hat der so eingeschlagene Weg fast stets zu Irrtümern, in der geologischen Praxis gar nicht selten zu Katastrophen geführt. Der methodische Weg der finite elements in der Gebirgsmechanik zeigt deutlich diese Problematik.[1])

Die bisherigen Ausführungen beschränken sich, dem Titel entsprechend, auf geologisches bzw. geogenetisches Geschehen; selbstverständlich sind auch übergeordnete kosmogenetische Gesetzmäßigkeiten wirksam. Die Erde ist ein Teil des Kosmos; als Masse zwar ein winziges Stäubchen, aber im Alter diesem kompatibel und als Materie ein Objekt, das das, was mit ihm in diesem Zeitabschnitt geschehen ist, aufgezeichnet hat — wir müssen es nur richtig zu lesen verstehen. Zu diesem Verstehen gehört aber auch das Erkennen, was sich an Gesetzmäßigkeiten allgemeiner Natur seit 10 Mrd. Jahren geändert hat, oder die Erlangung der Gewißheit, daß die unwahrscheinliche Annahme, daß die auf dem winzigen Planeten „Erde" aufgestellten Gesetze mitten in einer Welt ständiger Evolution in bezug auf Raum und Zeit invariabel sind, zutrifft. Dies ist eine wichtige Frage für die sich immer deutlicher abzeichnende Entwicklung der Geologie zur Planetologie und mit der Astrophysik darüber hinaus in die Kenntnis vom kosmischen Raum.

---

[1]) Schon Aristoteles kannte diese Problematik. So definiert er den Ort über einen umschließenden Körper, d. h. über seine Umwelt, und auch dem Raum gibt er einen Sinn nur über einen bewegten Körper.

Zusammenfassung

Geologische Gesetzmäßigkeiten beanspruchen den Rang von Naturgesetzen, das heißt, sie sind Vorgänge, die unabhängig von einem erkennenden Subjekt objektiv ablaufen. Ihre Formulierung erfolgt auf der Basis von Beobachtungen eines erkennenden Subjektes in Form einer wörtlichen oder durch Zeichen charakterisierten Fassung. Die Beobachtung kann durch eine hypothetische Annahme gesteuert oder ungesteuert erfolgen.

Ein Naturgesetz dieser Art hat demnach eine objektive und eine subjektive Seite. Die Adäquatheit beider ist ein Problem, das die Philosophie seit langer Zeit beschäftigt.

Neben diesem, in aristotelischem Sinne, induktiven Weg der Erkenntnisgewinnung gibt es noch den deduktiven. Während der erstgenannte von der Beobachtung ausgeht und zum Gesetz hinführt, geht der zweite von einem präsumtiven Gesetz aus und führt zur bewußt gesuchten, d. h. erwarteten, Beobachtung. Ein solches Vorgehen, wie das der Deduktion, setzt eine Experimentiermöglichkeit voraus bzw. verlangt eine eindeutige Zuordnung einer Beobachtung zu der ihr zugrunde liegenden Ursache. Beide Forderungen können für das geologische Geschehen nur in den seltensten Fällen, wenn überhaupt, erfüllt werden. Einmal sind geologische Prozesse historischer Natur, d. h. grundsätzlich im Experiment nicht wiederholbar und aus der Vergangenheit in die Zukunft nicht extrapolierbar, zum anderen liegt für den zweiten Fall eine inverse Problematik vor, die nicht mit Sicherheit beherrschbar ist.

Die Grenzen der strengen Gültigkeit eines Naturgesetzes im allgemeinen Sinne sind also stets an gewisse Bedingungen beider Seiten, sowohl der objektiven als auch der subjektiven, gebunden.

Für den speziellen Fall der geologischen Gesetzmäßigkeiten kommt hinzu, daß geologische Prozeßabläufe, im Gegensatz z. B. zu den von der klassischen Physik behandelten, nie einfache Fälle, sondern stets Vielkomponentensysteme, also aus einer Vielzahl von Subsystemen aufgebaute, betreffen. Sie entsprechen also nicht der einfachen Kausalität, sondern folgen im allgemeinen stochastischen Gesetzen. Die skizzierten Schwierigkeiten, einschließlich jener, die sich aus der Diskrepanz zwischen der möglichen Beobachtungszeit und der Dauer eines geologischen Vorganges ergibt, lassen sich approximativ durch die Einführung des Fiktionsbegriffes überwinden.

Aufgrund der erwähnten Voraussetzungen kann man die Gültigkeit geologischer Gesetzmäßigkeiten in folgende Wirkungssphären gliedern:

I. Das Gesetz vernachlässigt den Aufbau aus Subsystemen und die Existenz von Randbedingungen (Umwelt).

II. Das Gesetz berücksichtigt die Existenz von Subsystemen, vernachlässigt aber die Existenz von Randbedingungen.

III. Das Gesetz berücksichtigt den komplexen Aufbau, den Einfluß der Umwelt und die Inhärenz der physiko-chemischen Grundgesetze, insbesondere die Hauptsätze der Thermodynamik.

Die Reihung I—III entspricht einem steigenden Gültigkeitsbereich und einem zunehmenden Wahrheitsgehalt des Gesetzes, einer Zunahme der Übereinstimmung mit dem objektiven Beziehungsinhalt.

Die Zusammenfassung soll das theoretische Gerippe der gegebenen Ausführungen darstellen. Sie ist nicht als die Darstellung eines geschlossenen Systems gedacht. So etwas gibt es in der Natur nicht und sollte es auch in der Wissenschaft von der Natur nicht geben. Die Kurzform des Resumés soll nur zum Nachdenken und Weiterdenken dessen anregen, was im Hauptteil in ausführlicher und z. T. in bewußt provokativer Form behandelt wurde.

Schriftenr. geol. Wiss. · Berlin 24 (1985) · S. 23–32

Zur Frage der Periodisierung der Geologischen Wissenschaften

Von V. V. TICHOMIROV und V. G. GERBOVA. (Moskau)

Einleitung

Die Periodisierung der Geschichte einer Wissenschaft ist ein künstliches Verfahren, das die Untersuchung des komplizierten Entwicklungsprozesses der menschlichen Kenntnisse erleichtert.

Die Geschichtswissenschaftler vertreten durchaus nicht die gleichen Prinzipien hinsichtlich der Periodisierung. Manche gehen von den Etappen der sozialökonomischen Entwicklung der menschlichen Gesellschaft aus, andere nehmen formal zeitliche Grenzen an, so für jedes Jahrhundert oder für jedes halbe Jahrhundert, die dritten nehmen als Marksteine das Auftreten eines bestimmten hervorragenden Wissenschaftlers usw. Unserer Meinung nach hat die Periodisierung der Geschichte einer Wissenschaft von den Besonderheiten auszugehen, die dem wissenschaftlichen Schaffen und dem allgemeinen Fortschritt in den Kenntnissen eigen sind. Dieser Fortschritt wird in der Regel durch Ungleichmäßigkeit gekennzeichnet, die bald in einer Beschleunigung des wissenschaftlichen Fortschritts zum Ausdruck kommt, bald in einer wesentlichen Verlangsamung seiner Entwicklung. Diese Ungleichmäßigkeit kann zur Einteilung der Geschichte der Entwicklung der Kenntnisse in einzelne Etappen oder Perioden angewendet werden. Doch auch diese Frage ist nicht einfach zu entscheiden; sie hat sich, wie festgestellt wurde, auf das Aufdecken der Hauptfaktoren zu stützen, die die Entwicklung der Wissenschaft für jede Etappe ihrer Geschichte charakterisieren. Wie eine Analyse der Geschichte der Entwicklung der Geologie gezeigt hat, wird jede Periode in der Geschichte dieses großen Gebietes der Naturwissenschaften durch eine ihr eigene Leitidee und durch die führende Forschungsmethode wie auch größtenteils durch eine wissenschaftliche Entdeckung gekennzeichnet. [24] Diese Besonderheit, die zur Festlegung der großen Geschichtsetappen einer Wissenschaft beiträgt, erwies sich auch als typisch für andere Gebiete der Naturwissenschaften, so für Biologie und Chemie. [25]

Hierbei muß aber besonders hervorgehoben werden, daß eine Periodisierung größerer Kategorien wie etwa die Geschichte der Naturwissenschaften oder der Technik insgesamt schon nach völlig anderen Prinzipien vorgenommen wird, wobei sich die einzelnen Perioden ihrer Entwicklung leicht durch den Rahmen der großen Etappen in der Geschichte der menschlichen Gesellschaft abgrenzen lassen, d. h. durch die Grenzen des Übergangs von einer sozialökonomischen Epoche zur anderen. [13]

Es erhebt sich die Frage, wie denn die Faktoren aussehen, die zur Begründung der Periodisierung von Wissenschaften herangezogen werden können, die auf einer niedrigeren Stufe der hierarchischen Leiter als einzelne Gebiete der Naturwissenschaften stehen, nämlich bestimmte Zweige der Geologie, Chemie oder Biologie usw.

Zu diesem Zwecke werden wir die Entwicklung solcher Zweige der Geologie wie Tektonik und Geologie des Pleistozäns analysieren, wobei wir die gleiche Methode anwenden wie bei der Ausarbeitung der Periodisierung der Geschichte ganzer Gebiete der Naturwissenschaften wie Biologie, Geologie u. a.

Tektonik

Betrachten wir die Geschichte der Tektonik, wobei wir von der Zeit des Auftretens der ersten Merkmale des Aufkommens dieser Wissenschaft ausgehen, d. h. ab Mitte des 18. Jahrhunderts.

I. Periode. Herausbildung der Idee vom Primat der endogenen Faktoren (1750–1800)

Diese Periode wurde durch eine beträchtliche Zunahme des Interesses der Wissenschaftler an der Klärung der Fragen charakterisiert, die das Vorhandensein einer Bewegung der Erdkruste und Ursachen dieser Erscheinung bezeugen. So schrieb JOHN MICHELL (1760, 1761), daß die Gesteinsschichten zuerst horizontal abgelagert und erst später gefaltet werden. Er sah als Ursache für diese Deformation die Wirkung von stark komprimierten, in den Tiefen der Erdkruste eingeschlossenen Dämpfen.

M. V. LOMONOSOV (1763) [15] wies auf das Bestehen von Fakten hin, die langsame, nur in geringem Maße bemerkbare Veränderungen in den Gebieten der großen Bereiche der Erdkruste beweisen (d. h. das, was man heute als epirogenische Bewegungen bezeichnet). Außerdem wies er auf die häufig zu beobachtende Erscheinung hin, daß im Maße der Annäherung an die Achse eines Gebirgskamms die Schichten immer steiler werden. Er nahm an, daß beide Erscheinungen durch die Einwirkung von Kräften in der Tiefe hervorgerufen werden.

P. S. PALLAS (1778), der die Ideen von M. V. LOMONOSOV weiterentwickelte, hob hervor, daß entsprechend der Bewegung von der Tiefebene zu den Berggipfeln die Schichten immer steiler werden. Das sei durch vulkanische Kräfte bedingt.

JAMES HUTTON (1795) behauptete, daß die Schichten, die über den Meeresspiegel gehoben sind, beweisen, daß auf sie die Glut des Erdinnern einwirkte.

All diese hervorragenden Naturforscher der zweiten Hälfte des 18. Jahrhunderts wiesen also auf die Erscheinung der Verbiegung oder Hebung der Schichten unter der Einwirkung endogener Faktoren hin.

Hauptmethode der geologischen Untersuchungen waren damals nur kleinmaßstäbliche Beobachtungen auf ausgedehnten Territorien, wodurch sogar ohne eingehende Untersuchung weitgehende wissenschaftliche Schlußfolgerungen gezogen werden konnten.

Für die zweite Hälfte des 18. Jahrhunderts waren somit trotz der großen Vielfalt der Methoden zur Untersuchung von Naturerscheinungen für die Entwicklung des tektonischen Denkens Vorstellungen entscheidend, wonach Bewegungen der Erdkruste unter dem Einfluß endogener Faktoren erfolgten. Die Entwicklung dieser Ideen wurde begünstigt durch die Anwendung der Methode, daß auf ausgedehnten Territorien rekognoszierende Beobachtungen in kleinem Maßstabe erfolgten.

II. Periode. Die Herrschaft der Lehre von den Hebungskratern (1800–1850)

Im Verlauf der ersten Hälfte des 19. Jahrhunderts wurden sehr viele unterschiedliche Vorstellungen in bezug auf den Charakter der Bewegungen der Erdkruste geäußert, so a) die stabile unbewegliche Kruste mit einzelnen Bruchstellen in unterirdischen Hohlräumen; b) Hebung unter dem Druck eines eindringenden Magmas; c) Wellung der Kruste beim Erstarren des Planeten u. a. Eine besonders große Bedeutung für die Entwicklung der Tektonik als Wissenschaft hatte die von L. v. BUCH aufgestellte Hypothese von den „Hebungskratern“ (1836). Diese Idee wurde von A. v. HUMBOLDT, B. STUDER und einige anderen westeuropäischen und auch russischen Geologen unterstützt und aktiv entwickelt. Das wichtigste Element dieser Hypothese war die Anerkennung der führenden Rolle der endogenen Kräfte bei der Entstehung tektonischer Bewegungen.

Bei ihren Untersuchungen gingen die Anhänger dieser Lehre von den Ergebnissen orographischer Beobachtungen aus.

Die Leitidee, die die Entwicklung der Tektonik in dieser Etappe sicherte, war somit die Lehre von den Hebungskratern, und die wichtigste Forschungsmethode war die orographische Methode.

III. Periode. Der Triumph der Kontraktionstheorie (1850—1900)

Mitte des 19. Jahrhunderts wurde die Konzeption der Hebungskrater durch die Kontraktionstheorie abgelöst. Ihre ersten Anfänge finden sich 100 Jahre früher in den Arbeiten von I. Kant, der die Idee vom ursprünglichen feuerflüssigen Zustand unseres Planeten vertrat. Diese Idee wurde später von P. S. Laplace weiterentwickelt, und anschließend äußerte 1829 L. Élie de Beaumont den Gedanken von der Wellung der Erdkruste infolge der Kontraktion des Kerns der Erde, die durch deren Abkühlung bewirkt wurde. Damals aber erfuhr die Kontraktionstheorie noch keine größere Verbreitung, und erst fast genau zu Beginn der zweiten Hälfte des 19. Jahrhunderts, als sich die schwachen Stellen der Hypothese von den Hebungskratern immer deutlicher bemerkbar machten, veröffentlichte L. Élie de Beaumont 1852 eine ausführliche Begründung der Kontraktionstheorie, die rasch von den weitesten Kreisen der Geologen anerkannt wurde. Diese Konzeption wurde aktiv von einer ganzen Reihe von Wissenschaftlern unterstützt, so von E. Suess (1875), A. Heim (1878), B. Willis (1893) u. a. Sie wandten diese Theorie an, um die Besonderheiten des tektonischen Aufbaus der Alpen, der Appalachen und einiger anderer Faltengebirge zu erklären. Das Faktenmaterial, das als Begründung zur Entstehung der Kontraktionslehre diente, wurde dadurch gewonnen, daß die Methode der geologischen Kartierung in großem Umfange angewandt wurde.

Somit war die Kontraktionslehre in der dritten Periode der Geschichte der Tektonik die Leitidee, und die wichtigste wissenschaftliche Methode war die geologische Kartierung.

IV. Periode. Die Blütezeit der Lehre von den Geosynklinalen (1900—1935)

Bereits im Zeitalter des Triumphs der Kontraktionstheorie begann sich eine neue Idee herauszubilden, die die Lehre von den Geosynklinalen und den Tafeln hervorbrachte. James Hall (1859) und J. Dana (1873) stellten das Vorhandensein stark erhöhter Mächtigkeiten einzelner stratigraphischer Einheiten in Gebirgsgebieten fest, im Vergleich zu den synchronen Analoga dieser Ablagerungen an Stellen ihrer flachen Lagerung. Sie erklärten diese Erscheinung mit dem Auftreten von Synklinalfalten durch Wellung der Kruste und mit Ausfüllung der entstandenen großen Senken durch Sedimente. Etwa zur gleichen Zeit entdeckte A. P. Karpinski (1887, 1894) [11, 12], der den geologischen Aufbau des europäischen Rußlands und die Entwicklung der großen Strukturen in diesem Gebiete untersucht, eine ganze Reihe Gesetzmäßigkeiten, die für die Lehre von den Tafeln eine Begründung lieferten.

Seit Beginn der Jahrhundertwende nahm die Lehre von den Geosynklinalen und Tafeln dank der Arbeiten von E. Haug (1900), H. Stille (1920), A. A. Borisjak (1922, 1924) [2, 3], E. V. Milanovskij (1929) [17] und vieler anderer Wissenschaftler bei den Geologen die führende Stelle ein. Diese neue Lehre stützte sich in den ersten Jahren auf die Idee der Kontraktion, später aber wurde nachgewiesen, daß die Vorstellungen von einer Kontraktion der Erdkruste unhaltbar war, und die Theorie der Geosynklinalen nahm die führende Stellung ein.

Bei diesen Untersuchungen war die Lehre von den Fazies der verschiedenen Sedimentgesteine und deren Mächtigkeiten wichtig. Besonders erfolgreich wurde sie von N. S. Šatskij (1923—1924, 1927) [26, 27] angewandt.

Die vierte Periode in der Geschichte der Tektonik als Wissenschaft wurde somit durch das Vorhandensein einer Leitidee gekennzeichnet, die die Grundlage für die Lehre von den Geosynklinalen und Tafeln wurde. Die wichtigste Forschungsmethode in dieser Zeit war die Methode der Fazies und Mächtigkeiten.

V. Periode. Das Vorherrschen der fixistischen Ideen (1935—1965)

In den vorangegangenen Entwicklungsetappen der tektonischen Wissenschaft wechselten Vorstellungen von einem Überwiegen vertikaler Bewegungen der Erdkruste mit Ansichten von einer weiten Verbreitung horizontaler Bewegungen. Das Primat der einen oder anderen Bewegung rief meist keine besonderen Diskussionen hervor. Im zweiten Drittel des 20. Jahrhunderts stieg in der Tektonik die Anzahl jener Anhänger beträchtlich an, die sich für die Vorherrschaft der vertikal gerichteten Bewegungen — mit Schwindungscharakter — einsetzten. In diesen Jahren ging die Entwicklung der Theorie von den Geosynklinalen und Tafeln weiter. Die Diskussionen der Geologen konzentrierten sich hauptsächlich auf Fragen der Formulierung der Hauptbegriffe, auf die Bedeutung der Geosynklinalen in den Ozeanen und auf den Kontinenten, den Entwicklungscharakter der Geosynklinalen (ererbt oder durch Inversion usw.). Fast alle Geologen, die diese Probleme gründlich bearbeiteten (A. D. Archangel'skij, W. W. Belousov, S. v. Bubnoff, G. Bucher, M. V. Muratov, D. V. Nalivkin, M. M. Tetjajev, V. E. Chain, H. Stille u. v. a.), gingen überzeugt von der führenden Rolle vertikaler Bewegungen aus, die nicht nur die Kruste, sondern auch den oberen Erdmantel ergreifen.

Bei der Untersuchung der geotektonischen Geschichte einer bestimmten Region schenkten die Forscher — wie auch in der vorangegangenen Etappe — ihre Hauptaufmerksamkeit der Faziesanalyse der Sedimentgesteine (Lithofazies), und in dem Bestreben, zu einer „gemittelten“ Methode bei der Untersuchung der Spezifik der sedimentären Bildungen zu kommen, gingen sie faktisch zur Untersuchung der Formationen über. So begannen V. V. Belousov (1938—1940) [1], N. B. Vassojevič (1939) [5], V. I. Popov (1948), A. B. Ronov (1949) [22], N. S. Šatskij (1945) [28, 29] und andere, meist sowjetische Geologen, eine Analyse der Formationen vorzunehmen, um die Besonderheiten der tektonischen Entwicklung erkennen zu können. Die wichtigsten Faktoren, die die fünfte Periode in der Geschichte der Untersuchung der Tektonik kennzeichnen, waren somit die fixistische Idee und die Methode der Formationsanalyse.

VI. Periode. Der Sieg der Ideen des Mobilismus (1965—1980)

Die eingehende Untersuchung der Faltengebiete führte zu einer Revision vieler Leitsätze der Lehre von den Geosynklinalen. So äußerten beispielsweise N. P. Vasil'kovskij (1960) [4] und einige andere Wissenschaftler die Vermutung, daß die kontinentale Kruste im Bereich der Geosynklinalen entsteht. Weitere Forschungen und insbesondere die Untersuchung der Ophiolithformation, und zwar sowohl im kontinentalen wie auch im ozeanischen Bereich, brachten gewichtige Gründe für die Behauptung, daß das Wesen des geosynklinalen Prozesses darin besteht, die ozeanische Kruste in eine kontinentale Kruste umzuwandeln (A. V. Pejve, N. A. Štrejs u. a.; 1971) [20], wobei dieser Prozeß mit großen horizontalen Bewegungen großer Platten und Schollen der Lithosphäre einhergeht. Diese Ideen des Mobilismus — sie beruhten auf neuen Angaben geophysikalischer Untersuchungen sowohl auf dem Festland wie auch im Meer, ferner auf den Ergebnissen eingehender geologischer Beobachtungen in Faltengebieten sowie von Tiefbohrungen auf den Kontinenten wie auch im Atlantik und im Pazifik u. a. — bedingten eine Überprüfung vieler früher geltender theoretischer Grundsätze und führten zur Anerkennung einer umfassenden Entwicklung horizontaler Verschiebungen (R. S. Dietz, 1961; H. H. Hess, 1962 u. a.). Es wurde die Plattentheorie aufgestellt, die auch „neue Globaltektonik“ genannt wird, wonach die starre, spröde Lithosphäre, die über der plastischen Asthenosphäre liegt, in Platten geteilt ist, die sich auseinanderbewegen (Spreading) und sich untereinander schieben (Subduktion) (X. L. PICHON, J. FRANCHETEAU, J. BONNIN, 1973 u. v. a.). Diese Konzeption, die geologische Erscheinungen in ihrem Zusammenwirken auf der gesamten Erdkugel erklärt und sich auf Unterlagen aus der Tektonik, Geophysik, Petrologie, Geochemie, Paläontologie usw. stützt, hat sich unter den Geologen sämtlicher Länder der Erde eine große Schar von Anhängern erobert, auch wenn einige ihrer Grundsätze umstritten sind.

Die entscheidenden Forschungsmethoden dieser Periode waren verschiedene Methoden der Geophysik (Seismographie, Gravimetrie, Magnetik, Elektrik u. dgl.).

Die Leitidee der sechsten Geschichtsperiode in der Lehre der Tektonik war somit der Mobilismus, sein hauptsächliches Forschungsverfahren waren geophysikalische Methoden.

Die Analyse der Entwicklungsgeschichte der Tektonik als selbständiger Wissenszweig zeigt also, daß jede besonders genannte Periode ziemlich genau durch einen zeitlichen Rahmen abgegrenzt ist, in dem eine bestimmte wissenschaftliche Idee und auch eine bestimmte Forschungsmethode typisch waren.

Geologie der quartären Ablagerungen

Wir wollen nun nach dem gleichen Prinzip eine Analyse der Entwicklung eines anderen Zweigs der geologischen Wissenschaften vornehmen, nämlich der Geologie der quartären Ablagerungen.

I. Periode. Die Formierung der Quartärgeologie als selbständiger Wissenszweig (1760–1800)

In der zweiten Hälfte des 18. Jahrhunderts begannen sich unter den Geologen immer stärker Vorstellungen zu verbreiten, daß man die an der Oberfläche liegenden jüngsten, sogenannten „angeschwemmten" Bildungen, als selbständige Schichtfolge aushalten müsse, getrennt vom Liegenden. Diese Gesteine nannte J. ARDUINO (1760) die „vierte Unterteilung der Gebirge", V. M. SEVERGIN (1798) [23] nannte sie „Gebirge vierter Bildung". Die spätere Bezeichnung „quartär" wurde bereits von einer ganzen Reihe von Bearbeitern unterstützt (B. W. BUCKLAND, J. DESNOYERS u. a.).

Für die erste Geschichtsperiode in der Erkenntnis der Geologie der quartären Ablagerungen war somit die Idee von der Notwendigkeit des Aushaltens der „Gebirge vierter Ordnung" als selbständige Schichtenfolge am typischsten. Das Forschungsverfahren, das zur Isolierung dieser Ablagerungen angewandt wurde, kann man Methode des „Aushaltens der Anschwemmungen" nennen.

II. Periode. Die Herrschaft der Drift-Idee (1800–1840)

Zu Beginn des 19. Jahrhunderts begannen die erratischen Blöcke besonders große Aufmerksamkeit zu erregen. Diese Blöcke sind fast über ganz Europa verbreitet. Die Geologen interessierten sich für ihre petrographische Zusammensetzung, ihre Form, ihren Schliff und ihre Verbreitung L. v. BUCH (1827), der seine Idee von den Hebungskratern entwickelte, nahm an, daß die riesigen Blöcke durch Schlammströme, die von den schnell aufsteigenden Bergen herunterflossen, herangeschleppt worden waren. CH. LYELL (1830 bis 1933) vertrat dagegen den Standpunkt, daß die erratischen Blöcke von Eisschollen verbreitet wurden, die in dem Meer schwammen, das den europäischen Kontinent bedeckte. Ähnliche Ansichten vertraten auch andere Wissenschaftler wie W. BEKLAND, AL. BRONGNIART, R. I. MURCHISON und auch eine Reihe russischer Geologen.

Wegen ihrer weiten Verbreitung, ihren beachtlichen Abmessungen, ihrer verschiedenen petrographischen Zusammensetzung und anderen typischen Besonderheiten erregten sie ständig die Aufmerksamkeit der Naturforscher, die versuchten, bestimmte Gesetzmäßigkeiten festzustellen. Von größtem Interesse sind in dieser Beziehung die Arbeiten von G. K. RAZUMOVSKIJ (1816, 1829) [21]. Er stellte zwei Hauptrichtungen in der Verbreitung dieser erratischen Schollen fest, ebenso auch eine Reihenfolge der Etappen dieses Prozesses.

Die Forschungsmethode, die bei der Untersuchung der geologischen Ereignisse der Quartärzeit angewandt wurde, kann als Methode der Erforschung der erratischen Blöcke bezeichnet werden.

Die dominierende Idee in der zweiten Geschichtsperiode der Erkenntnis der Geologie quartärer Ablagerungen war somit die Drifthypothese, die wichtigste Methode bestand in der allseitigen Untersuchung der erratischen Blöcke.

III. Periode. Die Entwicklung der Vorstellungen von der Festlandsvereisung (1840–1890)

Das Studium der glazialen Ablagerungen lieferte den Geologen allmählich Faktenmaterial, das die Auffassungen von Schlammströmen und schwimmenden Eisschollen bezweifeln ließ. Bereits zu der Zeit, als diese Ideen in voller Blüte standen, gab es die ersten gewichtigen Äußerungen, die auf die Unhaltbarkeit dieser Richtung hinwiesen. So wies J. VENETZ (1833) nach, daß die Moränen im Alpenvorland das Vorhandensein von Gletschern beweisen, die von den Bergen grobklastisches Material gebracht hatten. Er schrieb auch von einer ausgedehnten Entwicklung der Gletscher in diesen Gebirgen im Altertum.

Den gleichen Standpunkt vertrat auch I. CHARPENTIER (1835), der sich ebenfalls mit geologischen Untersuchungen in den Alpen befaßte.

Derartige Beobachtungen führten zu einer Aufgabe der Drifttheorie, und unter den Geologen gewannen Vorstellungen von einer großen Eisdecke des Festlands, die Europa im oberen Känozoikum erfaßte, die Oberhand. Die Entwicklung dieser neuen Theorie realisierten J. L. AGASSIZ (1840), G. E. ŠČUROVSKIJ (1956) [30], A. GEIKIE (1863), O. TORELL (1873) und eine ganze Reihe anderer Wissenschaftler erfolgreich. Besonders stark hat P. A. KROPOTKIN an der Erforschung der Quartärvereisung gearbeitet, er untersuchte die Spuren dieses Phänomens ab **1865** im östlichen Sajangebirge sowie im Vitimplateau und im Patomplateau, ab **1871** auch in Finnland. Er sammelte reiches Material für sein grundlegendes zweibändiges Werk über die Glazialperiode [14].

Im letzten Drittel des 19. Jahrhunderts hatte sich die Idee von der Eisbedeckung des Festlandes vollständig durchgesetzt, wobei die Meinung vertreten wurde, daß diese Erscheinung einen einmaligen Charakter trug, d. h., es verbreitete sich die Theorie des Monoglazialismus.

Die allermeisten Arbeiten, die die Untersuchung der Spuren der Tätigkeit der alten Gletscher behandelten, beruhten auf lithologischen Forschungen.

Für die dritte Geschichtsperiode in der Untersuchung der Quartärgeologie war also die Lehre von der Glazialperiode führend, das wichtigste Forschungsverfahren war die lithologische Methode.

IV. Periode. Das Dominieren der Ideen des Polyglazialismus (1890–1925)

Das Ende des 19. Jahrhunderts brachte neue Daten, die den Beweis dafür lieferten, daß die Vereisung keine einmalige Erscheinung gewesen war, sondern aus mehreren aufeinanderfolgenden Phasen bestanden hatte. Auf Grund ihrer langjährigen Untersuchungen erkannten A. PENCK und E. BRÜCKNER (1901–1909), die das Verhältnis zwischen Moränen und alluvialen Ablagerungen im Alpenvorland untersucht hatten, ebenso den

Aufbau der Schotterterrassen in den Flußtälern, daß hier vier aufeinanderfolgende Vereisungen stattgefunden hatten, nämlich die Günzeiszeit, die Mindeleiszeit, die Rißeiszeit und die Würmeiszeit, die durch Zwischeneiszeiten getrennt waren. Mit Hilfe der Arbeiten anderer Geologen in den verschiedenen Gebieten Europas wurde das Schema von A. PENCK und E. BRÜCKNER im allgemeinen bestätigt, so daß die Auffassungen von mehreren Vereisungsphasen (Polyglazialismus) große Anerkennung fanden. Diese Idee wurde auch in der Stratigraphie akzeptiert, zur Gliederung der oberen Abteilungen des Känozoikums, so daß sie dadurch eine zusätzliche Begründung erfuhr.

Die eingehende Untersuchung der Moränen, der Schotterterrassen und auch der Entwicklungsgeschichte des Reliefs und der kontinentalen Sedimentation im Quartär, und zwar sowohl im Bereich der Gletscher als auch außerhalb dieses Bereichs, erfolgten unter umfassender Anwendung der geomorphologischen Methode. Als Ergebnis derartiger Untersuchungen unterschied A. P. PAVLOV (1888) [19] genetische Typen der kontinentalen Bildungen, nämlich Moränen, Alluvium, Eluvium, Proluvium und Deluvium. Diese Klassifizierung hatte große Bedeutung, sie bekam einen wichtigen methodischen Sinn und förderte die Entwicklung der Stratigraphie der quartären Ablagerungen und deren Kartierung nach genetischen Merkmalen.

Die vorstehend angeführten Angaben beweisen, daß die Leitidee, die die vierte Geschichtsperiode in der Untersuchung der quartären Ablagerungen charakterisiert, der Polyglazialismus war, die hauptsächlichsten Methoden aber waren die geomorphologische Methode und die Feststellung der genetischen Typen kontinentaler Ablagerungen.

V. Periode. Die Entwicklung der Vorstellungen über die Paläogeographie des Quartärs (1925–1945)

Bei der Untersuchung der Sedimente der Glazialepoche nahm das Interesse an der Erkenntnis der paläogeographischen Situation der Quartärzeit merklich zu. Die Bearbeitung dieses Problems wurde durch komplexe Untersuchungen (klimatologische, geologische, biostratigraphische Arbeiten) befördert, was durch mehrere grundlegende Arbeiten europäischer Wissenschaftler bezeugt wird, so die Arbeiten von W. KÖPPEN und A. WEGENER (1924), G. C. SIMPSON (1934), A. PENCK (1937), I. P. GERASIMOV und von K. K. MARKOV (1939) [6].

Bei der Bearbeitung dieses Problems wurde ein ganzer Komplex von unterschiedlichen Methoden angewandt, wobei hier die wichtigsten Verfahren die biostratigraphischen Verfahren (Paläozoologie, Paläobotanik und Palynologie) waren, ebenso aber auch die Archäologie.

Die fünfte Geschichtsperiode in der Untersuchung der Geologie der quartären Ablagerungen wird somit durch eine Entwicklung der Konzeption von der Paläogeographie des Anthropogens gekennzeichnet, wobei man sich hier auf Angaben stützte, die durch Anwendung biostratigraphischer Methoden gewonnen worden waren.

VI. Periode. Die Ideen von der Synchronität der Ergebnisse im Quartär (1945–1960)

Die geologische Kartierung der quartären Ablagerungen, die sich im großen Umfang entwickelte, trug zu ihrer erfolgreichen stratigraphischen Gliederung bei (V. I. GROMOV, 1948) [8]. Diese Arbeiten, die in einzelnen Gebieten durchgeführt wurden, die häufig voneinander weit entfernt waren, führten zu dem Bestreben, die Quartärschichten miteinander zu vergleichen (P. WOLDSTEDT, 1960; V. I. GROMOV, 1957) [9]. Auf der Grundlage derartiger Vergleiche wurde verschiedenartiges Material gewonnen, das von den meisten Forschern als Zeugnis dafür interpretiert wurde, daß die Ereignisse in der Quartärzeit in den unterschiedlichen Regionen der Erde gleichzeitig verlaufen waren. Zu dieser Schlußfolgerung kamen F. ZEUNER (1945), G. I. GORECKIJ (1957) [7], R. F.

Flint (1957); V. I. Gromov, I. I. Krasnov, K. V. Nikiforova und E. V. Šancer (1961) [10] sowie viele andere Bearbeiter. Gleichzeitig aber vertraten einige Wissenschaftler den Standpunkt, daß die Erscheinungen in der Quartärzeit zu unterschiedlichen Zeiten abgelaufen waren (K. K. Markov, 1960) [16].

Die VI. Geschichtsperiode in der Erforschung des Quartärs kann somit als Etappe der Verbreitung von Ideen charakterisiert werden, wonach die Ereignisse in der Quartärzeit auf unserem gesamten Planeten gleichzeitig verlaufen sind. Die führende Untersuchungsmethode war die geologische Kartierung.

VII. Periode. Die Ideen von der globalen Korrelation der quartären Ablagerungen (1960–1980)

Die gegenwärtige Entwicklungsetappe der zu behandelnden Wissenschaft wird dadurch gekennzeichnet, daß sich das Interesse der Wissenschaftler für die Frage nach der globalen Korrelation der geologischen Prozesse des Quartärs wesentlich verstärkt hat. Derartige Untersuchungen beruhen auf einem Vergleich der quartären Ablagerungen des Festlandes und der gleichaltrigen Sedimente des Weltmeers. Das gesammelte Faktenmaterial zu den verschiedenen Ländern und Kontinenten liefert eine Grundlage für den Vergleich quartärer Ablagerungen für die gesamte Erde. Eine der ersten zusammenfassenden Arbeiten dieser Art wurde von P. Woldstedt (1954–1965) geliefert. Im letzten Jahrzehnt schlug K. V. Nikiforova ein begründetes globales stratigraphisches Schema über die Korrelation der Ablagerungen im oberen Pliozän und im Quartär vor, das große Anerkennung gefunden hat [18].

Für die beschriebene Periode war die Einführung neuer physikalischer Methoden charakteristisch, nämlich die absolute Datierung, die Methode der Paläotemperaturen, des Paläomagnetismus, die Luminiszenzmethode u. a.

Die gegenwärtige Geschichtsperiode in der Untersuchung der Geologie der quartären Ablagerungen wird also durch Ideen gekennzeichnet, die sich auf die globale Korrelation des Quartärs und einer umfassenden Einführung physikalischer Methoden beziehen.

Die Betrachtung der Entwicklungsgeschichte der Quartärgeologie zeigt hinreichend überzeugend, daß bei jedem Übergang von einer genau sich abzeichnenden Periode zu einer anderen eine Ablösung der führenden wissenschaftlichen Ideen durch neue erfolgt. Mitunter unterscheiden sich diese Ideen wesentlich von den Auffassungen der vorangegangenen Periode, in anderen Fällen setzt sie die Entwicklung der früheren theoretischen Richtung fort. Eine ähnliche Erscheinung zeigt sich auch in den Forschungsmethoden der verschiedenen Perioden.

Sämtliche Ausführungen kommen den Schlußfolgerungen nahe, die man auch auf Grund einer Untersuchung der Entwicklungsbesonderheiten der tektonischen Wissenschaft machen kann.

Schlußfolgerungen

Die oben angeführte Analyse über den Verlauf der Entwicklung zweier Zweige aus dem umfangreichen Komplex der Geowissenschaften liefert gewisse Gründe für mehr oder weniger bestimmte Schlußfolgerungen:

a) Jede Periode im gesamten Entwicklungsverlauf einer bestimmten geologischen Wissenschaft wird durch das Vorhandensein einer richtungweisenden Idee und einer führenden Forschungsmethode charakterisiert. Diese Gesetzmäßigkeit deckt sich genau mit der Gesetzmäßigkeit, die bereits früher für die großen integrierenden Gebiete der Naturwissenschaft wie Geologie, Biologie, Chemie u. a. festgestellt wurde. [25]

b) In jeder Entwicklungsetappe der Wissenschaft bestehen gewöhnlich mehrere wissenschaftliche Konzeptionen oder Hypothesen, die sich mitunter stark voneinander unterscheiden, manchmal diametral entgegengesetzt sind, wobei aber lediglich eine davon letztlich richtungweisend wird und den weiteren Fortschritt der jeweiligen Wissenschaft sichert.

c) Keine einzige Idee — wenn sie nur wirklich wissenschaftlich ist — hat im Laufe der Zeit ihre Bedeutung vollständig eingebüßt; in der Regel ging das dort enthaltene „Korn der Wahrheit" als Bestandteil in die spätere, vervollkommnetere wissenschaftliche Theorie ein.

d) Die Periodisierung einer Wissenschaft unterschiedlichen Ranges (Naturwissenschaft insgesamt, Wissenschaftsgebiet, einzelner Wissenszweig usw.) wird immer „zerstückelter" (d. h. sie umfaßt immer kürzere Zeiträume), wenn die Bewegung die hierarchische Leiter hinab geht.

e) Die Periodisierung der Entwicklungsgeschichte verwandter Wissenszweige, wie beispielsweise Tektonik und Quartärgeologie, ist im allgemeinen ziemlich ähnlich, wenn sie sich auch in manchen Einzelheiten unterscheidet.

f) Ideen, die in irgendeiner Entwicklungsperiode einer Wissenschaft maßgebend sind, entstehen im allgemeinen bereits vor Beginn dieser Periode. Sie existieren auch nach dem Übergang zu einer anderen Pericde weiter, treten aber allmählich in den Hintergrund, wobei sie neuen theoretischen Konzeptionen Platz machen.

g) Forschungsmethoden entstehen in den verschiedenen Entwicklungsetappen der geologischen Wissenschaften im allgemeinen, damit theoretische und praktische Aufgaben, die dem Wissenschaftszweig gestellt werden, gelöst werden können. Mitunter wird ihre Ausarbeitung möglich auf Grund irgendeiner wissenschaftlichen Entdeckung oder einer technischen Erfindung (Beispiele hierfür: Entwicklung des Polarisationsmikroskops, Entdeckung der Radioaktivität, Entwicklung des Seismographen usw.);

h) Die Entwicklung einer neuen Forschungsmethode oder die Vervollkommnung der bisherigen Methode sichert gewöhnlich den weiteren Fortschritt der entsprechenden Wissenschaft.

Literatur

[1] Beloușov, V. V.: Der Große Kaukasus (russ.). — „Trudy CNIGRI", 1938—1940, Č. 1—3. vyp. 108, 121, 126.

[2] Borisjak, A. A.: Lehrbuch der historischen Geologie (russ.). — Petrograd, GIZ, 1922.

[3] Borisjak, A. A.: Geosynklinaltheorie (russ.). — Izv. Geol. Kom. **43**, No. 1, 1924.

[4] Vasil'kovskij, N. P.: Die Lehre von den Geosynklinalen im Lichte der modernen Geologie (russ.). — Moskva, Gosgeoltechizdat, 1960, trudy SNIIGGIMS, vyp. 13.

[5] Vassoevič, N. B.: Zur Methodik der geologischen Untersuchungen von Gebieten von Flysch-Ablagerungen (russ.). — In: Trudy po voprosam neftjanoj geologii, Baku, 1939, S. 56—110.

[6] Gerasimov, I. A.; Markov, K. K.: Die Glazialperiode auf dem Territorium der UdSSR. Die physisch-geographischen Verhältnisse der Glazialperiode (russ.). — Moskva—Leningrad, Izd-vo AN SSSR, 1939, 462 S.

[7] Goreckij, G. I.: Über das Verhältnis zwischen marinen und kontinentalen Sedimenten Priazoviens, des Schwarzmeergebiets und des Gebiets am Unteren Don (russ.). — Tr. Kom. po izuč. četvert. perioda, vyp. 13, 1957.

[8] Gromov, V. I.: Paläontologische und archäologische Begründung der Stratigraphie der kontinentalen Schichten des Quartärs auf dem Territorium der UdSSR (russ.). — Tr. GIN AN SSSR, vyp. 64, geol. ser. 17, 1948.

[9] Gromov, V. I.: Stratigraphisches Schema der quartären Schichten der UdSSR und sein Vergleich mit ausländischen Schemata (russ.). — In: Tezisy dokladov na Vsesojuznom meždu-vedomstvennom soveščanii po izučeniju četvertičnogo perioda. Moskva, 1957.

[10] Gromov, V. I.; Krasnov, I. I.; Nikiforova, K. V.; Šancer, E. V.: Grundsätze der stratigraphischen Untergliederung des Quartär- (Anthropogen-) Systems und seine untere Grenze (russ.). — In: Chronologija i klimaty četvertičnogo perioda, Moskva, „Nauka", 1961.
[11] Karpinskij, A. P.: Abriß der physisch-geographischen Verhältnisse des Europäischen Rußlands in den vergangenen geologischen Perioden (russ.). — Zap. AN. **35**, pril. No. 8, 1887.
[12] Karpinskij, A. P.: Der allgemeine Charakter der Schwingungen der Erdkruste im Bereich des Europäischen Rußland russ.). — Izv. AN, ser. 5, No. 1, 1894.
[13] Kedrov, B. M.: Zur Frage nach den Grundsätzen der Periodisierung der Geschichte der Naturwissenschaft (russ.). — Tr. Soveščanija po istorii estestvoznanija, 24—26 dekabrja 1946 g. — Moskva, Izd-vo AN SSSR, 1948, S. 17—57.
[14] Kropotkin, P. A.: Untersuchungen zur Glazialperiode. Teil 1—2 (russ.). — Zap. Russk. geogr. ob-va po obščej geografii, 1876, 7, vyp. 1, XXXIX, 717, 70, IX.
[15] Lomonosov, M. V.: Über die Erdschichten (russ.). — In: Pervoe osnovanie metallurgii ili rudnych del. Pribavlenije vtoroe, St. Petersburg, 1763.
[16] Markov, K. K.: Paläogeographie (russ.). — Izd. 2-e, Izd. MGU, 1960, 268 S.
[17] Milanovskij, E. V.: Abriß der Geosynklinaltheorie in ihrem heutigen Zustand (russ.). — Bjull. MOIP, otd. geol. 7 (1929), vyp. 4.
[18] Nikiforova, K. V.: Probleme der Stratigraphie, Geochronologie und der Korrelation des Quartärsystems (russ.). — In: Problemy geologii i istorii četvertičnogo perioda (antropogena), Moskva, „Nauka", 1982, S. 8—89.
[19] Pavlov, A. P.: Genetische Typen der kontinentalen Bildungen der glazialen und der postglazialen Epoche (russ.). — Izv. Geol. Kom., **7** (1888), No. 7, S. 243—262.
[20] Pejve, A. V.; Štrejs, N. A., u. a.: Ozeane und Geosynklinalprozeß (russ.). — DAN SSSR **196** (1971) No. 3.
[21] Razumovskij, G. K.: Geognostischer Blick auf den nördlichen Teil Europas überhaupt und insbesondere auf Rußland (russ.). — SPb., 1816, 35 S.
[22] Ronov, A. B.: Geschichte der Sedimentation und der Schwingungsbewegungen des Europäischen Teils der UdSSR (nach den Daten der volumetrischen Methode. — Moskva—Leningrad, Izd-vo AN SSSR, 1949, 390 S. [Tr. geofiz. in-ta Nr. 3 (130)]. 553 Lit.
[23] Severgin, V. M.: Erste Grundlagen der Mineralogie oder der Naturgeschichte der fossilen Körper (russ.). — Kn. 1—2, St. Petersburg, 1798.
[24] Tichomirov, V. V.: Über die wichtigsten Entwicklungsfaktoren der Geologie in verschiedenen Etappen ihrer Geschichte (russ.). — Izv. AN SSSR, Ser. geol., 1966, No. 10, S. 136—144.
[25] Tichomirov, V. V.: Über die Periodisierung der Geschichte der Naturwissenschaften (russ.).— In: Metodologija i istorija geologičeskich nauk. — Moskva, „Nauka", 1977, S. 7—19.
[26] Šatskij, N. S.: Zur Tektonik des nördlichen Teils des Donec-Beckens (russ.). — Bjull. MOIP, otd. geol., 1923—1924, t. 2, vyp. 3.
[27] Šatskij, N. S.: Bemerkungen zur Tektonik des tertiären Vorgebirges des Nordostkaukasus (russ.). — Bjull. MOIP, otd. geol., 1927, t. 5, vyp. 3—4.
[28] Šatskij, N. S.: Umrisse der Geologie des Volga-Ural-Erdölgebiets und der Steppenteile der Westabdachung des Südlichen Ural (russ.). — Materialy po geol. SSSR, nov. ser., vyp. 2 (6), 1945.
[29] Šatskij, N. S.: Umrisse der Tektonik des Volga-Ural-Erdölgebiets und des benachbarten Teils der Westabdachung des Südlichen Ural (russ.). — Izd. MOIP, 1945.
[30] Ščurovskij, G. E.: Erratische Erscheinungen (russ.). — Moskva, 1856, 29 S.

Schriftenr. geol. Wiss. · Berlin 24 (1985) · S. 33–43

Philosophische Aspekte der Geowissenschaften

Fragen der Philosophen an die Geowissenschaftler

Von HERBERT HÖRZ (Berlin)

Diskussionen zwischen Geowissenschaftlern und Philosophen um die Entwicklung der Geowissenschaften bringen Gewinn für die philosophische Theorie. Das gilt für Geschichte und Gegenwart. Die Geologie hat maßgeblich dazu beigetragen, das von der Philosophie begründete Entwicklungsdenken zu präzisieren und metaphysische Auffassungen von Philosophen zu widerlegen. So verlangten die von ihr analysierten Funde schon im 17. Jahrhundert, das Zeitverständnis für natürliche Entwicklungsprozesse durch quantitative Dehnung der Zeit für qualitative Umwandlungen auszubauen. J. RAY (1628–1705) schrieb: „Wenn wir den gewöhnlichen Ablauf der Naturvorgänge zugrunde legen, müssen wir wohl oder übel eine Zeitspanne annehmen, die viele tausend Jahre über das Alter der Welt hinausgeht." [zit. in 1, S. 95] R. HOOKE und N. STENSEN (STENO) befanden sich im weltanschaulichen Zwiespalt zwischen der Schöpfungslehre der Bibel und ihren wissenschaftlichen Untersuchungen: „Obgleich HOOKE und STENO schon den Weg von der bisher absolut statischen Anschauung von der Erdkruste zu einer dynamischen Theorie geologischer Veränderungen vorgezeichnet sahen, vermochten sie doch nicht, auch noch den nächsten Schritt zu tun – den einer mächtigen Ausweitung der gesamten Chronologie, in die bisher das geologische Bild der Erde fest eingebaut war. Statt dessen gingen sie umgekehrt vor. Sie versuchten die geologische Geschichte in das überkommene Zeitschema hineinzupressen." [1, S. 97f.] Die geologischen Wandlungen in der kurzen Zeit wurden dabei durch übernatürliche Eingriffe Gottes erklärt. Dem entsprach auch die Katastrophentheorie von CUVIER (1769–1832). CH. LYELL (1797 bis 1875) zeigte dann in seinen 1830–1833 erschienenen „Prinzipien der Geologie", daß mit der Annahme sehr großer Zeiträume geologische Veränderungen erklärbar sind. „Schon jetzt begann die große Zahl von Katastrophen, auf die man bei genauerem Studium der geologischen Berichte stieß (nach manchen Zählungen 27) zu einer Fessel zu werden; denn ein so häufiges Eingreifen der göttlichen Macht war nur noch lächerlich." [1, S. 196] Das Entwicklungsdenken bildete sich in der Geologie in gegensätzlichen Auffassungen heraus. Betont wurde die Diskontinuität qualitativer Umwandlungen ebenso, wie die Kontinuität geologischer Veränderungen. Der Streit um den Aktualismus wurde so eine Auseinandersetzung um dialektische Positionen im Entwicklungsdenken.

Die Diskussion um das Verständnis geologischer Entwicklungsprozesse führte auch zu dem Streit um erkenntnistheoretische und methodologische Positionen. So warf der Aktualismus die Frage nach der Struktur von Entwicklungsgesetzen auf. Einseitiges Verständnis der Zyklizität geologischer Prozesse vernachlässigte mögliche Phasenverschiebungen von Zyklen, die bedingte Deformation von Zyklen und die Rolle des Zufalls. Die Diskussion erfaßte auch die Methoden in den Geowissenschaften. Experimentelle und historische Methoden wurden einander entgegengestellt. Individualisierende Beschreibung stand generalisierender Gesetzeserkenntnis entgegen und umgekehrt. Auch um das Verständnis von zeitlichen und räumlichen Beziehungen in den Geowissenschaften wurde gerungen. Die Diskussion um diese methodischen und erkenntnistheoretischen Probleme wird heute, auf der Grundlage neuen Materials und präzisierter philosophischer Ansichten, weitergeführt.

Die Geowissenschaften erlangten schnell praktische Bedeutung. Sie schufen Grundlagen für die Nutzung natürlicher Ressourcen. Sie leisteten so ihren Beitrag zur Herausbildung der Funktionen der Wissenschaft in ihrer Einheit von Produktivkraft, Kulturkraft und Human-/Sozialkraft. Wissenschaft als Produktivkraft dient der Produktion materieller Güter. Wissenschaft als Kulturkraft ist auf den Erkenntnisfortschritt orientiert. Wissenschaft als Human- und Sozialkraft erarbeitet Grundlagen für die humane Gestaltung des wissenschaftlich-technischen Fortschritts und der sozialen Beziehungen. Es ist sicher schon ein Problem der Diskussion, genauer zu bestimmen, inwieweit die Geowissenschaften zur Erfüllung dieser Funktionen beitragen. Bereits zu Beginn unseres Jahrhunderts bemerkte O. Wilckens im Abschnitt „Geologie" des „Handwörterbuches der Naturwissenschaften": „Die Bedeutung der Geologie liegt nicht nur auf wissenschaftlichem Gebiet, auf dem sie ihrerseits der Mineralogie, Petrographie, Geophysik, Geographie, Paläontologie und Entwicklungslehre unentbehrlich ist, sondern auch auf dem Praktischen, insofern als sie sich mit dem Vorkommen der nutzbaren Mineralien und Gesteine, des Quellwassers usw. beschäftigt und die Grundlage für die landwirtschaftliche Bodenkunde bildet." [2]

Die Wechselbeziehungen zwischen Philosophie und Geowissenschaften ermöglichen Fragen der Philosophen an die Geowissenschaftler als Aufforderung zum konstruktiven Meinungsstreit.

1. Die Wechselbeziehungen von Philosophie und Geowissenschaften

Die Philosophie hatte für die Klärung prinzipieller Fragen der Forschungsweise Bedeutung. Das zeigte die schon erwähnte Diskussion um die Herausbildung des Entwicklungsdenkens in der Geologie, die sich um das Verständnis des Aktualismus rankt. Dabei zeigen sich Zyklen in den Wechselbeziehungen von Geowissenschaften und Philosophie. Immer dann, wenn philosophisch abgesicherte Forschungsprogramme bearbeitet werden, spielt Philosophie für das Verständnis der geowissenschaftlichen Forschung kaum eine Rolle. Man kann in solchen Zeiten des pragmatischen Herangehens an die Lösung von Forschungsaufgaben von Abstinenz von der Philosophie sprechen. Anders ist es in Perioden, in denen gesicherte theoretische Systeme ins Wanken geraten. Sobald die Diskussion um die Axiome der Theorienentwicklung, um die erkenntnistheoretischen und methodologischen Grundlagen der Forschungsarbeit einsetzt, ist Philosophie gefragt. Es wäre sicher aufschlußreich, solche Zyklen im Verhältnis von Philosophie und Geowissenschaften in Geschichte und Gegenwart zu verfolgen. Damit könnte die Frage besser beantwortet werden: Welches Verständnis von Philosophie ist Grundlage der gemeinsamen Diskussion von Philosophen und Geowissenschaftlern in der Gegenwart? Ergänzend dazu ist die Frage interessant: Wird die heuristische Funktion der Philosophie, zu der die Aufstellung philosophischer Hypothesen gehört, berücksichtigt?

S. v. Bubnoff stellte sich die Aufgabe, „eine Brücke zwischen geisteswissenschaftlicher und naturwissenschaftlicher Betrachtungsweise schlagen zu helfen; die häufigen Mißverständnisse zwischen beiden beruhen ja darauf, daß meistens eine gemeinsame erkenntnistheoretische Grundlage fehlt, und das ist wieder eine Folge des scharfen Schnittes, den man zwischen beide Gebiete des Geisteslebens zu legen pflegt." [3, S. 1] Wir können heute feststellen, daß ein scharfer Schnitt zwischen Natur- und Gesellschaftswissenschaften keine theoretische Begründung in der marxistisch-leninistischen Philosophie hat. Sie ist eine, Natur, Gesellschaft und Bewußtsein umfassende, wissenschaftliche Weltanschauung. Sie entwickelt sich immer mehr zur adäquaten philosophischen Denkweise für den neuen Wissenschaftstyp, der der wissenschaftlich-technischen Revolution entspricht. In ihm bildet sich eine in sich konsistente Erklärung der Entwicklungsprozesse in Natur, Gesellschaft und Bewußtsein heraus, der auch die Übergänge von einem Entwicklungsniveau zum anderen erfaßt. Gleichzeitig wächst die Rolle von Technologien als Herrschaftsmittel des Menschen. Sie nutzen die Erkenntnisse von Beziehungen und Gesetzen aller Wissenschaften zur besseren theoretischen und praktischen Beherrschung der natürlichen, gesellschaftlichen und psychischen Umwelt. Daraus ergibt sich eine gemeinsame weltanschauliche Grundlage für Philosophie und Geowissenschaften. Naturerkenntnis und Naturbeherrschung bedingen einander. Erkenntnis muß sich nicht nur praktisch bewähren, sondern auch die Folgen ständiger Eingriffe des Menschen in die Natur in ihren Determinanten, Gesetzmäßigkeiten und Wirkungsmechanismen erfassen. An alle Wissenschaften, auch an die Geowissenschaften, ist die komplexe Frage gestellt: Ist das, was wissenschaftlich möglich und technisch-technologisch realisierbar ist, auch ökonomisch machbar, gesellschaftlich wünschenswert und durchsetzbar und human vertretbar? Damit sind die Geowissenschaften in die weltanschauliche Diskussion voll einbezogen.

Es ist interessant, daß Bubnoff seine Frage nach dem erkenntnistheoretischen Band ebenfalls mit dem Hinweis auf die Weltanschauung ergänzt. „Wenn wir nämlich die Wissenschaft nicht nur als ein praktisches Handwerk treiben, wenn wir ein theoretisches Interesse besitzen, so haben wir in einem gewissen Grade doch die Sehnsucht nach einem Weltbild, nach einer Weltanschauung.“ [3, S. 2] Bubnoff versteht Philosophie als eine die Wirklichkeit wertende Wissenschaft. Das ist sicher berechtigt, denn Philosophie als Weltanschauung muß Fragen nach dem Sinn menschlicher Tätigkeit beantworten. Sinnfragen sind aber Fragen nach den gesellschaftlichen Werten. Gesellschaftliche Werte sind Bedeutungsrelationen von Sachverhalten für den Menschen, die Nützlichkeit, Sittlichkeit und Schönheit betreffen. An der Spitze der Wertehierarchie steht für den Marxismus-Leninismus der Freiheitsgewinn der Persönlichkeit im Frieden durch gesellschaftlichen Fortschritt. Damit wird der Humanismus auch für die Geowissenschaften zur Zielfunktion, zur Anforderungsstrategie und zum Bewertungskriterium.

S. v. Bubnoff leitet die Bedeutung der Philosophie für die Geowissenschaft auch aus der Rolle der historischen Methode, die er als Methode der Philosophie bezeichnet, ab. „Das Werden und Vergehen der Ideen, ihren Wahrheitsgehalt und ihre logischen Möglichkeiten wollen wir dann erkennen.“ [3, S. 2] Es wäre sicher einseitig, wollte man das Methodensystem der Philosophie auf die historische Methode reduzieren. [4, S. 334f.] Der neue Wissenschaftstyp ist durch ein ausgebildetes Methodensystem gekennzeichnet, dessen Eckpunkte die mathematisch-logische Methode, die experimentelle Methode und die historische Methode sind. Alle anderen Methoden, darunter auch die Modellmethode, lassen sich als Beziehungen der als Eckpunkte bezeichneten grundlegenden Methoden erfassen. [5] Auch die Philosophie, die in ihrem Verallgemeinerungsprozeß mit philosophischen Hypothesen und präzisierten philosophischen Aussagen unterschiedlichen Allgemeinheitsgrades arbeitet, verschließt sich nicht der logisch-mathematischen und der experimentellen Methode. Nur bewahrt sie ihre Spezifik gegenüber der Mathematik, die ebenfalls allgemeine Beziehungen in Objekten und Prozessen untersucht, dadurch, daß bei gleichem Allgemeinheitsgrad philosophischer und mathematischer Aussagen die Abstraktionsrichtung unterschiedlich ist. Philosophie beantwortet Sinnfragen, während Mathematik allgemeine Seinsstrukturen untersucht. [6] Das schließt jedoch Versuche zur Mathematisierung philosophischer Aussagen nicht aus. Im Falle des Erfolgs entstehen mathematisierte Teiltheorien, die nicht mehr Bestandteil der Philosophie sind. Die experimentelle Methode ist wirksam dann, wenn es mit der Präzisierung philosophischer Aussagen durch Erkenntnisse anderer Wissenschaften möglich ist, allgemeine philosophische Aussagen in bestimmten Teilgebieten auf ihre Wahrheit zu testen. So mußte mit Erkenntnissen der Geowissenschaften das allgemeine Entwicklungsverständnis präzisiert werden. Es lohnt sich sicher, weiter darüber nachzudenken, wie das Methodensystem der Geowissenschaften philosophisch analysiert werden kann.

Dabei wird die Philosophie nicht nur in ihrer weltanschaulichen Funktion, die die Aufarbeitung wissenschaftlichen Materials als wissenschaftliche Grundlage zur Beantwortung der weltanschaulichen Grundfragen zum Inhalt hat, und auch nicht nur in ihrer ideologischen Funktion, in der sie auf der Grundlage begründeter Antworten auf die weltanschaulichen Grundfragen motiv- und willensbildend wirkt, sondern auch in ihrer heuristischen Funktion wirksam. Die heuristische Funktion der Philosophie umfaßt die Entwicklung philosophischer Hypothesen auf der Grundlage präzisierter philosophischer Aussagen, Begriffskritik als Anregung zum weiteren Nachdenken, die Beantwortung erkenntnistheoretischer und methodologischer Fragen, um philosophisches Wissen zu einem Reservoir schöpferischer Ideen werden zu lassen. Dabei erfüllt die Philosophie im Rahmen ihrer weltanschaulichen, ideologischen und heuristischen Funktion bestimmte Praxisfunktionen, die die praktische Bedeutung der Philosophie für andere Wissenschaften und das praktische Handeln betreffen. Zu ihnen gehört die *Philosophie als Provokation.* Sie umfaßt Hinweise auf Widersprüche zwischen Theorie und Praxis und in der Theorie. Damit werden oft mehr Fragen gestellt, als beantwortet werden können. Philosophie muß provozieren, wenn sie ihrer heuristischen Rolle gerecht werden will. Die *Philosophie als Rechtfertigung* unterscheidet sich von der Apologiefunktion. die nur das Bestehende rechtfertigt. In der marxistisch-leninistischen Philosophie betonen wir den kritischen und revolutionären Charakter der Dialektik. Sie faßt das Bestehende auch nach seiner vergänglichen Seite. Sie begreift Entwicklung als Tendenz zur Entstehung höherer Qualitäten, die sich über Stagnationen und Regressionen sowie die Ausbildung aller Elemente einer Entwicklungsphase durchsetzt. Marxistisch-leninistische Philosophie rechtfertigt also die Forderung, stets erkenntniskritisch das Bestehende zu betrachten und das Neue zu fördern. Daraus ergibt sich die *Philosophie als Initiator*. Die Philosophie reflektiert alle Probleme der gesellschaftlichen und wissenschaftlichen Entwicklung und des persönlichen Verhaltens. Sie muß dafür theoretische Lösungen anbieten. Solche Lösungen bedürfen oft der interdisziplinären Forschung. Die Geowissenschaften sind selbst ein System interdisziplinärer Aktivitäten. Philosophie könnte ihrer Rolle als Initiator gerecht werden, wenn sie durch ihre Analyse Wissenschaftsinitiativen und praktische Initiativen, die dem Humanismus als Anforderungsstrategie entsprechen, auslöst. Zu berücksichtigen ist auch *Philosophie als Erklärung.* Es geht um die Einordnung wissenschaftlicher Erkenntnisse in die wissenschaftliche Weltanschauung als Grundlage für die Formierung des individuellen Weltbilds. Philosophie als Erklärung umfaßt Zukunftsbewußtsein, indem sie die Frage beantwortet, worauf gesellschaftliche Aktivität gerichtet werden soll. Zukunftsbewußtsein ist mit Geschichtsbewußtsein eng verbunden, denn die Frage nach dem Wohin kann nur beantwortet werden, wenn die Frage nach dem Woher beantwortet ist. Philosophie als Erklärung ist Systembetrachtung. Sie verweist darauf, Zusammenhänge zu sehen. Wird Philosophie massenwirksam, dann erfüllt sie ihre Aufgabe, weltanschauliche Lebens- und Entscheidungshilfe zu sein.

Die kurze Charakteristik der Praxisfunktionen der Philosophie zeigt, daß man Philosophie als erklärende und Philosophie als wertende Wissenschaft nicht einander entgegenstellen kann, wie das Bubnoff tat. [3, S. 2] Es wird aber auch deutlich, daß es sich lohnt, darüber nachzudenken, wie in der aktuellen Diskussion zwischen Philosophen und Geowissenschaftlern die Philosophie ihre Funktionen erfüllt.

2. Modelle der Theorienentwicklung

In der Geologie gibt es konkurrierende Theorien wie den Fixismus und den Mobilismus. Es zeigen sich dabei viele interessante erkenntnistheoretische Probleme, wenn man den Weg von der Theorie der Kontinentalverschiebung bis zur Neuen Globaltektonik verfolgt. [7] Die Geschichte des Entwicklungsdenkens in den Geowissenschaften umfaßt Erkenntniszyklen, die von einer intuitiven Erfassung des Verhältnisses von Kontinuität und Diskontinuität über die getrennte Untersuchung kontinuierlicher und diskontinuierlicher Prozesse zu einer neuen Synthese führten. Auch eine Vielzahl erkenntnistheoretisch-methodologischer Probleme, wie das Verhältnis von Empirie und Theorie, die Rolle des Experiments, die Bedeutung der Modellbildung, Ansätze zur Mathematisierung und die Beziehung von globalen und lokalen Theorien sind zu lösen. Daraus ergibt sich die Frage: Welche Modelle der Theorienentwicklung existieren für die Geowissenschaften?

Die Beantwortung dieser Frage ist nicht leicht. Wissenschaftshistorische Falluntersuchungen zeigen, daß die Modelle des kritischen Rationalismus von Popper und der Theorie von Paradigmen von Kuhn problematisch sind. [8] Wenn man die Determinanten der Wissenschaftsentwicklung untersucht, dann sind Gesetze der Wissenschaftsentwicklung, ihre Bedingungen und der Wirkungsmechanismus der Gesetze ebenso zu betrachten, wie die unterschiedlichen Hauptdeterminanten für verschiedene Etappen der Theorienentwicklung. Für die gegenwärtige Wissenschaftsentwicklung sind solche Bedingungen zu analysieren, wie die Verwissenschaftlichung der Gesellschaft und die Vergesellschaftung der Wissenschaft, die Politisierung und Ideologisierung der Wissenschaften, die wachsende Komplexität wissenschaftlicher Aufgaben und die Institutionalisierung entsprechender Leitungsgremien, die Technologisierung der Wissenschaften und Methodologien und der Übergang vom Struktur- und Prozeßdenken zum wissenschaftlich ausgearbeiteten Entwicklungsdenken. Es ist der konkrete Wirkungsmechanismus grundlegender Gesetze der Wissenschaftsentwicklung in den Geowissenschaften unter den genannten Bedingungen zu untersuchen. Zu solchen grundlegenden Gesetzen gehören: das Gesetz vom Wechsel evolutionärer und revolutionärer Phasen der Wissenschaftsentwicklung, das Gesetz der ungleichmäßigen experimentellen und theoretischen Entwicklung der Wissenschaftsdisziplinen, das Gesetz von der Integration des Wissens und der wachsenden Komplexität wissenschaftlicher Aufgaben mit praktischer Relevanz, das Gesetz von der Dialektisierung der Wissenschaften als Einheit von Mathematisierung und Humanisierung. [9]

Modelle der Wissenschaftsentwicklung in den Geowissenschaften müssen unterschiedliche Etappen der Theorienentwicklung berücksichtigen. Das betrifft: die Herausbildung eines wissenschaftlichen Forschungsprogramms, das theoretisch und experimentell abgearbeitet werden kann, über Hypothesen, Problemformulierungen und Ideen zur Lösung; die Reife der Theorie durch ihren axiomatischen Ausbau, die Bestimmung ihres Gültigkeitsbereichs und die Festlegung von Maßen als Einheit von Quantität und Qualität untersuchter Prozesse; die Bewertung der Theorie in ihrer wissenschaftlichen und gesellschaftlichen Relevanz; die gesellschaftliche Verwertung der Theorie in der gesellschaftlichen Praxis. Dabei spielen nicht nur innerwissenschaftliche Beziehungen eine Rolle, sondern auch das gesellschaftliche Verständnis von Wissenschaft in ihren Hauptfunktionen und die Bereitstellung materieller und personeller Ressourcen für die Wissenschaftsentwicklung. Hinzu kommen jedoch weitere Komponenten. Jeder weiß, daß die monopolisierte Meinungsbildung führender Wissenschaftlergruppen die Entwicklung und Bearbeitung von Forschungsprogrammen fördern oder hemmen kann. Modelle der Wissenschaftsentwicklung müssen deshalb die Existenz eines gesellschaftlichen Trägheitsgesetzes berücksichtigen. Es charakterisiert die Wissenschaftsentwicklung durch den Zustand der Ruhe, d. h. des bekannten Wissens, und der gleichförmigen Bewegung, d. h. des überschaubaren Ausbaues dieses Wissens, der nur durch Beschleunigungen, d. h. neue Ideen, die zu qualitativen Veränderungen im Wissensfundus führen können, durchbrochen wird, wenn ein zusätzlicher Kraftaufwand durch eine gesellschaftliche Kraft zur Überwindung der Trägheit vorhanden ist. Dieses Gesetz schützt vor Modernismen, haltlosen Spekulationen, kann aber auch die Einsicht in originelle Ideen als Grundlage von Forschungsprogrammen hemmen. Unter sozialistischen Bedingungen geht es darum, Triebkräfte der Wissenschaftsentwicklung zu fördern, weltanschauliche Hemmnisse, die dem Wissenschaftsfortschritt entgegenstehen, abzubauen. Philosophie als Provokation, Initiator und Rechtfertigung neuer Ideen spielt dabei keine geringe Rolle.

3. Wissenschaftliche Revolutionen in den Geowissenschaften

Wissenschaftliche Revolutionen haben theoretische, praktische und philosophische Konsequenzen. Ist die Theorie der Plattentektonik eine wissenschaftliche Revolution in den Geowissenschaften?

Das Determinationsgefüge wissenschaftlicher Revolutionen umfaßt drei Determinationslinien. Die erste betrifft das Theoriendefizit, das als Forderung zur wissenschaftlichen Erklärung wirkt. Dieses Theoriendefizit wirkte schon zur Zeit von A. Wegener, weil es nur unzureichende Erklärungen für die Entstehung der Kontinente gab. Das Theoriendefizit wird meist über philosophische Erklärungen konstatiert, als Welträtsel formuliert und als Orientierung wissenschaftlicher Forschung dann wirksam, wenn Chancen zur theoretischen und praktischen Problemlösung existieren. Die Chancen existierten zur Zeit der Aufstellung der Theorie von der Kontinentalverschiebung nur in geringem Maße. Sie entwickelten sich jedoch mit neuen Beobachtungsdaten über den Tiefenbau der Erde und mit dem theoretischen Verständnis von Mechanismen großer horizontaler Bewegungen. Die zweite Hauptlinie betrifft die gesellschaftlichen Forderungen. Sie können wissenschaftliche Forschung stimulieren, aber Problemlösungen nicht direkt beeinflussen. Sie wirken als objektive Interessen, als formulierte Bedürfnisse und als direkte Steuerungsvorgaben mit Mitteln und Personal. Sie lassen jedoch stets einen Spielraum für die Eigeninitiative der Wissenschaftler. Er kann für Problemlösungen genutzt werden, wenn durch Ausbildung, Atmosphäre und entsprechende technische Mittel und personelle Reserven die wissenschaftliche Problemlösung vorangetrieben werden kann. Gesellschaftliche Forderungen betreffen auch die Entwicklung der Neuen Globalen Plattentektonik. Es geht um die Erklärung von Naturkatastrophen, um das Verständnis der Prozesse, die unsere natürliche Umwelt beeinflussen und um Suche und Erkundung neuer Lagerstätten. Die dritte Determinationslinie betrifft die Wissenschaftlerpersönlichkeit, die das theoretische Vor- und Umfeld zu neuen Theorien verarbeitet. Zur Entwicklung der Plattentektonik sind eine Vielzahl von Beiträgen geleistet worden. Mit der Feststellung, daß die Determinationslinien wissenschaftlicher Revolutionen existieren, ist die Frage nach dem Wesen der Neuen Globalen Plattentektonik noch nicht beantwortet. Wissenschaftliche Revolutionen sind die Kernprozesse des wissenschaftlichen Fortschritts. Sie sind nicht einfach identisch mit der Entstehung neuer Theorien. Wissenschaftliche Revolutionen umfassen die Änderung der theoretischen Grundstruktur einer wissenschaftlichen Disziplin durch Veränderung der Ausgangsaxiome und Neubestimmung der Grundgesetze. Das wiederum hat Einfluß auf andere Wissenschaften. Die interne Theorienentwicklung einer wissenschaftlichen Disziplin hat deshalb nicht den Charakter einer wissenschaftlichen Revolution. Es müssen die Ausgangsaxiome und Grundgesetze anderer Wissenschaften mitbetroffen sein. Wissenschaftliche Revolutionen führen zu wesentlichen Auswirkungen auf die gesellschaftliche Praxis durch neue Prinziplösungen und zur Änderung des Weltbildes. Wenn man diese Kriterien an die Theorie der Plattentektonik anlegt, dann sind durch die dialektischen Beziehungen von Fixismus und Mobilismus, durch die Annahme von der Existenz großer Platten und ihrer Verschiebung und durch die Untersuchung von Folgeprozessen tatsächlich neue theoretische Voraussetzungen geschaffen worden, die Auswirkungen auf alle mit den Geowissenschaften verbundenen Disziplinen haben. Dieser Prozeß ist jedoch noch im Gang. Noch stehen detaillierte Erforschungen der Übergangsbereiche von Ozean und Kontinent aus, Mechanismen von Veränderungen sind genauer zu erforschen, und die praktische und weltanschauliche Relevanz der Plattentektonik ist genauer zu bestimmen. Die Frage ist also noch nicht eindeutig zu beantworten. Sie ist jedoch eine Aufforderung, die theoretischen und praktischen Konsequenzen der Plattentektonik weiter zu durchdenken.

Wenn wir die den wissenschaftlichen Revolutionen ein- und untergeordnete Theorienentwicklung betrachten, dann gibt es unterschiedliche Hauptdeterminanten der Wissenschaftsentwicklung. Für die Entwicklung eines Forschungsprogramms ist die Aufstellung einer brauchbaren Idee vor allem an den Spürsinn des Forschers gebunden. Seine Kenntnis der Probleme und die Fähigkeit zum Wundern sind entscheidend. Die Ausarbeitung der Idee zur Hypothese setzt die Fähigkeit zur Formulierung einer wissenschaftlich begründeten Vermutung über einen nicht bekannten Sachverhalt, die experimentell und theoretisch überprüft werden kann, voraus. Für das formulierte Forschungsprogramm ist dann die soziale Unterstützung die entsprechende Hauptdeterminante. Es sind Befürworter des Programms zu gewinnen, die in der Lage sind, andere Argumente zurückzuweisen. Hauptdeterminante für die Durchsetzung einer Idee ist ihre Anerkennung durch die entsprechenden Wissenschaftler und die Gesellschaft. Sie erfolgt durch den Einbau in die Ausbildung, durch ihre gesellschaftliche Verwertung und durch das Sozialprestige ihrer Verteidiger. Diesen Prozeß von der Idee bis zur Theorie durchlief auch die Theorie der Kontinentalverschiebung bis zur Plattentektonik. Es ist sicher heute unbestritten, daß es sich um eine Grundlagentheorie der Geowissenschaften handelt. Wie weit diese reicht und ob sie in der Lage ist, theoretische Grundlagen für die verschiedenen Disziplinen der Geowissenschaften zu liefern, ist ein offenes Problem.

4. Geowissenschaft und Geodisziplinen

Die Geowissenschaften erforschen Komplexe von Bewegungsformen. Wie vollzieht sich das Zusammenwirken der Disziplinen in einer Geowissenschaft mit allgemeinen Grundlagentheorien? Die Antwort auf diese Frage ist daran gebunden, ob mit der Plattentektonik eine Grundlagentheorie entsteht, die als wissenschaftliche Revolution entscheidend die Grundaxiome geowissenschaftlicher Theorienbildung bestimmt.

Die Diskussion um den Gegenstand der Geowissenschaften war lange Zeit dadurch beeinflußt, daß für die Geologie eine spezifische Bewegungsform gesucht wurde. [10] In Auseinandersetzung mit solchen Auffassungen konnte gezeigt werden, daß wissenschaftliche Disziplinen nicht an die Existenz von Bewegungsformen allein gebunden sind. Es gibt Wissenschaften, die sich mit Komplexen von Bewegungsformen befassen. Andere Wissenschaften untersuchen Strukturen von Verhaltensweisen von Systemen, unabhängig von ihrer konkreten Bewegungsform. [4, S. 524ff.] Da sich die Geowissenschaften mit Komplexen von Bewegungsformen befassen, die auf der Erde nicht nur die anorganische und lebende, sondern auch die gesellschaftliche Bewegungsform betreffen, ist es problematisch, nach einer spezifischen geologischen Bewegungsform zu suchen. Als Merkmale einer wissenschaftlichen Disziplin kann man folgende hervorheben: Spezialwissen über ein Forschungsobjekt, das auch komplexen Charakter besitzen kann; Methoden als Art und Weise, mit bestimmten Regeln und Verfahren die Beziehungen und Gesetze des Objektes zu erfassen, zu modellieren und technologisch verwertbar zu machen; eine spezifische Sprache, die die Besonderheiten des Objekts berücksichtigt und Elemente der allgemeinen Wissenschaftssprache enthält; die Existenz von Wissenschaftlerpersönlichkeiten, die mit einem bestimmten Ziel vorhandenes Wissen über das Objekt, Sprache und Methode nutzen, um Beiträge zum Weltfundus der Wissenschaften, zur technologischen Verwertung der Erkenntnisse und zur humanen Gestaltung des wissenschaftlich-technischen Fortschritts zu leisten. Im Sinne dieser Bestimmungen umfassen die Geowissenschaften verschiedene wissenschaftliche Disziplinen. Nach V. V. Belousov existieren heute „an Stelle einer einheitlichen Wissenschaft von der Erde, auf deren Rolle die Geologie ursprünglich Anspruch erheben durfte, drei Wissenschaften": die Geologie, die Geophysik und die Geochemie." [11, S. 224] Er fordert die Vereinigung der Wissenschaften von der Erde. Dabei berücksichtigt er das Zusammenwirken von Disziplinen der Geowissenschaften mit allgemeinen Aufgabenstellungen der Geowissenschaften. Er stellt fest: „Wenn man Betrachtungen über das generelle Ziel anstellt, das die Geowissenschaften vor sich haben, und dieses Ziel darin sieht, die Ursachen und den Mechanismus der Tiefenprozesse aufzudecken, die die tektonischen und magmatischen Erscheinungen in der Rinde hervorrufen, kommt man unvermeidlich zu dem Schluß, daß auf dem Wege zu diesem Ziel außer den speziellen Aufgaben, die zu jeder Wissenschaft im einzelnen gehören, ein Gebiet liegt, auf dem sich die Geowissenschaften verbinden müssen." [11, S. 229] A. E. Medunin stellte dazu fest: „Über unseren Planeten als Ganzes wissen wir leider noch außerordentlich wenig. Deshalb ist es noch verfrüht, von einer Synthese der ‚Erd'-Wissenschaften zu sprechen, obgleich eine solche Tendenz ohne Zweifel im gegenwärtigen Moment vorliegt, so wie sie auch bei nicht wenigen Gelehrten schon 100 Jahre früher existierte." [12, S. 241] Das Argument zu dieser Behauptung lautet: „Mir scheint, daß wir uns im gegenwärtigen Moment in einer solchen Etappe des Prozesses der Naturerkenntnis befinden, daß noch keine einzelnen synthetischen Wissenschaften entstehen können, die materielle Objekte (Körper) in ihrer Ganzheit untersuchen, in ihrer Entwicklung und in der komplizierten Wechselwirkung mit anderen Objekten." [12, S. 238] Diese Kontroverse um eine einheitliche Grundlage der Geowissenschaften vor mehr als zehn Jahren ist sicher heute noch nicht beseitigt. Nur kann man das Argument, daß keine synthetischen Wissenschaften entstehen, kaum mehr gelten lassen. Die Entwicklung der Theorie dissipativer Strukturen, die Arbeiten zur Synergetik zwingen dazu, neue Überlegungen zu synthetischen Theorien anzustellen. [13, S. 89—94] In diesem Sinne wäre auch darüber zu diskutieren, ob die Erdgeschichte mit der Hypothese von ihr als Hyperzyklus zu begreifen ist. Danach kann man die Einsichten in die Zyklizität der Erdgeschichte so zusammenfassen: Ständige physikalische und chemische Prozesse sind Grundlage geologischer Vorgänge; geologische Vorgänge, wie Magmatismus, Sedimentablagerung, Verwitterung wirken als Autokatalysatoren für Zyklen. Der Zusammenhang dieser Autokatalysatoren wirkt als Hyperzyklus. [14]

Die anfangs diskutierte Frage nach der gemeinsamen erkenntnistheoretischen Grundlage zwischen Philosophie und Geologie wird inzwischen zur Frage nach den gemeinsamen theoretischen Grundlagen der Geodisziplinen. Die Philosophie kann für die Antwort auf diese Frage nur heuristisch wirksam werden, indem sie auf die konkrete Untersuchung der dialektischen Wechselbeziehungen zwischen den zu erarbeitenden theoretischen Grundlagen der Geowissenschaften und den speziellen Problemen der Geodisziplinen verweist. Will man die Analogie zur Physik benutzen, dann zeigt sich, daß diese als einheitliche Wissenschaft ebenfalls durch verschiedene Grundlagentheorien charakterisiert ist. Zu ihnen gehören die klassische Mechanik, die Elektrodynamik, die Thermodynamik, die Relativitäts- und die Quantentheorie. Die Physik hat sich ebenfalls in viele Gebiete aufgegliedert, zu denen wissenschaftliche Disziplinen zwischen Astrophysik und Hochenergiephysik, wie Festkörperphysik u. a., gehören. Mit der Theorie dissipativer Strukturen entwickelt sich eine physikalische Rahmentheorie für biotische Evolution. Trotz dieser Spezifik zeigt sich die Einheit der Physik in der Untersuchung von Beziehungen und Gesetzen der anorganischen Materie. In ihrer Theorienentwicklung haben sich bestimmte Prinzipien herausgebildet, die Grundlage wissenschaftlichen Forschens sind. Die Entwicklung der Geowissenschaften wird also keineswegs so erfolgen, daß eine Grundlagentheorie die Gesamtheit der spezifischen Aspekte geowissenschaftlicher Forschungsarbeit erklärt. Auch hier werden sich mehrere Grundlagentheorien herausbilden. Wenn die Frage nach der Plattentektonik als wissenschaftliche Revolution positiv beantwortet werden kann, dann ist eine Grundlagentheorie vorhanden, die wesentlich die Entwicklung der Geowissenschaften bestimmt.

5. Die aktuelle Bedeutung der Wissenschaftsgeschichte

Wissenschaftsgeschichte umfaßt die Entwicklung von Theorien, die Beiträge hervorragender Persönlichkeiten dazu, das Verhältnis von Wissenschaft und Gesellschaft, von Wissenschaft und Weltanschauung. Welche Bedeutung hat die Wissenschaftsgeschichte für die aktuelle Problemsicht? Für die marxistisch-leninistische Philosophie gibt es keine Strukturwunder. Jede gegenwärtige Struktur ist geronnene Entwicklung. Damit kann sie nur aus ihrer Geschichte heraus verstanden werden. Das gilt auch für die Geowissenschaften. Wissenschaftsgeschichte ermöglicht die Feststellung des Platzes der Geowissenschaften im System der Wissenschaften aus historischer Sicht. Damit trägt sie zum Verständnis existierender Wissenschaftsstrukturen bei. Mehr noch. Wissenschaftsgeschichte deckt historische Problemlösungen für aktuelle Probleme auf. Sie verweist auf die Dialektik der Erkenntnis als Einheit von Empirie und Theorie, von experimenteller und mathematisch-logischer Methode, von individualisierenden und generalisierenden Aussagen. Im Zusammenhang mit dem Übergang vom Struktur- und Prozeß- zum Entwicklungsdenken, das dem neuen Wissenschaftstyp entspricht, wächst die Rolle der Wissenschaftsgeschichte. Sie ist keineswegs „vernachlässigbarer Zierat" aktueller Forschung. Sie wird jedoch dort vernachlässigt, wo der Pragmatismus zur Theorie- und Philosophiefeindlichkeit führt. Wer die Bedeutung der Philosophie für die aktuelle geowissenschaftliche Forschung anerkennt, muß die Bedeutung der Wissenschaftsgeschichte berücksichtigen, denn Philosophie begründet die dialektische Einheit von Logischem und Historischem.

Zwar kann man nicht alle neuen theoretischen Ansätze und ihre philosophische Bedeutung in der Geschichte des Denkens schon präformiert vorfinden. Aber viele Überlegungen zum Verhältnis von Kontinuität und Diskontinuität, zur Raum-Zeit-Struktur geologischer Prozesse, zu den Methoden der Geowissenschaften haben historische Wurzeln. Im Erkenntnisprozeß gibt es, als Negation der Negation verstanden, eine scheinbare Rückkehr zum Alten. Es wäre deshalb interessant, den modernen Methodenstreit um die Rolle von Experimenten in den Geowissenschaften mit den Stellungnahmen früherer Geologen zu konfrontieren. Die neuen Momente im Erkenntnisprozeß, ob sie die Modellierung und Mathematisierung, die Bedeutung von Grundlagentheorien oder das Verhältnis von globalen und lokalen Theorien betreffen, müssen im Vergleich mit älteren Auffassungen herausgearbeitet werden, um das Scheinbare in der Rückkehr zum Alten zu zeigen.

Durch die Theorienbildung geht oft das in der Vorbereitung von Theorien vorhandene reichhaltige empirische und theoretische Material verloren. Oft werden hypothetische Ansätze nicht widerlegt, sondern einfach vergessen, da andere Hypothesen schneller zum Erfolg führen. So lebte der Streit zwischen Cuvier und Lyell nach der Begründung des Aktualismus und seinem Siegeszug später wieder auf. Das Verständnis der Erdgeschichte als Kausalfolge war zu vereinfacht. Die Entstehung von qualitativ Neuem mußte erklärt werden. Die Struktur geowissenschaftlicher Entwicklungsgesetze, wie aller anderen auch, ist nicht allein dadurch charakterisiert, daß eine Möglichkeit notwendig verwirklicht wird. Es wäre wünschenswert, die statistische Struktur von Entwicklungsgesetzen auch in den Geowissenschaften zu analysieren. Es geht um die Einheit von notwendig und zufällig sich verwirklichenden Möglichkeiten in der Beziehung von System und Element. Nur so erhält die Existenz von Grundlagentheorien im

Zusammenhang mit spezifischen Wirkungsmechanismen in bestimmten Bereichen eine philosophisch-theoretische Grundlage.

Bestimmte Ideen, die zwar in der historisch-konkreten Situation eine bestimmte Prägung erhielten, gewinnen in anderen Epochen wieder neue Anziehungskraft. So wurde in der Geschichte der Geologie immer wieder über die Zeitproblematik diskutiert. Problemlösungen wurden erarbeitet. Dabei wechselten zyklische Denkweisen mit nichtzyklischen Anschauungen. Auch in der Zeit als Existenzform der Materie mußte die Entstehung von qualitativ Neuem und die Zyklizität von Ereignissen ausdrückbar sein. Damit erwies sich das Zeitverständnis selbst als ein zyklischer Prozeß, der von der gerichteten Zeit über ihre Zyklizität bis zum Hyperzyklus führt, der Richtung und Zyklizität miteinander vereinigt.

Man könnte weitere Gründe dafür anführen, daß Wissenschaftsgeschichte von aktueller Bedeutung für die Forschung ist. Zu ihnen gehört der notwendige kulturelle Hintergrund für schöpferische Leistungen, die Einsicht in das empirische Material und die theoretischen Voraussetzungen als Grundlage kritischer Sicht erreichter Problemlösungen — denn auch das Selbstverständliche muß immer wieder neu durchdacht werden — und die Rolle umfassender Allgemeinbildung für das Aufdecken von Analogien als Grundlage schöpferischer Ideen.

Bei seiner Argumentation für die Bedeutung der historischen Methode stellt Bubnoff sich die Frage, ob dieser Weg auch produktiv für die Geologie sei. Er meint dazu: „Für die eigentliche Spezialforschung ist er natürlich nicht zu empfehlen; aber es gibt in jeder Wissenschaft Zeiten der Umwälzung, wo die bestehenden Theoriengebäude schwanken; dann fühlt man doch den Trieb zur Selbstbesinnung, zur Besinnung auf den Wahrheitsgehalt, der unseren Anschauungen inne wohnt.“ [3, S. 2] Es ist also möglich, bei der Lösung von Spezialaufgaben Wissenschaftsgeschichte zu vernachlässigen. Wer jedoch gewillt ist, die grundlegenden Prinzipien des eigenen wissenschaftlichen Forschens zu analysieren, schöpferisch an der Wissenschaftsentwicklung teilzunehmen und Beiträge zur Entwicklung von Grundlagentheorien zu leisten, wird ohne Wissenschaftsgeschichte nicht auskommen können.

6. Konsequenzen

Ich möchte zum Schluß kurz auf drei Konsequenzen verweisen:

Erstens: Es geht um die Erweiterung der gemeinsamen Diskussion zwischen Philosophen und Geowissenschaftlern, die schon einmal umfangreicher war, aber sich jetzt wieder entwickelt, um weltanschauliche, erkenntnistheoretische und methodologische Probleme der historischen und aktuellen Forschung zu lösen. Nur so kann sich die umfangreiche philosophische Bildung als Reservoir schöpferischer Ideen erweisen.

Zweitens: Das Hauptaugenmerk ist dabei auf einige Kernprobleme zu richten, die als Fragen formuliert wurden: Wie ist die heuristische Funktion der marxistisch-leninistischen Philosophie gegenüber der geowissenschaftlichen Forschung noch wirksamer zu erfüllen? Wie fördern Modelle der Wissenschaftsentwicklung das Verständnis von der Dialektik des Erkennens und Handelns im modernen Wissenschaftsbetrieb? Welche wissenschaftlichen Revolutionen sind in den Geowissenschaften zu erwarten? Wie ist das Zusammenwirken von Geodisziplinen in der Geowissenschaft durch Philosophie zu effektivieren? Wie kann die Wissenschaftsgeschichte das Verständnis für aktuelle Problemlösungen fördern?

Drittens: Nur durch gemeinsame Diskussionen, durch Meinungsstreit und gegenseitige Information von Philosophen und Geowissenschaftlern ist es möglich, daß die Philosophie als Provokation mit Fragen mithilft, die gesellschaftliche Trägheit dort zu überwinden, wo es um verrückte Ideen zur Fundierung theoretischer Grundlagen, um das theoretische Verständnis empirischen Wissens und um die praktische Verwertung geowissenschaftlicher Erkenntnisse geht. Philosophie muß mithelfen, weltanschauliche Hemmnisse für den wissenschaftlichen Fortschritt abzubauen und schöpferische Leistungen zu stimulieren.

Literatur

[1] TOULMIN, S.; GOODFIELD, J.: Entdeckung der Zeit. — München: 1970.

[2] Handwörterbuch der Naturwissenschaften. 4. Band. — Jena: 1913, S. 942.

[3] BUBNOFF, S. v.: Grundprobleme der Geologie. — Berlin: 1959.

[4] HÖRZ, H.: Marxistische Philosophie und Naturwissenschaften. 2. Aufl. — Berlin: 1976.

[5] HÖRZ, H.: Modelle in der wissenschaftlichen Erkenntnis. — Sitzungsberichte der AdW der DDR, 11G, Berlin: 1978.

[6] HÖRZ, H.: Philosophie und Mathematik. — Wiss. Z. Hochsch. Archit. u. Bauw., Weimar (1982) 3/4, S. 231—239.

[7] Von der Theorie der Kontinentalverschiebung zur neuen Globaltektonik (Vorträge 27. Jahrestagung Gesellsch. geol. Wiss. DDR — Alfred-Wegener-Tagung — 1980), Teile I u. II. — Z. geol. Wiss., Berlin **10** (1982) 3. S. 285—413; 4, S. 421—510.

[8] HÖRZ, H.: ALFRED WEGENER als Wissenschaftler seiner Zeit — Erkenntnistheoretische Überlegungen. — Z. geol. Wiss., Berlin **10** (1982) 3, S. 297—305.

[9] HÖRZ, H.: Gesetze der Wissenschaftsentwicklung. — In: 7. Internationaler Kongreß für Logik, Methodologie und Philosophie der Wissenschaften — DDR-Beiträge — Nationalkomitee für Philosophie und Geschichte der Wissenschaften. — Berlin: 1983.

[10] KEDROV, B. M.: Die geologische Bewegungsform in Verbindung mit anderen Bewegungsformen. — Geologie und Paläontologie, Reihe A, Heft 2 (1970) S. 264.

[11] BELOUSOV, V. V.: Die Entwicklungswege der Geowissenschaften. — Geologie und Paläontologie, Reihe A, Heft 2 (1970).

[12] MEDUNIN, A. E.: Über einige Verfahren zur Erforschung der Erde durch die Geophysik in ihrer historischen Entwicklung und die Besonderheiten einer modernen Klassifikation der Naturwissenschaften. — Geologie und Paläontologie, Reihe A, Heft 2 (1970) S. 241.

[13] HÖRZ, H.; WESSEL, K.-F.: Philosophische Entwicklungstheorie. Weltanschauliche, erkenntnistheoretische und methodologische Probleme der Naturwissenschaften. — Berlin: 1983.

[14] HÖRZ, H.: Zyklizität als philosophisches Problem. — Z. geol. Wiss., Berlin **12** (1984) 1, S. 5—15

Schriftenr. geol. Wiss. · Berlin 24 (1985) · S. 45–49

Dialektik in der geologischen Forschung

Von FRANK RICHTER (Freiberg)

Ein Blick in die geologische Literatur der letzten Jahre zeigt, daß es zumindest zwei grundlegende theoretische und gleichzeitig methodologische Probleme in der Entwicklung der gegenwärtigen Geologie gibt, bei deren Lösung dialektisches Denken gefragt sein dürfte — das Verständnis materialistischer Dialektik als allgemeine methodologische Grundlage aller Wissenschaften vorausgesetzt. Es handelt sich dabei einmal um die Frage nach dem Anwendungsspielraum des Aktualismusprinzips und zum anderen um das Verhältnis von Gesetz, Theorie, Modell, Hypothese und Beobachtung in der geologischen Forschung. Zwischen beiden Fragenkomplexen gibt es mannigfache Berührungspunkte, in einzelnen Problemsituationen fallen sie direkt zusammen.

Fordern wir nun den Geologen auf, bei der Lösung dieser Fragen die Dialektik bewußt zu handhaben, so benötigen wir einen — methodologisch umsetzbaren — präzisen Begriff von Dialektik sowie eine Vorstellung darüber, wie überhaupt philosophische Begriffe in der einzelwissenschaftlichen Tätigkeit wirken. Dialektik läßt sich aber nun in mehrfacher Weise bestimmen:

1. Dialektik als die Lehre von den allgemeinen Gesetzen der Bewegung und Entwicklung in Natur, Gesellschaft und Denken. [1, S. 131f.] Es ist m. E. gerechtfertigt, diese Bestimmung durch den Verweis auf die Existenz allgemeiner Strukturgesetze oder -prinzipien zu ergänzen (Teil/Ganzes; System/Struktur/Element; Wesen/Erscheinung, Notwendigkeit/Zufall usw.). In gewisser Hinsicht werden damit Dialektik und Determinismus identisch. [2]
2. Dialektik bedeutet, die Begriffe flüssig zu halten. Die Existenz unveränderlicher Grenzen und Abgrenzungen in der Natur wird allein durch die Art wissenschaftlicher Begriffsbildung hervorgerufen. So wichtig derartige metaphysische Begriffe für den „wissenschaftlichen Kleinhandel" sein mögen, so ungeeignet ist die Metaphysik als generelle Methode. [1, S. 21] Die wissenschaftliche Revolution in der Physik um die Wende vom 19. zum 20. Jahrhundert zeigte, daß der Forscher in den Idealismus abgleiten kann, wenn er nicht dialektisch denken kann. [3]
3. Dialektisch an einen wissenschaftlichen Gegenstand heranzugehen, erfordert
   - die Erfassung aller Seiten, Zusammenhänge und Vermittlungen (auch wenn man das niemals vollständig erreichen kann)
   - die Betrachtung des Gegenstandes in seiner Selbstbewegung
   - die Berücksichtigung der ganzen menschlichen Praxis als Kriterium der Wahrheit wie auch als praktische Determinante des Zusammenhanges eines Gegenstandes mit dem, was der Mensch braucht
   - die Beachtung der Konkretheit der Wahrheit, d. h. die Abhängigkeit unseres Wissens von Raum und Zeit. [4]
4. Die Dialektik als Methode der politischen Ökonomie, also einer historischen Wissenschaft, zeigt, daß es bei einer theoretischen Systematisierung nur scheinbar richtig ist, mit dem Realen, dem Konkreten, der wirklichen Voraussetzung zu beginnen. Das Konkrete als Zusammenfassung vieler Bestimmungen tritt im theoretischen Denken

als Prozeß der Zusammenfassung, als Resultat, nicht als Ausgangspunkt (obwohl es der wirkliche Ausgangspunkt ist) auf. In der Anatomie des Menschen liegt ein Schlüssel zur Anatomie des Affen, d. h., die Andeutungen auf Höheres in untergeordneten Entwicklungsetappen können nur verstanden werden, wenn das Höhere selbst schon bekannt ist. [5]

5. Der methodische Gesichtspunkt der Dialektik erfordert die Erforschung und Berücksichtigung der objektiven Beziehungen in den untersuchten Systemen, ihrer Hierarchie und ihrer Wechselbeziehungen mit anderen Faktoren, der Veränderung und Entwicklung der Systeme. Daraus ergibt sich die methodologische Konsequenz, den Zusammenhang, die Veränderung und Entwicklung der verschiedenen Methoden zu analysieren. [2]

Sicher ist eine solche Bestimmung von Dialektik, die hier zudem allein hinsichtlich ihrer Beziehung zu den Naturwissenschaften fixiert ist, immer noch nicht vollständig. Sie gibt aber dem Geologen immerhin die Möglichkeit zu prüfen, wie weit er diesen Anforderungen selbst schon nachkommt. Mit hoher Wahrscheinlichkeit wird sich dabei zeigen, daß viele der genannten Kriterien beachtet werden — auch ohne eine entsprechende ausdrückliche philosophische Vor- oder Weiterbildung. Dies ist ein unübersehbares Indiz für das spontane Wirken der Dialektik in den Wissenschaften. Es gibt heute praktisch keine Naturwissenschaft mehr, die ihren Gegenstand nicht unter dem Aspekt der Selbstbewegung und der Systemhierarchie angehen würde; der Evolutionsgedanke macht nun auch nicht mehr vor der Tür der Physik halt. Die Metaphysik in den Naturwissenschaften ist praktisch tot. In der Geologie gibt es eine derartige spontane Dialektik hinsichtlich des Entwicklungsgedankens etwa seit Buffon und Hutton. F. Engels begrüßte das als Ausdruck des Durchsetzens einer allgemeinen dialektischen Weltanschauung in den Einzelwissenschaften, wobei dann eine aparte, über den Wissenschaften stehende Philosophie (als Naturphilosophie) oder Wissenschaftswissenschaft überflüssig werde. [1, S. 24, 129] Es sei aber möglich, diesen Prozeß zu beschleunigen, indem man ihn bewußt mache. [1, S. 14]. Die Geschichte der marxistisch-leninistischen Philosophie zeigt, daß diese Aufgabe frühestens in der sozialistischen Gesellschaft erfüllt werden kann — oder aber, daß wir die Vorstellung von Bewußtheit an dieser Stelle komplexer fassen und von einer einseitigen und linearen Kopplung an bewußtes Philosophieren lösen müssen. Wahrscheinlich ist beides richtig. Dafür spricht, daß wir nicht nur das Funktionieren spontaner Dialektik erklären müssen, sondern auch den Tatbestand, daß solche Spontaneität relativ oft mit einer Polemik gegen das ausdrückliche Philosophieren, in unserem Falle also gegen die Dialektik, verbunden ist — ohne daß die betreffenden Forscher dadurch abgehalten würden, wissenschaftliche Höchstleistungen zu erreichen. Für die Geschichte soll an dieser Stelle der Geologe B. von Cotta stehen [6], für die Gegenwart Manfred Eigen. Fragt man nach den Ursachen für diese Paradoxie, so mag man auf das immer noch wirkende Erbe der alten, spekulativen Naturphilosophie á la Schelling, auf schlechte Erfahrungen von Naturwissenschaftlern mit einer zeitweilig in dogmatischen Positionen erstarrenden, dann also nur noch bedingt dialektischen materialistischen Philosophie in unserem Jahrhundert oder aber auf den Umstand stoßen, daß sich der Naturwissenschaftler in revolutionären Umbruchsituationen letztendlich oftmals doch nur selber helfen konnte. Von diesen drei möglichen Gründen sollte eigentlich nur noch der dritte heute eine gewisse Berechtigung haben, selbst wenn sich alle drei Gründe auch irgendwie gegenseitig bedingen und historische Erfahrungen sehr langlebig sein können. Daß das tatsächlich so ist, belegt bereits ein flüchtiger Blick auf die philosophische und geowissenschaftliche Literatur in der DDR. Arbeiten zu philosophischen Problemen der Geologie aus philosophischer Hand sind in den letzten Jahren immer seltener geworden; es sind Geologen selber, die sich zu diesen Fragen äußern. Nun muß diese Tendenz durchaus nicht unbedingt kritikwürdig sein, aber sie wirft doch erneut die Frage nach dem Wirken von Philosophie gegenüber den Naturwissenschaften in unserer Zeit auf, nach dem Mechanismus dieses Wirkens und nach eventuellen Konsequenzen für die Beziehung von Geologie und Philosophie, nachdem doch die Beziehungen von Philosophie und Naturwissenschaften generell als beispielhaft entwickelt gelten. [7]

Am Beispiel der beiden zu Beginn genannten theoretischen und methodologischen Problemkomplexe in der geologischen Forschung soll im folgenden deshalb der Versuch unternommen werden, die Struktur dieses Mechanismus zu rekonstruieren. Wir nehmen dabei an, daß die Unterstützung des Geologen durch die Philosophie u. a. so aussehen könnte, daß der Philosoph Fragen zu beantworten sucht, die ihm der Geologe stellt. Selbst wenn wir solche „Fragen des Geologen an den Philosophen" in der Literatur explizit nicht finden, so lassen sie sich doch aus den einschlägigen Arbeiten ableiten. Derartige Fragen könnten sein:

— Ist es richtig, den Widerspruch zwischen Aktualismus und Evolution [8, S. 68] in einem Konzept historischer Gesetze aufzulösen? Ist der Gesetzesbegriff hier überhaupt anwendbar (Verallgemeinerungs- und Bestätigungsmöglichkeiten? Konstanz der Bedingungen? Experimentelle Überprüfungen der Theorie?), oder kann sich die historische Geologie doch nur auf die Gesetze anderer, nicht-historischer Wissenschaften stützen?

— Darf man hinsichtlich der historischen Dimensionen geologischer Objekte davon ausgehen, daß eine solche Bedingung wie die Zeit als invariant, also im physikalischen Sinne, betrachtet werden darf? Gibt der philosophische Zeitbegriff für eine solche Veränderung der Zeit in der Zeit oder für ein Verständnis von „Eigenzeit" oder „Objektzeit" überhaupt Raum? Gibt es entsprechend der Hierarchie von Prozessen auch eine Hierarchie der Zeit bzw. der Zeiten?

— Welche Rolle spielt der Zufall in einer als gesetzmäßig erkannten Evolution? Welche Konsequenzen hätte eine als wensentlich für die Evolution erkannte Rolle des Zufalls für die Formulierung historischer Gesetze? Welche Auswirkungen hätte dies für die Herleitung der Vergangenheit aus der Gegenwart (Aktualismus) wie für die theoretische Rekonstruktion der Gegenwart aus der Vergangenheit (Historismus)?

— Welchen Charakter nimmt unter den Bedingungen historischer Prozesse das Verhältnis von Theorie und Empirie in der Geologie an? Lassen sich Entwicklungstheorien überhaupt bestätigen oder widerlegen? Wie stellt und löst sich das allgemeine Problem der Theoriebeladenheit der Beobachtung in der Geologie? Gibt es theoriefreie Beobachtungen oder nicht?

— Zwingen uns die stets erforderlichen Vereinfachungen und Idealisierungen, den Theoriebegriff aufzugeben und durch „Modell" zu ersetzen? Kann der Begriff „Fiktion im Sinne Vaihingers" hier eine heuristische Funktion spielen? [8, S. 71] [9] Sind die verschiedenen Konzepte der Geotektonik als einander ergänzende oder aber ausschließende Konzepte deutbar? Handelt es sich dabei um Hypothesen, Theorien oder Modelle?

Man kann sicher noch mehr Fragen finden, auch ihre Anordnung ist nicht maximal systematisch. Aber darauf soll es uns jetzt nicht ankommen, zumal wir sie in diesem Beitrag auch nicht beantworten können — selbst wenn wir es könnten. Wichtig ist hier, von wem sie beantwortet werden sollen und können und ob die Philosophie die richtige Adresse dafür ist. Werden die obengenannten Fragen von den Geologen tatsächlich als relevant empfunden, so befindet sich die Geologie in einer methodologischen und damit auch theoretischen Krise, deren Bewältigung — in Analogie zur schon erwähnten Krise der Physik — zur nächsten wissenschaftlichen Revolution führen müßte. Die Krise der Physik hat nun gezeigt, daß a) weltanschauliche Fragen (Materialismus/Idealismus und Dialektik/Metaphysik) in solchen Umbruchsituationen eine große Rolle spielen und von den führenden Wissenschaftlern auch öffentlich diskutiert werden und daß b) die Rolle der Philosophie in solchen Situationen sehr komplex und z. T. widersprüchlich ist. So trugen sowohl idealistisch wie materialistisch orientierte Physiker zur Bewältigung der Krise bei, außerdem ließen sich dann die neuen physikalischen Theorien sowohl materialistisch als auch idealistisch deuten (z. B. die Relativität von Raum und Zeit und später die Kopenhagener Deutung der quantenmechanischen Erscheinungen). Die sich dann zumindest tendenziell abzeichnende Hinwendung zum Materialismus wurde dann keineswegs allein durch den physikalischen Gegenstand erzwungen, sondern eher durch übergreifende weltanschauliche Gesichtspunkte: So mußte sich ein erkenntnistheoretischer Agnostizismus in der Mikrophysik letzlich verheerend auf das Gesamtverständnis wissenschaftlicher Tätigkeit auswirken; folglich wurde er zurückgedrängt, ohne je vollständig beseitigt worden zu sein.

Für eine Beantwortung unserer Fragen zeigen sich damit drei Aspekte: Die Hauptarbeit zur Lösung der Krise ist von den Geologen selbst zu leisten, und die anstehenden Probleme werden in zunehmendem Maße Bestandteil der geologischen Theorie und Methode; ein Teil der Fragen gehört wahrscheinlich eher zum Gegenstand einer allgemeinen bzw. allgemeinwissenschaftlichen [10] Methodologie als zur Erkenntnistheorie, die bekanntlich über die Beantwortung der Grundfrage der Philosophie stets mit Klasseninteressen verbunden ist; es ist nicht unbedingt zu erwarten, daß die materialistische Philosophie für alle möglichen wissenschaftlichen Revolutionen im voraus die erforderlichen Begriffe parat hat. Philosophie ist kein „Werkzeuglager", wo fertige methodische Instrumentarien liegen und auf ihre Benutzung warten — wenngleich auch nicht ausgeschlossen werden soll, daß in bestimmten Fällen bereitliegende Mittel nicht genutzt werden. Hinzukommt, daß ja das Verhältnis von Philosophie und Einzelwissenschaft selbst Gegenstand der Diskussion ist und daß über die Existenz und Zuordnung der eben genannten drei Aspekte noch keine Einigkeit vorliegt. Aber ungeachtet dessen gibt es in unserer philosophischen Literatur mannigfache Bemühungen, den breitgefächerten methodologischen Ansprüchen der Einzelwissenschaften besser zu entsprechen. Dazu gehören einmal die Arbeiten zur philosophischen Entwicklungstheorie [11], die sich in weitaus komplexerer Weise als bisher um den Zusammenhang von Notwendigkeit, Gesetz und Zufall, von Möglichkeit, Wirklichkeit und Zielbestimmtheit, von System und Element, von Entwicklungsgesetzen und Entwicklungskriterien bemühen. Allerdings gibt es z. Z. Diskussionen darüber, inwieweit die Einordnung von Entwicklungsprozessen im Anorganischen bestimmte Schwierigkeiten bereitet, insbesondere bei der Verwendung des Zielbegriffs. Das wäre also ein Grund mehr für den Geologen, sich direkt in die Diskussion einzuschalten und der Philosophie zu helfen, ihre Begriffe zu konkretisieren.

Zum anderen kann der Versuch beobachtet werden, den begrifflichen Apparat der Erkenntnistheorie aus dem strikten Zugriff der Physik zu befreien und in stärkerem Maße als bisher auch andere Wissenschaftsgebiete, etwa die Biologie oder die Technikwissenschaften, in den Bildungsprozeß philosophischer Begriffe einzufügen. Auch das müßte den Geologen interessieren, weil am „Ende" solcher Überlegungen möglicherweise ein Konzept verschiedener Exaktheit-Vorstellungen in der Wissenschaft steht und dieses ohne ausreichende Berücksichtigung historisch arbeitender Wissenschaften ganz sicher nicht auszuarbeiten ist.

So weit möchte ich das Möglichkeitsfeld dialektischen Denkens in der geologischen Forschung sehen. Es beinhaltet die ganze Skala vom einfachen methodischen Verwerten philosophischer Begriffe (das würde der sog. normalen Wissenschaft nach TH. S. KUHN entsprechen [12]) bis zum bewußten Eingreifen in den philosophischen Verallgemeinerungsprozeß (als ein Aspekt wissenschaftlicher Revolutionen, die natürlich primär zu Umwälzungen im Theoriengebäude der betreffenden Wissenschaft selbst führen). In der letztgenannten Hinsicht sollten wir wieder etwas mehr investieren.

Literatur

[1] ENGELS, F.: Anti-Dühring. — In: MARX-ENGELS-Werke, Bd. 20. — Berlin: 1968.
[2] HÖRZ, H.; RÖSEBERG, U. (Hrsg.): Materialistische Dialektik in der physikalischen und biologischen Erkenntnis. — Berlin: 1981, S. 29.
[3] LENIN, W. I.: Materialismus und Empiriokritizismus. — In: Werke, Bd. 14. — Berlin: 1968, S. 311.
[4] LENIN, W. I.: Noch einmal über die Gewerkschaften, die gegenwärtige Lage und die Fehler der Genossen Trotzki und Bucharin. — In: Werke, Bd. 32. — Berlin: 1961, S. 85.
[5] MARX, K.: Grundrisse der Kritik der politischen Ökonomie. — Berlin: 1974, S. 21, 22, 26.
[6] COTTA, B.: Briefe über ALEXANDER VON HUMBOLDTS Kosmos, Dritter Teil. — Leipzig: 1855, S. 16.
[7] HAGER, K.: Gesetzmäßigkeiten unserer Epoche — Triebkräfte und Werte des Sozialismus. Rede auf der gesellschaftswissenschaftlichen Konferenz des ZK der SED am 15. und 16. Dezember 1983. — Berlin: 1983, S. 76.
[8] WATZNAUER, A.: Das geologische Weltbild G. C. FÜCHSELS (1722—1773), J. G. LEHMANNS (1719—1767) und C. E. A. v. HOFFS (1771—1837) und seine Nachwirkung bis zur Gegenwart. — Z. geol. Wiss., Berlin 8 (1980), 1, S. 68.
[9] RICHTER, F.: Dialektik in der Geologie oder dialektische Geologie? — Z. angew. Geol., Berlin (1983) 12, S. 594.
[10] URSUL, A. D.: Einheit und Mannigfaltigkeit der Welt, Differenzierung und Integration der Wissenschaft (russ.). — Voprosy filosofii, Moskva (1980), 10, S. 66.
[11] HÖRZ, H.; WESSEL, K.-F.: Philosophische Entwicklungstheorie. — Berlin: 1983.
[12] KUHN, TH. S.: Die Struktur wissenschaftlicher Revolutionen. — Frankfurt a. M.: 1973, S. 28.

Schriftenr. geol. Wiss. · Berlin 24 (1985) · S. 51—56

Objekt und System der Geowissenschaften

Von JOHANNES F. GELLERT (Potsdam)

1. Einführung

Seit einigen Jahrzehnten hat sich für eine Gruppe von Wissenschaften, die teilweise die Vorsilbe Geo- in ihrem Namen führen und sich ausschließlich mit der Erde befassen oder die sachlich mit solchen in enger Verbindung stehen, die Bezeichnung „Geowissenschaften" eingebürgert. Sie werden damit als eine besondere Gruppe von Wissenschaften anderen Wissenschaftsgruppen, wie etwa den Naturwissenschaften allgemein oder den exakten Naturwissenschaften und den biologischen oder Biowissenschaften sowie der großen Gruppe der Gesellschaftswissenschaften und neuerdings der Technikwissenschaften, gegenübergestellt, ohne daß bislang der Begriff der Geowissenschaften eindeutig und umfassend für alle erdbezogenen Wissenschaften Anwendung findet, wie z. B. mehrfach das Nebeneinander der Bezeichnungen der geologischen Wissenschaften als Geowissenschaften schlechthin neben der Geographie als ebenso typischer Geowissenschaft und Mutter anderer Geowissenschaften wie Meteorologie-Klimatologie oder Hydrologie und Ozeanologie zeigt. Diese noch heute bestehende Situation erfordert im Sinne einer fruchtbaren Zusammenarbeit aller an der Erforschung der Erde als Lebensstätte der menschlichen Gesellschaft beteiligten Wissenschaften eine Klärung durch eine eindeutige und umfassende Bestimmung und Charakterisierung des Objektes, des Inhaltes und des Systems der Geowissenschaften als einer besonderen Gruppe von Wissenschaften neben den Gruppen anderer Wissenschaften, doch in enger Verflechtung mit diesen. Im Rahmen einer jahrzehntelangen Aktivität in der Zentralen Sektion Geowissenschaften des Präsidiums der URANIA und bei der Erarbeitung des vom Verf. 1982 im URANIA-Verlag Leipzig herausgegebenen Kollektivwerkes „Die Erde · Sphären, Zonen und Regionen, Territorien" wurden Erfahrungen gesammelt, die geeignet sind, das Wesen der Geowissenschaften als einer Wissenschaftsgruppe zu verstehen, die durch ein eindeutig umrissenes Objekt besonderer Art und durch diesem immanente Gesetzmäßigkeiten bestimmt ist.

2. Das Objekt der Geowissenschaften

Das Objekt der Geowissenschaften ist, wie schon deren Bezeichnung aussagt, der Planet Erde, der sich von den anderen Planeten des Sonnensystems wesentlich dadurch unterscheidet, daß er Träger einer vielgestalteten organischen Materie in Form der Pflanzen und Tiere sowie Lebensstätte der menschlichen Gesellschaft ist. In ihrer Erstreckung vom Erdkern bis zur Magnetopause als äußerster Zone der lebensschützenden Wirksamkeit des erdgebundenen Magnetismus stellt sich die Erde als ein komplexes, kompliziertes, hybrides System stofflich-genetisch-dynamischer Art mit einer charakteristischen Raumanordnung der Materie und der materiellen Komplexe als Ausdruck bestimmter ihr eigenbürtiger Wirkungsgesetze bzw. -gesetzmäßigkeiten und -regeln dar.

Dieses generelle System Erde, das wir im Ganzen oder in seinen Teilen als „Geosystem" bezeichnen, wird durch eine Reihe von globalen und planetarischen Raumstrukturen charakterisiert, die selbst in komplizierter Weise in sich untergliedert sind. Diese Raumstrukturen bezeichnen wir

- entsprechend ihrer vertikalen schalenförmigen Anordnung zwischen Erdkern und Magnetopause als *Sphären*,
- entsprechend ihrer durch die Bestrahlung des Erdkörpers durch die Sonne bedingten horizontalen zonalen Anordnung in Bändern um den Erdball als *Zonen* oder *Gürtel*,
- entsprechend den dialektischen Beziehungen zwischen einer tellurisch bedingten endogenen Entwicklung der Materie im Erdkörper und der solar bedingten und ausgelösten zonalen exogenen Entwicklung an der Erdoberfläche lateral, als *Regionen* (Naturräume) und
- entsprechend der durch die Entwicklung der menschlichen Gesellschaft, insbesondere ihres materiellen Austausches mit der Natur der Erde im Rahmen der Ökonomie sowie ihrer ihr eigenen sozialökonomischen Entwicklung und ihrer daraus resultierenden gesellschaftlichen, insbesondere politischen und ökonomischen Gliederung als *Territorien* (Staaten, Wirtschaftsgebiete).

Diese Raumstrukturen spiegeln materielle Gesetzmäßigkeiten physikalischer, chemischer, biologischer und gesellschaftlicher Art wieder und lassen im einzelnen eine außerordentlich weitgehende räumliche Differenzierung erkennen, namentlich im Bereich der natürlichen Regionen und gesellschaftlich bedingten Territorien.

Ein äußerer und ein innerer Bereich (hohe und untere Atmosphäre und Hydrosphäre einschließlich der Ozeanosphäre bzw. Kern und Mantel des festen Erdkörpers) entbehren scharfer Abgrenzungen und lassen kaum oder keine dauerhaften Reste früherer Entwicklungszustände erkennen; sie sind nur stofflich-dynamisch zu erfassen. Im Gegensatz hierzu ist ein mittlerer Bereich der Raumstruktur der Erde, d. h. die Kruste bzw. Tektonosphäre und die Geosphäre (Landschaftssphäre), umfassend Relief, Bisosphäre und Pedosphäre, sowie Soziosphäre (Gesellschaft) an Hand erd- und gesellschaftsgeschichtlich, d. h. historisch gewordener Strukturen genetisch und prozeßmäßig zu erfassen und zu charakterisieren.

Mit dieser Synthese unserer von einer Vielzahl von Wissenschaften und noch weit mehr Wissenschaftlern aller Zeiten durch Jahrhunderte hindurch ermittelten Kenntnisse und Erkenntnisse von der Erde ist das Objekt der Erdwissenschaften, der Geowissenschaften, in seiner Erstreckung vom Erdkern über die Erdoberfläche bis zur Magnetopause umrissen. Es umschließt alle diejenigen Erscheinungen des und auf dem Planeten Erde, die an die Anordnung der Materie im System Erde, dem Geosystem, gebunden sind und durch ihre dialektische Verflechtung miteinander weitere charakteristische Teil-Geosysteme, Geosysteme niederer Ordnung des zentralen Geosystems, bilden. Oder mit anderen Worten: das Objekt der Geowissenschaften umschließt alle diejenigen Raum-Zeit-Erscheinungen, die spezifische Eigenarten des Planeten Erde sind und in dieser Weise nach Prozeß, Genese, Struktur sowie Verflechtung miteinander gesetzmäßig nur hier auf der Erde als Lebensstätte der menschlichen Gesellschaft auftreten bzw. ihr immanent sind. Das schließt nicht aus, daß ein Teil und vielleicht wichtige grundsätzliche Erscheinungen (Strukturen, Prozesse, Genese), wie wir wissen, auch auf anderen Himmelskörpern (Planeten und Monden) auftreten und so kosmischer Art sind, aber ohne die genannten erdspezifischen Fakten, vielleicht jedoch mit anderen spezifischen Fakten, die sie von der Erde unterscheiden. Das Objekt der Geowissenschaften ist die Erde mit der erdgebundenen Immanenz ihrer Erscheinungen (Prozesse, Genese, Strukturen und deren Verflechtungen).

3. Die erdgebundenen Bewegungsformen der Materie

Die These von der Erde als Objekt einer besonderen Gruppe von Wissenschaften, die sich mit ihr befassen, der Geowissenschaften, schließt die theoretische, die philosophische Frage nach der Charakterisierung der materiellen Bewegungsformen im System Erde ein. Diese Frage ist um so berechtigter, als in der jüngeren Vergangenheit mehrfach von einer geologischen und einer geographischen (auch landschaftlichen) sowie beide zusammenfassend von einer geogenen Bewegungsform, neben- oder untergeordnet den klassischen Bewegungsformen der Materie nach F. ENGELS, der mechanischen, physikalischen, chemischen, biologischen und gesellschaftlichen Bewegungsform, gesprochen wurde. Es dürfte jedoch wohl kein Zweifel daran bestehen, daß alle Prozesse und Entwicklungen und damit alle Strukturen des Systems Erde auf die genannten fünf klassischen Bewegungsformen der Materie zurückgeführt werden können bzw. dialektische Verflechtungen von diesen in bestimmten Kombinationen oder Komplexen sind. Das gilt ganz eindeutig von den geologischen Vorgängen und Strukturen, die auf mechanische, physikalische, chemische und zu einem nicht unwesentlichen Teil auch auf biologische Prinzipien zurückzuführen sind. Das gilt in ähnlicher Weise auch für die geographischen Strukturen und deren Genese, wobei bei ihnen in starkem Maße auch soziale Bewegungsformen mitwirken. Beide oft genannten Bewegungsformen, die geologische und die geographische Bewegungsform, sind komplexer Art. Ihnen entsprechen charakteristische Erscheinungen gesetzmäßiger Art. Diese Gesetzmäßigkeiten zu erforschen und darzustellen (modellmäßig abzubilden) sowie der menschlichen Gesellschaft nutzbar zu machen, ist die Aufgabe der geologischen und der geographischen Wissenschaften.

Hierbei erhebt sich nun die für das Verständnis dieser Wissenschaften und darüber hinaus der gesamten Geowissenschaften nicht unwichtige Frage nach der Abtrennung bzw. Unterscheidung von geologischer und geographischer Bewegungsform. Ausgehend davon, daß die Geographie als Lehre die Aufgabe hat, die natur- und gesellschaftsbedingten Raumstrukturen der Geosphäre beiderseits der Erdoberfläche und die sie bedingenden Prozesse und Genesen zu erforschen und darzustellen, und auch davon, daß die Geologie als historische Naturwissenschaft die Entwicklung von Substanz und Struktur der Erdkruste bis zu deren Oberfläche zum Objekt hat, sowie daß beiden besondere Bewegungsformen bzw. Kombinationen oder Komplexe von solchen zugeordnet werden, ergeben sich Überschneidungen, die einer Klärung bedürfen. Unbestritten sind und bleiben die Entwicklung von Substanz und Strukturen der Erdkruste und darunter, einschließlich der in ihnen bewahrten Zeugen der organischen Entwicklung, Gegenstand der geologischen Wissenschaften in deren voller Breite, einschließlich der Geophysik (Physik des festen Erdkörpers). Mit den Sedimentgesteinen und den Fossilien als restlichen Zeugen des pflanzlichen und tierischen Lebens vergangener Erdzeiten schließt die Substanz der Erdkruste jedoch Erscheinungsformen der Materie ein, die der Geosphäre mit ihren Komponenten Luft, Wasser und Wärmespeicherung immanent sind. Ohne diese, ohne Wasser, ohne Luft mit ihrem Sauerstoff und Kohlendioxid-Gehalt, ohne Wärmespeicherung infolge der Bestrahlung der Erde und ihrer Atmosphäre durch die Sonne gäbe es keine Verwitterung und keine Sedimentbildung, wie sie seit präkambrischen Zeiten auf der Erde erkannt wurden, gäbe es keine organische Entwicklung, wie sie für die Erde charakteristisch ist. Das alles aber sind Prozesse und Entwicklungen, die an die Geosphäre, an den Grenzraum zwischen festem Erdkörper und dessen Hülle, zwischen Lithosphäre, Hydrosphäre und Atmosphäre gebunden sind, die ein Charakteristikum der Geosphäre als Objekt der Geographie sind und demzufolge einer geographischen Bewegungsform einzuordnen sind. Seit je werden sie in der Lehre der Geologie als exogene Prozesse, Entwicklung und Strukturen den endogenen in der Erdkruste gegenübergestellt. Die geologische Bewegungsform, die Erdkruste bis zur Erdoberfläche betreffend, und die geographische Bewegungsform der Geosphäre als Grenzbereich zwischen Lithosphäre, Hydrosphäre und Atmosphäre, wie sie oftmals einander gegenüber- oder nebeneinander gestellt werden, bilden seit Entstehung der heutigen Sphären des Planeten Erde und damit seit Erkennbarkeit der Entwicklung der Erdkruste im Präkambrium mit geologischen Methoden eine eng miteinander verflochtene Einheit. Aus dieser Erkenntnis faßt KOX die von KEDROW umrissene geologische Bewegungsform und die von ihm selbst als geographische oder landschaftliche Bewegungsform bezeichneten Bewegungsformen zu einer den Erdkörper mit seinen großen Sphären umfassenden geogenen Bewegungsform zusammen.

Im Hinblick auf weitere, heute verselbständigte oder durch ihr irdisches Objekt den Geowissenschaften zugeordnete Wissenschaften oder Wissenschaftsdisziplinen wie Physik der Erde (soweit sie als Geophysik nicht zu den geologischen Wissenschaften gezählt wird), Meteorologie-Klimatologie einschließlich der Hochatmosphärenforschung, Hydrologie und Ozeanologie sowie Bodenkunde (Pedologie) in ihrer gleichartigen Zugehörigkeit zu den Geo- und Landwirtschaftswissenschaften, die alle typisch erdgebundene Erscheinungen zu ihrem spezifischen Objekt haben und erdgebundene Raumstrukturen und deren Dynamik und Genese erforschen, plädiere ich daher in Abwandlung des von Kox geprägten Begriffes geogen für den Begriff der Geoimmanenz und entsprechend einer geoimmanenten Bewegungsform bzw. präziser eines geoimmanenten dialektischen Komplexes der Hauptbewegungsformen der Materie, der alle erdgestaltenden Bewegungsformen umfaßt und die Vorstellung einer getrennten geologischen und geographischen Bewegungsform ersetzt. Die Philosophen mögen entscheiden, ob dieser geoimmanente dialektische Komplex der Bewegungsformen der Materie als neue Qualität zu bewerten und dementsprechend als eine selbständige geoimmanente Bewegungsform, die die gesellschaftliche einschließt, anzusehen ist.

4. Das Wissenschaftssystem der Geowissenschaften

Mit dieser Vorstellung eines geoimmanenten dialektischen Komplexes der klassischen Bewegungsformen der Materie ordnet sich dem Strukturmodell (Systemmodell) Erde in seiner Erstreckung zwischen Erdkern und Magnetopause und seinen diesem immanenten Raumstrukturen der Sphären, Zonen und Regionen sowie Territorien eine ihm entsprechende, an die Erde gebundene typische komplexe Kombination der Bewegungsformen der Materie mit den daraus abzuleitenden typischen geoimmanenten Gesetzmäßigkeiten zu, wie wir diese in der Geologie und in der Geographie bzw. in den Geowissenschaften insgesamt zu erkennen suchen. Das bedeutet, daß die mit der Eigenart der Erde befaßten Wissenschaften, die Geowissenschaften, nicht nur eine materielle, objektgebundene Zusammengehörigkeit aufweisen, sondern auch eine an eine bestimmte Materienballung im Raum gebundene Dynamik und damit Entwicklung zum gemeinsamen Objekt von Forschung, Lehre und Nutzanwendung haben. In diesem Sinne fügen sich die beteiligten Wissenschaften und Wissenschaftsdisziplin zu einem sinnvollen System von Wissenschaften zusammen, das wir als Geowissenschaften bezeichnen. In diesem hat jede Wissenschaft und Wissenschaftsdisziplin ihren bestimmten Platz inne, ohne an Selbständigkeit oder Zugehörigkeit auch zu einer anderen Wissenschaftsgruppe wie etwa Kosmosforschung, Physik, Biologie, Landwirtschaftswissenschaften oder Gesellschaftswissenschaften zu verlieren. In diesem Sinne stellen die Geowissenschaften ein offenes hybrides System einander überschneidender und miteinander verflochtener Wissenschaften, Wissenschaftsdisziplinen und Teildisziplinen dar. Es umfaßt gleichberechtigt neben- und miteinander

— die sogenannte astronomische Geographie
  als Lehre vom Planeten Erde als Himmelskörper und aller hieraus abzuleitender Erscheinungen
— die Geophysik des festen Erdkörpers und der Hochatmosphäre
— die geologischen Wissenschaften mit allen ihren Disziplinen
  als historische Naturwissenschaft der Erdkruste
— die Meteorologie-Klimatologie
  als Lehre der atmosphärischen Dynamik

- die Hydrographie/Hydrologie
  als Lehre vom Wasser in den Ozeanen, auf dem Festland und als Eis
- die Geomorphologie
  als Lehre der Oberflächenformen der Erde
- die Biogeographie (Pflanzen- und Tiergeographie)
  als Lehre der Verbreitung und Entwicklung von Pflanzen und Tieren auf der Erdoberfläche
- die Bodenkunde (Pedologie) bzw. Bodengeographie
  als Lehre der Verbreitung und Entwicklung der Böden in bezug zu ihrer Lage auf der Erdoberfläche im System der Geosphäre
- die Geoökologie oder Landschaftslehre
  als Lehre vom Komplex der Verflechtung der naturgesetzlichen Erscheinungen auf der Erdoberfläche, in der Geosphäre und
- die ökonomische und politische Geographie mit ihren verschiedenen Disziplinen
  als Lehre von der Verbreitung und Entwicklung von Bevölkerung und Siedlung, Produktion, Transport und Verkehr sowie der politischen Organisation der menschlichen Gesellschaft in ihren Beziehungen zur Erdoberfläche.

Sie lassen sich in Untergruppen wie geophysikalische, geologische, geographische bzw. physisch-geographische und ökonomisch-geographische Wissenschaften sowie neuerdings auch eine Untergruppe Meeresgeographie bzw. marine Geowissenschaften einordnen. Alle diese Gruppen, Wissenschaften und Wissenschaftsdisziplinen stehen in enger dialektischer Verflechtung und Verbindung miteinander als erdgebundene Wissenschaften, als Geowissenschaften und Geodisziplinen. Mit den ihnen jeweils eigenen Objekten, Methoden und Aspekten gehören sie vielfach, wie bereits erwähnt, auch anderen Wissenschaftsgruppen an. Diese vielseitigen Beziehungen und Verflechtungen der Geowissenschaften und Geodisziplinen untereinander und miteinander und zu anderen Wissenschaftsgruppen entsprechen dem Aspekt und der Forderung nach interdisziplinärer Zusammenarbeit und Verbindung als einem wesentlichen und historisch bewährten Impuls für die Forschung und Erkenntnisfindung. In diesem Rahmen sind die Geowissenschaften als eine gleichberechtigte spezifische Wissenschaftsgruppe neben vielen anderen zu bewerten, zu pflegen und weiter zu entwickeln. Sie, die Geowissenschaften, besitzen ein eigenes Objekt, die Erde zwischen Kern und Magnetopause, mit einem eigenen geoimmanenten dialektischen Komplex der Bewegungsformen der Materie und dementsprechend mit einer eigenen Aufgabenstellung als Wissenschaftsgruppe mit eigenen Aussagen und als Produktivkraft zum Nutzen der Gesellschaft.

Literatur

Autorenkollektiv (G. Pansa, I. Dittrich, H. Kox, H. Schulz, R. Weisse): Weltanschaulich-philosophische Aspekte der Physischen Geographie. Studienbücherei Geographie, Bd. 18. — Gotha: 1982.

Ehmke, G.: Zur Klassifikation der Geowissenschaften. — Z. geol. Wiss., Berlin 2 (1974) 11, S. 1309—1332.

Engels, F.: Dialektik der Natur. — In: Marx-Engels-Werke, Bd. 20. — Berlin: 1962, S. 307—570.

Gellert, J. F.: Das System der Naturgesetzlichkeiten der Geosphäre. — In: Geogr. Ges. d. DDR, FS Phys. Geographie, Diskussionsmaterial zum 1. Koll. zu theoret. Fragen d. Phys. Geogr., Dresden 8.—9. 12. 1967. — Leipzig: 1968, S. 43—52.

Gellert, J. F.: Zur Formulierung des Systems der Naturgesetzlichkeiten der Geosphäre. — Acad. d. l. Re. Soc. de Roumanie, Bucarest. Rev. de Géol., Geophys. et Géogr., Ser. Géographie, t. 14 (1970), 19—24.

Gellert, J. F. (Hrsg.): Die Erde. Sphären, Zonen und Regionen, Territorien. — Leipzig—Jena—Berlin: URANIA-Verlag 1982.

Gierloff-Emden, H.-G.: Geographie des Meeres. Ozeane und Küsten. 2 Teile, Lehrb. d. Allg. Geographie. — Berlin—New York: 1980.
Guntau, M.: Zum Problem der Klassifikation der geologischen Wissenschaften. — In: Ber. Geol. Ges. d. DDR 1/1963, S. 5—29.
Kedrow, B. M.: Die geologische Bewegungsform in Verbindung mit anderen Bewegungsformen. — Z. Geol. u. Pal. 2/1970, S. 247—264.
Kox, H.: Weltanschaulich-philosophische Probleme der geographischen Wissenschaften und des Geographie-Unterrichtes. — In: Weltanschaul. u. philosoph. Bildung u. Erziehung im math. u. naturwiss. Unterricht. (Hrsg.: H. Ley u. K. F. Wessel). — Berlin: 1972.
Kox, H.: Der philosophische Materialismus als weltanschaulich-methodologische Grundlage der Geologie und Physischen Geographie. — In: Beiträge zu weltanschaul.-philosoph. Problemen d. Physischen Geographie. Lehrmaterial zur Ausbildung von Diplomlehrern der Geographie. — Potsdam: Pädagog. Hochsch. Karl Liebknecht, 1979, S. 30—59.
Kuwashkowskaja, I. A.: Das geologische materielle System und die Gesetzmäßigkeiten seiner Entwicklung. — URANIA, Sonderreihe f. d. Referenten 2/1971.
Weisse, R.: Die geographische Bewegungsform und die Gesetzesproblematik in der Physischen Geographie. — Wiss. Z. Pädagog. Hochschule Wolfgang Ratke, Köthen: 1979.

Schriftenr. geol. Wiss. · Berlin 24 (1985) · S. 57—61

Die Spezifik des Wissenschaftstyps „Geographie" unter Beachtung der möglichen Existenz einer geographischen Bewegungsform

Von JOHANNES DITTRICH (Freiberg)

Fragen der Klassifizierung und Gegenstandsbestimmung der Wissenschaften waren von jeher ein Bestandteil wissenschaftlicher Reflexionen, besonders jedoch waren sie Gegenstand philosophischer Diskussionen. Für die Philosophie war es eine theoretische Aufgabe, das vorhandene Gesamtwissen zu gliedern und die unterschiedlichen Ebenen des Wissens zu bestimmen.

Dagegen standen und stehen für die Einzelwissenschaften hinsichtlich der Gegenstandsbestimmungen besonders praktische Fragen im Vordergrund. Hier soll nur auf solche Probleme wie Formen der Systematisierung des Wissens, die Bildung von Fachkombinationen für die Lehrerbildung, die Errichtung von Lehrstühlen, das Einordnen von Fachrichtungen in Sektionen und die damit verbundenen wissenschaftsorganisatorischen Probleme hingewiesen werden. Auch Fragen der Methodenähnlichkeit bzw. des Methodenaustauschs verschiedener Disziplinen müssen in diesem Zusammenhang gesehen werden, da ja die Methodik in bestimmter Weise vom Gegenstand abhängig ist. Diese Probleme sind besonders in einer Zeit schneller Wissenschaftsentwicklung von großer Bedeutung für eine effektive Wissenschaftsplanung und sinnvolle Wissenschaftsorganisation.

Natürlich haben alle Wissenschaften, so auch die Geographie, ihren historisch gewachsenen Gegenstand abgesteckt und teilweise definiert. Daraus könnte man ableiten, daß diese Aufgabe eigentlich gelöst sei und es künftig nur noch um die inhaltliche Ausfüllung des abgesteckten Objektbereichs gehe. Die Frage nach der Bestimmung der Wissenschaftsgegenstände würde dann als akademischer Streit erscheinen.

Man muß indessen immer davon ausgehen, daß die Zielstellung nicht darin bestehen kann, eine allen Anforderungen entsprechende und universelle Bestimmung der Geographie geben zu wollen.

Das gilt für die Wissenschaft als Ganzes, aber auch für die geographischen Disziplinen, weil wissenschaftliche Disziplinen sehr komplexe gesellschaftliche Erscheinungen darstellen und immer nur einzelne Aspekte hervorgehoben werden können. Man muß deshalb die Geographie als Wissenschaft sowohl in der Form ihrer theoretischen Resultate, wie Fakten, Hypothesen, Regeln, Gesetze, Theorien, als auch hinsichtlich ihres Tätigkeitsaspektes als sozialen Prozeß, der zu eben diesen Ergebnissen führt, sehen und zu bestimmen versuchen.

Für das Wesen einer Wissenschaft und somit auch für die Gegenstandsbestimmung sind mehrere Gesichtspunkte zu beachten. Neben dem Objektbereich, der auch oft als Gegenstand bezeichnet wird, sind die Methodik und die gesellschaftliche Zielstellung zu nennen. Wenn die nach dem Gegenstand klassifizierende Methode, heute bevorzugt, auch für die Geographie typisch ist, so kann man die Wissenschaft auch nach ihren Zielstellungen in Grundlagenwissenschaften und angewandte Wissenschaften oder nach den angewandten Methoden klassifizieren. Die beiden letztgenannten Erscheinungen sind auch im System der geographischen Disziplinen zu beobachten. Die Wahl des Klassifizierungsprinzips hängt jedoch auch von den praktischen Zielstellungen ab, die die Klassifizierung verfolgt. Diese Zielstellungen können wissenschaftsorganisatorischen, pädagogischen, logischen und wissenschaftssoziologischen Zwecken dienen, so daß das heutige Wissenschaftssystem, und damit auch die Geographie, ein nach verschiedenen Prinzipien aufgebautes und verwobenes Geflecht darstellt.

Bereits an dieser Stelle sei allgemein festgestellt, daß die Existenz einer Wissenschaft, so auch speziell der Physischen Geographie, nicht an den Nachweis bzw. die Existenz einer selbständigen, objektiv abgegrenzten Bewegungsform gebunden ist. Die Frage, ob es eine geographische Bewegungsform gibt, ist jedoch für die Bestimmung der Physischen Geographie bedeutungsvoll. Eine ganz andere Frage besteht aber darin. ob eine Wissenschaft sich letzten Endes als selbständige Disziplin behaupten kann. wenn ihr der Nachweis von systemtypischen Gesetzmäßigkeiten, die zu eigenen Theorien führen, nicht gelingt, sie also auf andere Gesetze reduzierbar ist.

Obwohl der Objektbereich der Physischen Geographie naturgesetzlich determiniert ist, muß jedoch auch davon ausgegangen werden, daß die Einwirkungen des Menschen auf die Erdoberflächenstrukturen heute ein nicht mehr zu unterschätzender Faktor für die Erforschung bzw. Beschreibung physisch-geographischer Prozesse darstellen. Diese Einflußfaktoren ändern jedoch nichts an der Tatsache des vorwiegend naturgesetzlichen Geschehens im Objektbereich dieser Wissenschaft.

Der Objektbereich der Ökonomischen Geographie hingegen ist durch Gesetzmäßigkeiten im Beziehungsfeld der Bewegung von Produktivkräften und Produktionsverhältnissen unter konkreten Erscheinungsformen bestimmter Naturräume charakterisiert, obwohl dabei auch naturgesetzliche Einstufungsfaktoren berücksichtigt werden müssen. Wir haben es jedoch eindeutig mit einem gesellschaftlichen Objekt und damit mit einer gesellschaftswissenschaftlichen Disziplin zu tun. Heute besitzen sowohl die Physische Geographie als auch die Ökonomische Geographie ihre Selbständigkeit. Von einer „Einheitsgeographie“ kann deshalb wohl kaum gesprochen werden. Es soll jedoch auf „Unterschiedliches“ und „Einigendes“ im Wissenschaftskomplex „Physische und Ökonomische Geographie“ kurz hingewiesen werden.

Von der Seite des Gegenstandes (Objektbereich) besteht zwischen beiden Disziplinen ein sehr wesentlicher Unterschied. Von einer Wissenschaft „Geographie“ auszugehen, ist deshalb, zumindest den Gegenstand betreffend, kaum möglich. Dennoch besteht auf entsprechender Abstraktionsebene bei den Objektbereichen von Physischer und Ökonomischer Geographie eine gewisse Analogie. Bei entsprechenden Verallgemeinerungen der Objekte liegt ein ähnliches Gegenstandspaar vor, indem „Gesetzmäßigkeiten“ von Strukturen und der Dynamik der Natur- und Wirtschaftsräume beschrieben werden.

Bekanntlich gehören zur Wesensbestimmung einer Disziplin neben dem Gegenstand auch die Methodik und die Zielstellung, wobei die gesellschaftliche Zielstellung die Abgrenzung bzw. Fixierung des Gegenstands bestimmt. Die inhaltliche Spezifik des Gegenstandes bestimmt aber auch die Methodik der betreffenden Disziplin. Diese allgemeinen wissenschaftstheoretischen und philosophischen Prinzipien haben auch ihre Bedeutung für die „Geographie“, die man besser als Komplex der geographischen Wissenschaften bezeichnen sollte. Zweifellos stellt die Geographie ein gewisses Phänomen in der Wissenschaftsgeschichte dar. Sie erfaßt einen naturwissenschaftlichen und einen gesellschaftswissenschaftlichen Komplex unter einheitlichem Oberbegriff (Geographie), der teilweise gesamtorganisatorisch beherrscht werden muß. Gerade deshalb sind hierzu philosophische Untersuchungen interessant und notwendig.

Heute muß man davon ausgehen, daß die Erhöhung der gesellschaftlichen Wirksamkeit einer Wissenschaft eine engere Beziehung von Natur- und Gesellschaftswissenschaften verlangt. Ist die Wissenschaft „Geographie“ vielleicht unbewußt zum Pionier einer solchen künftigen Entwicklung geworden? Liegt hier ein Sonderfall vor, oder sind künftig wissenschaftsorganisatorische Korrekturen in diesem Wissenschaftskomplex notwendig? So halte ich beispielsweise jene Praxis für problematisch, daß an Ausbildungsstätten für Geographielehrer die Hochschullehrer der Ökonomischen Geographie oft anderen Fakultäten zugeordnet sind als die der Physischen Geographie.

Es sei an dieser Stelle nur auf einige zu überdenkende Probleme hingewiesen, ohne fertige Antworten geben zu wollen. Wie bereits erwähnt, wird die Methodik einer Wissenschaftsdisziplin besonders durch ihren Gegenstand bestimmt. Für die Geographie bedeutet das, daß zumindest zwei formal verschiedene Methodengefüge und Denkstile hinsichtlich Physischer und Ökonomischer Geographie unterschieden werden müssen, nämlich die des Naturwissenschaftlers und die des Gesellschaftswissenschaftlers.

Nun wird aber z. B. gerade in letzter Zeit viel Wert auf eine stärkere Beachtung des Methodengebrauchs und seines Erlernens für die Erhöhung wissenschaftlicher Effektivität gelegt (damit ist nicht die Fachmethodik des Unterrichts gemeint). Von dieser Seite sollte auch einmal die Problematik „Einheitsgeographie“ besonders hinsichtlich der Geographielehrerausbildung gesehen werden. Ähnliche Probleme gibt es auch in anderen Fachrichtungen. Es sei hier nur an die Ausbildung von Ingenieurökonomen erinnert. Die Situation spitzt sich in der Lehrerausbildung zusätzlich dadurch zu, daß sie mit einem weiteren Zweitfach verbunden ist. Handelt es sich dabei um die Fachkombination Geographie/Mathematik, so müssen drei sehr unterschiedliche Wissenschaftstypen in ihren „Methodengefügen“ studiert werden. Der Lehrer der genannten Fachkombination hat es in seinem Studium und seiner späteren Arbeit mit drei Disziplinen zu tun. Dabei wurde die erziehungswissenschaftliche Komponente der Ausbildung noch gar nicht berücksichtigt. Selbst unter Anerkennung der Tatsache, daß Fachkombinationen der Fachlehrerausbildung unter besonderer Berücksichtigung schulpraktischer Erfordernisse gesehen werden müssen, sollte man dieses Problem aus vorher dargestellter Sicht besonders im Lichte der künftigen gleichberechtigten Zweifachausbildung erneut diskutieren.

Die Logik und Genesis der den Wissenschaftsdisziplinen zugrunde liegenden materiellen und ideellen Objektbereiche sollten auch für die Bildung von Fachkombinationen eine entsprechende Bedeutung besitzen.

Von der Objektwahl her gesehen, besteht zwischen Physischer und Ökonomischer Geographie ein wesentlicher Unterschied. So wie er im Sinne des qualitativen Unterscheidens zwischen Natur- und Gesellschaftswissenschaften besteht, gilt er auch für die in beiden Disziplinen angewandte Methodik. Wesentliche Untersuchungsmethoden der Physischen Geographie sind aus den Bereichen der Physik, Chemie, Geologie und der Mathematik und den entsprechenden fachspezifischen Modifizierungen entlehnt. Die Ökonomische Geographie dagegen ist an politökonomische und spezielle angewandte gesellschaftswissenschaftliche Untersuchungsverfahren unter Zuhilfenahme mathematischer Verfahren gebunden.

Im Unterschied zur engen Beziehung von Objektbereich und Methodik, sowohl innerhalb der Physischen als auch der Ökonomischen Geographie, als Natur- bzw. Gesellschaftswissenschaft, was zunächst auf sehr verschiedene Wissenschaftstypen hinweist, liegt das eigentlich Verbindende in der gesellschaftlichen Zielstellung beider Wissenschaften.

Sehr allgemein ausgedrückt, besteht die wesentlichste Aufgabe des Wissenschaftskomplexes „Geographische Wissenschaften“ darin, Fakten, Gesetzmäßigkeiten und Theorien über die Struktur und Entwicklung von Natur- und Wirtschaftsräumen zu gewinnen, zu speichern, zu vermitteln und so aufzubereiten, daß sie als Haupthandlungsstrategie zur Veränderung territorialer Strukturen eingesetzt werden können. Bei dieser Aufgabe sind beide Disziplinen gefordert.

So gesehen ist die Geographie natürlich wiederum ein relativ geschlossener, eigenständiger und klassenrelevanter Wissenschaftskomplex, denn die Auswahl des Untersuchungsobjekts, auch der Prozeß der Tätigkeit zur Theoriengewinnung sowie der Anwendungszweck, sind durch die konkreten Produktionsverhältnisse determiniert. Diese

Tendenz spiegelt sich bei der Ökonomischen Geographie schon im Theorienfeld wider, während sie in der Physischen Geographie weit vermittelter auftritt. Die enge Verbindung der Physischen und Ökonomischen Geographie besteht u. a. darin, daß Aussagen über die Struktur und Entwicklung von Wirtschaftsräumen auch von Erkenntnissen über Widersprüche, Trends und Gesetzmäßigkeiten der Naturräume abhängig sind. Hier sei z. B. nur an die Aufgaben zur Errichtung neuer Produktionsstätten zur Energie- und Rohstoffgewinnung unter Beachtung sinnvoller Umweltgestaltung und Beherrschung der ökologischen Gleichgewichte gedacht.

Der Gegenstand der Physischen Geographie hinsichtlich ihres Objektbereiches läßt sich am besten durch die philosophische Kategorie „geographische Bewegungsform" charakterisieren. Der Begriff „geographische Bewegungsform" bezieht sich dabei speziell auf den Objektbereich der Physischen Geographie. Das gilt auch unter Berücksichtigung der Tatsache, daß gesellschaftliche Determinanten im Wirkungsfeld der Physischen Geographie zu beachten sind. Der Begriff Bewegungsform wird hier als Synonym für das Spezifikum jenes materiellen Bereichs der Erdoberfläche verwendet, der sich von anderen objektiv durch gesetzmäßige Gruppeneigenschaften unterscheidet bzw. eine diskrete Entwicklungsstruktur innerhalb eines universellen, materiellen Entwicklungsprozesses darstellt.

Unter geographischer Bewegungsform wäre dabei jener gesetzmäßige Wechselwirkungstyp von Lithosphäre, Atmosphäre, Hydrosphäre mit der späteren Ausprägung zur Biosphäre und Soziosphäre zu verstehen, wobei sich heute glaubhaft jener kosmischer Entwicklungsprozeß von der kosmologischen Bewegungsform über die planetar-geologische zur geographischen, biologischen und schließlich gesellschaftlichen Bewegungsform begründen läßt.

In Abhängigkeit von den bestimmenden äußeren Bedingungen, wie Temperatur, Druck und Raum-Zeit-Strukturen als Ausdruck der in unserem Kosmos wirkenden Gravitationsbedingungen, kennen wir den genetischen Zusammenhang der schon von F. ENGELS genannten Bewegungsformen. Natürlich müssen diese Bewegungsformen im anorganischen Bereich heute unter dem Blickpunkt der neuesten naturwissenschaftlichen Erkenntnisse betrachtet werden.

Folgende Etappen in der Entwicklung anorganischer Strukturen (Bewegungsformen) sind bekannt:

a) Kernbildung aus den Nukleonen (plasmatische Bewegungsform)
b) Atombildung aus den Kernen (subatomare Bewegungsform)
c) Molekülbildung aus den Atomen (chemische Bewegungsform)
d) Bildung von Molekülassoziationen aus den Molekülen und Ionengittern (makrophysikalische Bewegungsform).

Die Weiterentwicklung vollzieht sich dann über die kolloidale, biologische und gesellschaftliche Bewegungsform.

Die Entwicklungsprozesse vollziehen sich natürlich real stets unter ganz bestimmten relativ abgegrenzten raum-zeitlichen Bedingungen, wodurch es durch ihr spezifisches Zusammenwirken zu neuen Erscheinungen mit Eigengesetzlichkeiten kommt, die nicht durch Summierung der typischen Gesetze der einzelnen Etappen erklärbar sind. In diesem Sinne ist es möglich, folgende Entwicklungslinien (komplexe Bewegungsformen) zu skizzieren:

— planetare Bewegungsform
— geologische Bewegungsform
— geographische Bewegungsform.

Der Nachweis, ob eine geographische Bewegungsform existiert, muß allerdings noch geführt werden. Das betrifft im Kern die Frage, ob es spezifische geographische Gesetze gibt, die nicht durch die Gesetze anderer Wissenschaften, besonders der Geologie, erklärbar und ableitbar sind.

Literatur

[1] DITTRICH, J., u. a.: Philosophische Probleme der Physischen Geographie, Studienbücherei für Lehrer, Bd. 19. — Gotha: 1982.
[2] ENGELS, F.: Dialektik der Natur. — In: MARX-ENGELS-Werke, Bd. 20. — Berlin: 1962.
[3] LEY, H.: Zum Stand der Entwicklungstheorie in den Naturwissenschaften. — DZPh, Berlin **23** (1975), S. 964—980.

Schriftenr. geol. Wiss. · Berlin 24 (1985) · S. 63–68

Zum Gegenstand und zur Zielstellung der Geoökologie in der Physischen Geographie

Von Konrad Billwitz (Greifswald)

Die „Geoökologie" repräsentiert heute den auch für die Geographie deutlichen Trend einer „Ökologisierung" der Wissenschaft, worunter wir das verstärkte Interesse vieler Wissenschaften an der Erforschung und Erhaltung von belebter Natur und des Menschen in ihrer Umwelt verstehen.

Zunächst bildete sich die Ökologie als eine spezielle Disziplin innerhalb der Biologie heraus. Haeckel [8] begründete die Ökologie „... als die gesamte Wissenschaft von den Beziehungen der Organismen untereinander sowie zur umgebenden Umwelt ...". Diese ursprünglich autökologisch aufgefaßte Ökologie (Beziehungen des Lebewesens zur Umwelt) wurde bald synökologisch erweitert (Wechselbeziehungen zwischen Lebensgemeinschaft und Umwelt) und erhielt damit erstmals räumlichen Bezug. Die Haeckelsche Idee und der hier zum Ausdruck kommende generalistische Gedanke wurde in den folgenden Jahren von vielen Wissenschaften aufgegriffen, für verschiedenartige Zielstellungen angewendet und schließlich zum Spezialzweig mancher Wissenschaft weiterentwickelt. So stellen sich heute viele Wissenschaften mit einem ökologischen Ansatz dar.

Ökologie wird heute sowohl als die „... Wissenschaft von den Funktions- und Kausalbeziehungen zwischen Organismen und Umwelt, als auch im Sinne der Kennzeichnung real existierender Ökosysteme und -strukturen gebraucht" [5]. Einmal wird darunter eine disziplinspezifische ökologische Herangehensweise, andererseits aber *die* komplexe Metawissenschaft gesehen, die natur- und gesellschaftswissenschaftliche Kenntnisse über die Natur und über die Wechselbeziehungen zwischen Natur und Gesellschaft synthetisiere. Für die einen ist sie als kooperatives Wissenschaftssystem ein „faszinierendes Theoriengebäude und Forschungsansatz, für die anderen ein ängstlich gemiedenes Vernebelungskonzept" [7].

In der Geographie gingen wesentliche Impulse bei der Beachtung ökologischer Aspekte von Troll [23] aus, der den Begriff „Landschaftsökologie" einführte und die Kennzeichnung der Landschaften der Erde durch ökologisches Herangehen förderte. Dabei war sein Bemühen sowohl auf die naturräumlich-ökologische Ordnung eines Gebietes als auch auf die Erkundung des biologisch-ökologischen Wirkungsgefüges an einzelnen Standorten gerichtet. Der landschaftsökologische Aspekt hat sich seitdem in der geographischen Forschung hohe Geltung verschafft. Der Begriff selbst wurde etwa ab Mitte der 60-er Jahre durch den der „Geoökologie" abgelöst, wobei zugleich eine bemerkenswerte Umorientierung der Methodologie von der qualitativ-beschreibenden zur quantitativ-messenden Seite festzustellen war.

Wir sehen heute als Forschungsgegenstand der Geoökologie den über quantifizierte Funktions- und Kausalbeziehungen faßbaren Landschaftshaushalt an. Die Landschaft stellt aber ein außerordentlich komplexes System dar, das sich einer schnellen und vordergründigen Erkenntnis z. Z. noch weitgehend verschließt. Dieses „System Landschaft" hat sich im Laufe der Evolution der Erde und des Menschen entwickelt (Abb. 1). Aus dem wechselseitigen Zusammenwirken zunächst abiotischer (Wasser, Gestein, Klima, Relief) und dem späteren Hinzutreten biotischer Elemente (Pflanzen- und

Tierwelt) entstand ein räumliches Wirkungsgefüge mit der Fähigkeit zur Selbstregulierung, ein Geosystem. Dieses Geosystem repräsentierte sich in unterschiedlich ausgeprägten Naturräumen. Mit dem Eintritt des Menschen in diese Arena und mit der immer intensiver werdenden Naturnutzung bildete sich der Naturraum in Landschaften um. Das Geosystem veränderte sich teilweise zu einem Technogeosystem [4] oder — wie in der neueren geographischen Literatur der Sowjetunion bezeichnet — zu einem natürlich-technischen territorialen System.

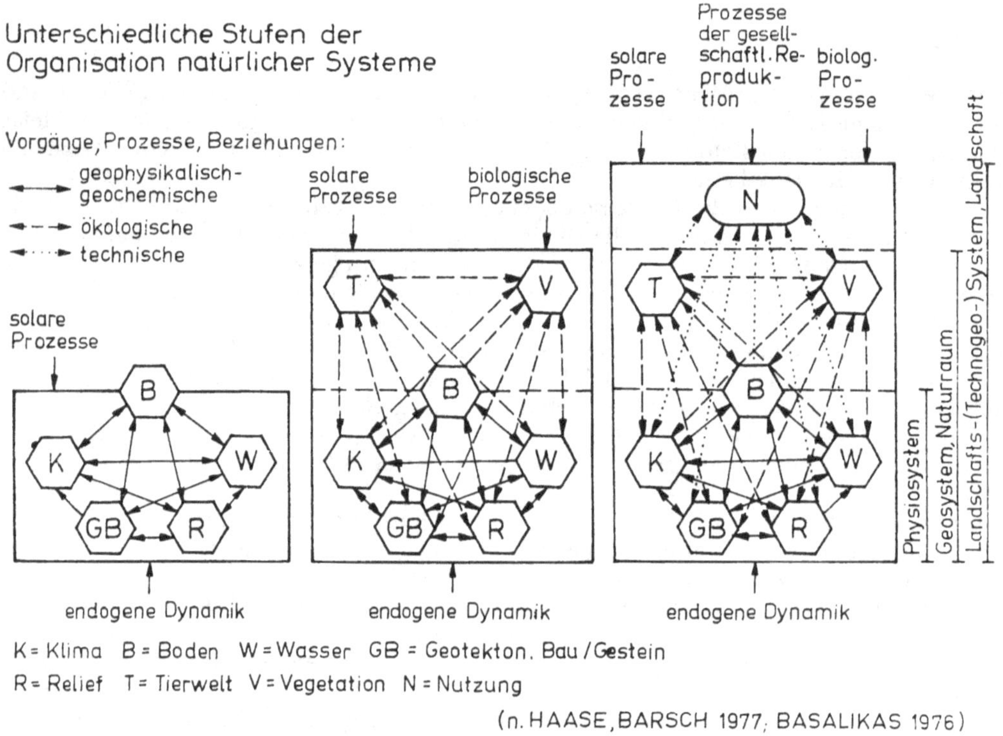

Abb. 1

Es macht sich in diesem Zusammenhang erforderlich, den Inhalt des Geosystembegriffs zu erläutern, wobei wir ihn deutlich von dem des „Ökosystems" abgrenzen wollen. Obwohl sich die Inhaltsstrukturen beider Begriffe stark ähneln (Abb. 2), sind doch die Beziehungen im Ökosystem vorzugsweise von den Elementen der Umwelt (z. B. Klima, Wasser, Relief, Boden, Gestein/Bau) auf das Hauptelement Bios gerichtet. Die Ökosystem-Analyse versteht sich also mehr oder weniger biozentrisch mit einem besonderen Akzent auf trophische Beziehungen und Nahrungsketten. Beim „Geosystem" ist dagegen die gleichberechtigte Anerkennung aller Elemente und Beziehungen charakteristisch (vgl. [6]; [21]), wobei entwicklungsbedingt die Integration von der einfachen abiotischen Stufe der Organisation ausging und mit fortschreitender Evolution auch die biotische und technogene Seite mit umfaßte [3] (Abb. 1).

Im Zusammenhang mit der zunehmend intensiveren Naturnutzung wurde in den letzten 20 Jahren ein qualitativer Umschlag im Stoffwechselprozeß zwischen Natur und Mensch eingeleitet. [22] Damit erlangen auch ökologische Probleme in der gesellschaftlichen Entwicklung wachsende Bedeutung und reflektieren sich in der Wissenschaft.

Die genannten ökologischen Probleme resultieren u. a. aus der heute immer offensichtlicher werdenden Begrenztheit bestimmter natürlicher Potentiale und Ressourcen, aus der anthropogenen Beeinflussung der natürlichen Produktions- und Lebensgrundlagen der Gesellschaft fast schon in globalem Maße, aus der zunehmenden Einbeziehung nicht nur einzelner Seiten, sondern des gesamten Naturhaushalts in den Stoffwechselprozeß zwischen Mensch und Natur, aus der Überforderung des Leistungsvermögens der Natur (z. B. der natürlichen Regeneration und Selbstreinigung) und aus der immer häufiger und auf immer größeren Flächen zu beobachtenden Langzeitwirkung anthropogener Einflüsse auf den Naturhaushalt (vgl. auch [15]).

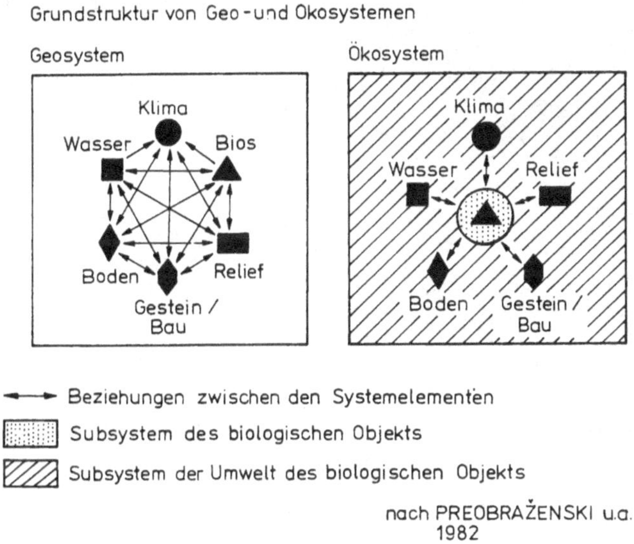

Abb. 2

Die Physische Geographie, die sich im Verlaufe vieler Jahrzehnte disziplinär in eine Reihe nur lose miteinander verbundener bzw. auch bereits verselbständigter Teildisziplinen entwickelte, hat heute aus der intensivierten Naturnutzung mit ihren landschaftlichen Folgewirkungen die Notwendigkeit einer ganzheitlichen, auf die Erfassung landschaftlicher Größen ausgerichteten Erforschung der uns umgebenden objektiven Realität „Landschaft“ abgeleitet. [17] Sie entwickelte zu diesem Zweck die Landschafts- bzw. Geoökologie, die sich als geographische Haushaltlehre mit den Gesetzmäßigkeiten des Baus, der Funktionsweise, der Dynamik und Evolution von Geosystemen bzw. von Landschaften aller Dimensionsstufen beschäftigt. Damit versucht sie, qualitativ und quantitativ die Wechselbeziehungen zwischen den verschiedenen Komponenten landschaftlicher Komplexe aufzudecken, Stoff- und Energiehaushalte zu erfassen und Bilanzen für Landschaftsräume unterschiedlicher Größe zu erarbeiten sowie Prinziplösungen zur Entwicklung funktionsfähiger technogener Landschaften zu finden. Damit geht diese Zielstellung heute bedeutend weiter als sie seinerzeit Neef [16] mit einer „naturwissenschaftlichen Vertiefung“ unserer Landschaftskenntnis umriß.

Unter Bezugnahme auf Lüdemann u. a. [15] stehen gegenwärtig folgende Aufgaben vor der Geoökologie:

1. Anwendung von Systemanalyse und mathematischer Modellierung bei der Erfassung von strukturellen und funktionellen Zusammenhängen in Geosystemen,
2. Entwicklung von Theorien zur planmäßigen Steuerung von Naturprozessen, zur rationellen Nutzung von Naturressourcen und zur weiteren Gestaltung der natürlichen Umwelt,

3. Untersuchung des Haushalts von Landschaften unterschiedlicher Dimensionsstufen und verschiedenartiger Nutzung in ihrer Bedeutung für die Entwicklung der natürlichen Lebens- und Produktionsgrundlagen der Gesellschaft,
4. Aufdeckung des Ursache-Wirkung-Komplexes von natürlichen und gesellschaftlich bedingten Energie- und Stoffflüssen und die Erkundung ökologischer Funktionsprinzipien in intensiv genutzten Territorien,
5. Erarbeitung von Instrumentarien, Methoden und Verfahren zur meßtechnischen Erfassung, planmäßigen Nutzung und zur Steuerung von Naturprozessen (besonders Langzeitbeobachtungsprogramme unter Einbeziehung automatisierter Geländedatenerfassung und -verarbeitung; umfassende Anwendung von Methoden der Geofernerkundung u. a.).

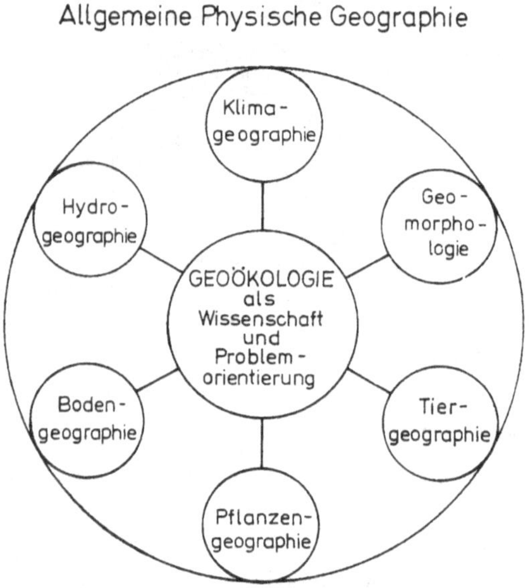

Abb. 3

Wie ist unter dem Aspekt des eben Gesagten die Position der Geoökologie sowohl innerhalb der Physischen Geographie als auch in Beziehung zu anderen ökologisch arbeitenden Geowissenschaften zu umreißen? Die Geoökologie stellt unserer Auffassung nach im Rahmen der vorzugsweise komponentenbezogen arbeitenden, auf einzelne Teilsphären der geographischen Hülle ausgerichteten Physischen Geographie letztlich die synthetisierende „Komplexe Physische Geographie“ dar (Abb. 3), der zugleich auf Grund ihres komplexen Charakters die bewußte Stärkung des Zusammenhalts der geographischen Wissenschaften, die Festigung bzw. der Aufbau von Querverbindungen zu anderen Wissenschaften, also die interdisziplinäre Zusammenarbeit sowie der Praxisbezug immanent ist. Im Wirksamwerden der genannten Faktoren betrachten wir einen nicht zu übersehenden Aspekt der Intensivierung der physisch-geographischen Forschung. Die Geoökologie wird deshalb als der Kern der Allgemeinen Physischen Geographie angesehen. Sie hat in den letzten 20 Jahren die spezifisch geoökologische Betrachtungsweise immer mehr vertieft und ist gegenwärtig auf dem besten Wege, sich als eigenständige physisch-geographische Teildisziplin [13] zu entwickeln. Das geht einher mit der schrittweisen Errichtung eines Theoriengebäudes und mit der Ableitung von Strategien einer praxisorientierten geoökologischen Umweltforschung und prognostischen Umweltnutzung. [18] Damit scheinen sich sowohl eine „Theoretische“ als auch eine „Angewandte Geoökologie“ zu etablieren. Die Institutionalisierung drückt sich aus in der Besetzung von Lehrstühlen, in der Fixierung nicht nur von Forschungs-, sondern auch von Ausbildungsgegenständen, in der Schaffung spezieller Publikationsorgane und wissenschaftlicher Gesellschaften. Diese Tendenz ist mit einem Methodenausbau verbunden [2], wobei sich künftig insbesondere neue Geländedatenerfassungsverfahren für die geoökologische Prozeßforschung erforderlich machen. Die traditionellen physisch-geographischen Teildisziplinen, die ebenfalls von einem ökologischen Ansatz ausgehen (oder ausgehen könnten!), haben sehr enge Bezüge zur Geoökologie, wobei sie selbst mehr und mehr von dieser formiert werden.

Da geoökologische Probleme vitale Interessen der Gesellschaft berühren, erweisen sich geoökologische Forschungsaspekte als äußerst zukunftsträchtig. Die sich bisher abzeichnenden Anforderungen der Gesellschaft an die Geoökologie setzen in der Tendenz ein Zusammengehen und Verflechten nicht nur physisch-geographischer Teildisziplinen, also von Wissenschaften mit Bindungen an räumliche Beziehungen, sondern auch anderer Wissenschaften voraus (z. B. der Geowissenschaften, die entweder einfache Kausalverbindungen oder bereits integrierte Teilsysteme untersuchen, der Basiswissenschaften wie Mathematik, Physik, Chemie, aber auch der Technik- und Gesellschaftswissenschaften). Für die Weiterentwicklung der Geoökologie zeichnen sich gegenwärtig zwei Möglichkeiten ab: erstens die disziplinäre Weiterentwicklung im traditionellen System der geographischen Wissenschaften und zweitens die Weiterentwicklung auf kooperativer, problemorientierter Basis, allerdings unter weitgehender Vermeidung aller bisher aufgetretenen Probleme und negativen Aspekte einer organisierten interdisziplinären Zusammenarbeit.

Literatur

[1] Barsch, H.: Landschaftskundliche Aspekte des Geosystem-Konzepts. — Wiss. Z. Päd. Hochsch. Potsdam **22** (1978) 3, S. 335—341.

[2] Barsch, H., Billwitz, K.; Scholz, E.: Labormethoden in der Physischen Geographie. — Gotha: 1983 (im Druck).

[3] Basalikas, A.: Antropogenizirovannyi landšaft — vysšaja stupen' geosistemnoj organizacii. In: Geographia Lituanica. — Vilnius: 1976, S. 179—185.

[4] Billwitz, K.: Methodische Probleme der Erkundung der technisch überprägten Landschaftsstruktur. — Wiss. Z. Univ. Halle **XXVII** (1979) M 5, S. 113—123.

[5] Busch, K.-F.; Uhlmann, D.; Weise, G.: Ingenieurökologie. — Jena: 1983.

[6] Haase, G.: Ziele und Aufgaben der geographischen Landschaftsforschung in der DDR. Geogr. Berichte, Gotha/Leipzig **82** (1977) 1, S. 1—19.

[7] Haber, W.: Landwirtschaftliche Bodennutzung aus ökologischer Sicht, Daten und Dokumente zum Umweltschutz 30. — Hohenheim: 1980.

[8] Haeckel, E.: Generelle Morphologie der Organismen. Bde. 1/2. — Berlin: 1866.

[9] Isačenko, A. G.: Predstavlenije o geosisteme v sovremennoj fizičeskoj geografii. — Izvestija VGO, Leningrad **113** (1981) 4, S. 297—306.

[10] Klink, H.-J.: Geoökologie und naturräumliche Gliederung — Grundlagen der Umweltforschung. — Geogr. Rundschau **24** (1972) 1, S. 7—19.

[11] Klink, H.-J.: Geoökologie — Zielsetzung, Methoden und Beispiele. — Verh. Ges. f. Ökologie, Erlangen 1974, S. 211—222.

[12] Leser, H.: Das Problem der Anwendung von quantitativen Werten und Haushaltsmodellen bei der Kennzeichnung natürlicher Raumeinheiten mittlerer und großer Dimensionen. — Vorträge 38. Dt. Geographentag Erlangen-Nürnberg 1971, „Biogeographica", Bd. I. — The Hague: 1972, S. 133—164.

[13] Leser, H.: Zum Konzept einer Angewandten Physischen Geographie. — Geogr. Zeitschrift, Wiesbaden **61** (1973) 1, S. 36—46.

[14] Leser, H.: Landschaftsökologie. Uni-Taschenbücher 521. — Stuttgart: 1976.

[15] LÜDEMANN, H., u. a.: Beitrag der Geowissenschaften zur Bearbeitung und Lösung ökologischer Probleme (Geoökologie). Manuskript, Inst. f. Geogr. u. Geoökologie d. AdW. – Leipzig: 1982.
[16] NEEF, E.: Die Stellung der Landschaftsökologie in der Physischen Geographie. Geogr. Berichte Gotha/Leipzig 7 (1962) 25, S. 349–356.
[17] NEEF, E.: Die theoretischen Grundlagen der Landschaftslehre. – Gotha/Leipzig 1967.
[18] NEEF, E.: Geographie und Umweltwissenschaft. Peterm. Geogr. Mitt., Gotha **116** (1972), S. 81–88.
[19] NEEF, E.: Arbeitsteilung als Ordnungsprinzip der geographischen Wissenschaft. Peterm. Geogr. Mitt., Gotha **126** (1982) 2, S. 119–124.
[20] NEEF, E.: Geographie – einmal anders gesehen. Geogr. Zeitschrift, Wiesbaden **70** (1982) 4, S. 241–260.
[21] PREOBRAŽENSKIJ, V. S., u. a.: Ochrana landšaftov. Tolkovyi slovar'. – Moskva: 1982.
[22] SIDORENKO, A. V.: Čelovek, technika, zemlja. – Moskva 1967.
[23] TROLL, C.: Luftbildplan und ökologische Bodenforschung. – Z. Ges. f. Erdkunde, Berlin (1939), S. 241–311.
[24] UHLMANN, A.: Forschung im Spannungsfeld einzelwissenschaftlicher und interdisziplinärer Ansprüche. – Wiss. Z. KMU Leipzig, Math.-Nat. R. **28** (1979) 6, S. 667–671.

Schriftenr. geol. Wiss. · Berlin 24 (1985) · S. 69–74

Die Wissenschaft Geologie und ihre Bedeutung für die Umgestaltung der Natur

Von A. A. ALI-ZADE und AD. A. ALIEV (Baku)

In der gegenwärtigen Epoche des wissenschaftlich-technischen Fortschritts wird es immer deutlicher, daß Forschungen nur dann richtig organisiert und sämtliche Vorzüge, die das sozialistische System für die Entwicklung der Wissenschaft geschaffen hat, genutzt werden können, wenn die Gesetze der Wissenschaftsentwicklung erkannt werden. Die Wissenschaft von heute folgt nicht mehr nur einfach dem Fortschritt der Technik; sie überholt ihn und wird zur führenden Kraft in der materiellen Produktion. In der Gegenwart nimmt der Einfluß der Wissenschaft und insbesondere auch der geologischen Wissenschaft auf das Leben der Gesellschaft ständig zu. Die Wissenschaft durchdringt sämtliche Bereiche des gesellschaftlichen Lebens. Dadurch wird auch eines der aktuellsten Probleme unseres Jahrhunderts berührt, das Problem der Wechselwirkung zwischen Gesellschaft und Natur.

Die Natur und ihre Reichtümer bilden bekanntlich die natürliche Grundlage für die erfolgreiche Entwicklung der Produktivkräfte eines Landes. Jahrhundertelang nahm der Mensch der Natur ihre Reichtümer, er nutzte alle verfügbaren natürlichen Ressourcen. Dies konnte jedoch nicht endlos so weiter gehen. In der Vergangenheit konnte die Natur die Folgen des menschlichen Eingreifens bis zu einem bestimmten Grade selbst ausgleichen. Unter den Bedingungen der wissenschaftlich-technischen Revolution hat aber eine qualitativ neue Etappe im Zusammenwirken von Natur und Gesellschaft eingesetzt.

Indem der Mensch das Antlitz der Erde umgestaltet und aktiv auf die Natur einwirkt, zerstört er das in geologischer Zeit entstandene Gleichgewicht der Natur. Außerdem hat der gewaltige, ständig steigende Umfang der Produktion eine verstärkte Nutzung der natürlichen Ressourcen durch die Gesellschaft hervorgerufen. Der Fortschritt der Menschheit, der durch die mächtige Entwicklung der Produktivkräfte bedingt wurde, hat vor allem zu einer globalen Einwirkung auf die Natur geführt. Die Luftverschmutzung ist in unvergleichlicher Weise angestiegen; das gilt auch für die Wasserbecken und andere natürliche Systeme auf der Erde.

Deshalb besteht heute ernsthaft wie nie zuvor die Notwendigkeit, die Wechselbeziehungen zwischen Mensch und Natur zu untersuchen. Und es ist an der Zeit, daß die Menschheit wirksame Maßnahmen ergreift, um die Umwelt zu schützen, die natürlichen Ressourcen wierderherzustellen und sie zweckmäßig zu nutzen.

Die bereits seinerzeit vorhandenen negativen Folgen der Wechselbeziehungen zwischen Gesellschaft und Natur veranlaßten KARL MARX vor mehr als 100 Jahren zu der Feststellung, „daß die Kultur – wenn naturwüchsig fortschreitend und nicht bewußt beherrscht ... Wüsten hinter sich zurückläßt ...“ [9]. Nun, das Leben hat die Berechtigung dieser Worte anschaulich bestätigt.

Das Eingreifen des Menschen in das natürliche Milieu widerspiegelt sich in der Literatur der dreißiger Jahre in solchen Termini wie „Technogenese“, „Technosphäre“ (A. E. FERSMAN) [7], „Noosphäre“ und „Sphäre des Verstandes“ (V. I. VERNADSKIJ) [1]. Der Mensch wird zum entscheidenden Faktor in der Entwicklung der Biosphäre, darunter auch der Lithosphäre. Bereits 1934 hat V. I. VERNADSKIJ diesen Gedanken in folgenden Worten ausgedrückt: „Die unberührte Natur verschwindet“.

Unter sozialistischen Bedingungen treten diese Probleme nicht in solcher Schärfe auf wie in den kapitalistischen Ländern, da die Maßnahmen zur vernünftigen Nutzung der Natur und zum Umweltschutz gesamtstaatlichen Charakter tragen.

Die intensive Einwirkung des Menschen auf die Lithosphäre in den letzten 20 bis 30 Jahren führte zu dem Begriff vom geologischen Milieu als einem Bestandteil der natürlichen Umwelt. Der Terminus „geologisches Milieu" wurde von A. V. Sidorenko in den sechziger Jahren vorgeschlagen. [3] Das Milieu, das den Menschen umgibt, bildet den Forschungsgegenstand der geographischen Wissenschaften. Das geologische Milieu — es umfaßt das Oberflächenrelief, die Gesteine, die unterirdische Hydrosphäre sowie die geologischen Prozesse und Erscheinungen — hingegen muß von den geologischen Wissenschaften untersucht werden. Damit sind ihr neue aktuelle Aufgaben gestellt. Neben der Feststellung und Erschließung von Rohstoffressourcen gehört die Untersuchung der Erdrinde als Milieu des Wohnens und der Tätigkeit des Menschen zu ihren wichtigen Arbeitsgebieten.

Im Zeitalter der wissenschaftlich-technischen Revolution hat sich das Verhältnis der Gesellschaft zur Natur grundlegend gewandelt. Einerseits hat sich die Gesellschaft über die elementaren Gewalten der Natur erhoben, andererseits geriet die Zukunft der menschlichen Gesellschaft in eine bestimmte Abhängigkeit vom Charakter ihrer Wechselbeziehungen zu den Kräften der Natur. Daher ist die Aufgabe zu lösen, das Zusammenwirken zwischen Gesellschaft und Natur zu steuern. Es geht dabei um eine wissenschaftlich begründet und bewußte Lenkung dieses Prozesses, wobei die Vielfalt der Beziehungen zwischen Gesellschaft und Natur zu berücksichtigen sind.

In dem Begriff „Natur" sind zwei Aspekte enthalten: Die eine Seite der Natur — die „natura" nach M. V. Lomonosov — umfaßt die belebte und die unbelebte Natur, wie sie ohne Beteiligung des Menschen entstanden ist. Die zweite Seite beinhaltet das durch den Menschen Geschaffene, all das, was seine Tätigkeit und sein Verstand hervorgebracht haben: Kanäle, Staudämme, Wasserkraftwerke und Städte. Diese großartigen Anlagen — Ergebnis der menschlichen Tätigkeit — bezeichnete Maxim Gorki bildhaft als „zweite Natur". Die Aufgabe des Menschen besteht nun darin, eine Koexistenz zwischen der „Natur" und der „zweiten Natur" zu erreichen dergestalt, daß die bewußte Umgestaltung der Natur mit ihren ewigen Gesetzen harmoniert.

Im Zusammenwirken des Menschen mit seiner natürlichen Umwelt können zwei Besonderheiten von prinzipieller Bedeutung beobachtet werden. Die eine ist dadurch charakterisiert, daß der Mensch die Natur auszehrt, wenn er ihre Ressourcen übermäßig intensiv nutzt. Wenn er andererseits die Natur einseitig ausbeutet, schwächt er ihre Fähigkeiten, das gestörte Gleichgewicht wiederherzustellen. In dieser Hinsicht lassen sich nach Meinung von P. L. Kapica drei Hauptaspekte unterscheiden, nämlich erstens der technisch-ökonomische Aspekt, der sich auf die Erschöpfung der natürlichen Ressourcen der Erde bezieht; zweitens der ökologische Aspekt, der mit dem biologischen Gleichgewicht zwischen Mensch und belebter Natur zusammenhängt, und drittens der sozialpolitische Aspekt. Auch hierbei nimmt die soziale Signifikanz der geologischen Wissenschaften beträchtlich zu. Der Tätigkeitsbereich des Menschen beeinflußt das Leben der Gesellschaft in immer größerem Maße.

In unserer Zeit wird die Einwirkung des Menschen auf die Lithosphäre immer vielgestaltiger und so bedeutungsvoll, daß sie mit dem Wirken natürlicher geologischer Prozesse verglichen werden kann. Treffend bemerkte hierzu V. I. Vernadskij: „Die Menschheit wird als Ganzes genommen zu einer mächtigen geologischen Kraft". Jährlich werden aus dem Schoß der Erde gewaltige Mengen von Gesteinen, Erdöl, Erdgas und Wasser gewonnen. Es werden große Wohngebäude und Industrieanlagen gebaut und komplizierte hydrotechnische und andere technische Objekte errichtet. Künstliche Speicher werden in und auf der Erde geschaffen und in großer Menge Industrieabfälle beseitigt. Der Mensch hat 56% der Oberfläche des Festlandes erschlossen und beutet es aus. Die menschliche Tätigkeit hat wahrhaft gigantische Ausmaße angenommen.

Zur Veranschaulichung führen wir einige Beispiele an: Gegenwärtig werden in der Welt rund 400 Arten mineralischer Rohstoffe gewonnen. Der Mensch dringt immer tiefer in das Erdinnere ein. Die übertiefe Bohrung auf der Halbinsel Kola hat bereits eine Teufe von 11 km erreicht, und in Saatly (Aserbaidshan) sind es mehr als 8 km. Durch Tagebaue wird eine Tiefe von 1 km, durch die Goldgruben in Südafrika und Indien bereits eine Tiefe von 4 km erreicht. Die Menschheit gewinnt jährlich mehr als 2 Mrd. t Kohle und Erdöl sowie 600 Mill. t verschiedene Nichterze. Aus dem Erdinnern werden jährlich rund 20000 km³ Wasser entnommen. Man bestimmt den Umfang der Bergbauarbeiten allein in der UdSSR mit 3 Mrd. m³. In den letzten Jahren wurden in den USA mehr als 500 unterirdische Speicher für Erdöl und Gas angelegt. Gegenwärtig sind in sämtlichen Ländern der Welt mehr als 13000 künstliche Wasserstaubecken in Nutzung, die Länge ihrer Ufer erreicht allein in der Sowjetunion 33000 km.

Die geologische Aktivität des Menschen führt selbstverständlich zu einer Veränderung der Umwelt. So werden im Prozeß der Gewinnung und Verarbeitung mineralischer Rohstoffe chemische Elemente transportiert und verteilt, was aber zu einer Störung des natürlichen Gleichgewichts führt. Ausgedehnte Grubenbaue sowie die Förderung von Kohle, Erdöl, Erdgas und Wasser aus dem Erdinnern führen zu Veränderungen in der Erdkruste. Andere Beispiele für die beginnende globale Einwirkung des Menschen auf die Lithosphäre sind die Anwendung seismischer Methoden bei der Suche nach Bodenschätzen und die Sprengarbeiten beim Bau von künstlichen Staubecken, Straßen und anderen Objekten.

Enorme Ausmaße hat die Verschmutzung des natürlichen geologischen Milieus angenommen. Das technisch bedingte Auftreten chemischer Verbindungen (rund 12000) in der Umwelt übertrifft 10- bis 100mal ihr natürliches Auftreten (beispielsweise beim Vulkanismus usw.). In die Gewässer werden jährlich rund 600 Mrd. m³ Industrie- und andere Abwässer abgeleitet. In einem Jahr werden 800 Mrd. t Brennstoffe verbrannt, wobei die Atmosphäre mit rund 20 Mrd. t Kohlendioxid belastet wird. Der Schutz der Umwelt gehört daher gegenwärtig zu den vorrangigen und dringlichsten Aufgaben, die der Menschheit gestellt sind. Derartige Beziehungen zwischen Mensch und Natur können zu einer irreversiblen Störung des dynamischen Gleichgewichts führen, das sich im Laufe von vielen Jahrmillionen herausgebildet hat.

Die in den meisten Fällen nicht kontrollierte, spontane Beeinflussung der Lithosphäre durch den Menschen fügt der Natur wie der Wirtschaft der Gesellschaft ernsten Schaden zu; sie ist die Ursache für die Verschmutzung der Umwelt. Bereits FRIEDRICH ENGELS hat in seiner „Dialektik der Natur" auf die negativen Erscheinungen in den Wechselbeziehungen zwischen Mensch und Umwelt hingewiesen, die in einer Zerstörung und Vernichtung der Natur zum Ausdruck kommen. [10]

Zu den besonders wichtigen ökonomischen Problemen der Menschheit gehört das Problem der wissenschaftlich begründeten Nutzung der natürlichen Ressourcen, vor allem jener mineralischen Rohstoffe, die Grundlage der industriellen Entwicklung sind. Es kann festgestellt werden, daß die erkundeten mineralischen Rohstoffvorräte es gestatten, die Bedürfnisse der Weltproduktion für das kommende Jahrhundert zu befriedigen. Die Sowjetunion nimmt, gemessen an ihren Vorräten an den wichtigsten Arten mineralischer Rohstoffe (Kohle, Eisenerz, Erdgas u. a.), den ersten Platz in der Welt ein. Wie groß aber auch die sowjetischen Vorräte an mineralischen Rohstoffen sein mögen — wir müssen dennoch die rationellsten Wege zu ihrer Gewinnung und sparsamen Nutzung finden.

In der Sowjetunion werden neue effektive Verfahren und Systeme zum Abbau der mineralischen Rohstoffe eingeführt, ebenso neue moderne technologische Prozesse mit einer vollständigeren Nutzung der mineralischen Rohstoffe. Eine im Hinblick auf die rationelle Nutzung der Natur außerordentlich wichtige Aufgabe ist die vollständige, verlustlose Gewinnung der Rohstoffe, die Steigerung ihres Nutzungsgrades und ihrer komplexen Nutzung. Es darf nicht vergessen werden, daß die Bodenschätze Rohstoffe sind, die nicht ergänzt werden können und deren Vorräte nicht unbegrenzt sind. Unsere Aufgabe besteht darin, das Problem der Nutzung und Wiedergewinnung der natürlichen Ressourcen sorgsamer zu behandeln.

Gegenwärtig ist wie nie zuvor in der ganzen Welt mit aller Schärfe die Drohung zu spüren, daß sich die natürlichen Ressourcen erschöpfen und die Lebensbedingungen der Menschheit verschlechtern werden. Der Ernst des Problems der Beziehungen zwischen Mensch und Natur zeigt sich darin, daß es immer mehr Prognosen gibt, wonach diese Prozesse zunehmen. Bereits heute muß sich die Menschheit ernstlich Gedanken über die Zukunft machen, darüber, wie die Welt Ende unseres Jahrhunderts, vor und nach dem Jahre 2000, aussehen wird, und zwar nicht nur unter sozialem Aspekt, sondern auch im Hinblick auf die Versorgung der Produktivkräfte mit Naturstoffen. Dabei ist zu berücksichtigen, daß die geologische Tätigkeit des Menschen, die auf das Wohl der Gesellschaft gerichtet ist, durch Unüberlegtheit häufig zu schädlichen Nebenerscheinungen führt, die der Volkswirtschaft schaden sowie dem Schutz und der sinnvollen Nutzung der natürlichen Ressourcen entgegenstehen. Eine Reihe von Wissenschaftszweigen, darunter auch die geologische Wissenschaft, muß ihre theoretischen Grundlagen und die praktische Orientierung der Forschungsarbeiten überprüfen, um die Effektivität der Erkundung und der zweckmäßigen Nutzung der natürlichen Ressourcen zu erhöhen. Daraus ergibt sich auch die große Bedeutung der geologischen und geochemischen Analyse für die Tätigkeit der Menschheit sowie die Notwendigkeit, die Folgen der menschlichen Tätigkeit bei der Umgestaltung der natürlichen Umwelt wissenschaftlich zu voraussehen. All diese Fragen tragen selbstverständlich weltumspannenden Charakter. Es gibt viele Objekte, die von der Allgemeinheit, auf der ganzen Erde genutzt werden, so daß ein gegebenes Problem durch die gemeinsamen Bemühungen vieler Länder gelöst werden muß. Der Mensch tritt der Natur — ausgerüstet mit der modernen Technik — entgegen. Er ist verpflichtet, auch die Natur technisch auszurüsten, damit sie sich erneuern und selbst schützen kann. Diese Fragen stehen im letzten Jahrzehnt im Mittelpunkt der Aufmerksamkeit internationaler Organisationen. In der Sowjetunion sind Aufgaben gestellt, die die Probleme der zweckmäßigen Nutzung und des Schutzes des geologischen Milieus lösen sollen. Dabei handelt es sich um Probleme, die sich bei der Gewinnung von Bodenschätzen sowie bei der Ausführung der verschiedensten Bauarbeiten, wie Städtebau, Industriebau und Verkehrsbau, ergeben.

In unserem Land ist viel getan worden, um die Quellen der Verschmutzung der Luft, des Flächen- und des Meereswassers mit Reinigungsanlagen auszurüsten. In der Industrie werden in großem Umfang Anlagen zur Wiederaufbereitung und Nutzung des Wassers im geschlossenen Kreislauf eingesetzt. Eine staatliche Kontrolle und eine strenge Aufsicht überwachen die Einhaltung der Gesetze zum Naturschutz durch die Betriebe und Einrichtungen.

Mit jedem Jahr wird es immer notwendiger, die Planung der Nutzung der Natur und der Naturschutzmaßnahmen zu vervollkommnen. Es ist offensichtlich an der Zeit, ein einheitliches gesamtstaatliches System zur Lenkung der Nutzung, des Schutzes und der Wiedergewinnung der natürlichen Ressourcen einzuführen. Eine nicht geringe Bedeutung kommt in diesem Zusammenhang der Aufklärung und Erziehung der Massen, der Erziehung zu einer sorgsamen, ökonomischen Einstellung zur natürlichen Umwelt zu.

Nach vorliegenden Berechnungen sind die Einsparungen bei Verhinderung von Schäden infolge Verschmutzung meist höher als die Ausgaben, die für solche Schutzmaßnahmen notwendig sind. Das erfordert ständige Sorge, ein hohes Verantwortungsbewußtsein für die Reinhaltung des uns umgebenden geologischen Milieus. Naturschutz heißt nicht, die Natur unberührt zu lassen, sondern sie zweckmäßig und bewußt umzugestalten, die natürlichen Ressourcen sachkundig auszubeuten usw.

Die Kombination von Projekten zur Umgestaltung der Natur mit Projekten für den Naturschutz sind daher ein Teil des Zusammenwirkens von Gesellschaft und Natur, das sozialökonomischen, ja sogar sozialpolitischen Charakter trägt.

Wie A. A. Trofimuk bemerkt, hat sich die geologische Erforschung der Oberfläche unseres Planeten im Zeitalter der wissenschaftlich-technischen Revolution stark entwickelt. Dabei sind mit Oberfläche nicht nur die Kontinente, sondern auch die Ozeane und der nahe kosmische Raum gemeint. Forschungsgegenstand der Geologie ist nicht nur die Erdkruste, sondern der ganze Planet. [6]

Die Entwicklung der geologischen Wissenschaft ist bekanntermaßen nicht unwesentlich durch die Bedürfnisse der gesellschaftlichen Produktion bedingt. Diese Bedürfnisse stellen auch der Wissenschaft qualitativ neue Aufgaben, und zwar insbesondere in der Entwicklung der Grundlagenforschungen, ohne die der weitere wissenschaftlich-technische Fortschritt nicht möglich ist.

Für die Entwicklung der modernen Geologie sieht A. L. Janšin sieben Hauptmerkmale. [8] Das wichtigste besteht darin, daß infolge des Übergangs zum Aufsuchen, Erkunden und zum Abbau verborgener Lagerstätten mineralischer Rohstoffe die Bedeutung der modernen Geologie für die Weiterentwicklung der menschlichen Gesellschaft außerordentlich groß wird.

Von den anderen Besonderheiten sind zu nennen: Umfassendes Studium des Bodens der Meere und Ozeane, Abbau von Lagerstätten im Meer, Erschließung des Weltraums, wissenschaftlich-technische Umwälzung auf dem Gebiete der Untersuchung der stofflichen Zusammensetzung der Gesteine, Mineralien und Erze, umfassende Anwendung des Experimentes auf verschiedenen Gebieten der Geologie, Einführung mathematischer Methoden und der maschinellen Datenverarbeitung in die Geologie und schließlich die Anerkennung der qualitativen Evolution der geologischen Prozesse in der Erdgeschichte. Letzteres ist außerordentlich wichtig wegen der großen methodologischen und philosophischen Bedeutung.

Wenn man den Stand der modernen Geologie untersucht und die Spezifik der von ihr heute angewandten Methoden und ihre technische Vervollkommnung analysiert, ist leicht festzustellen, daß in den letzten Jahrzehnten Methoden der Physik, Chemie und Mathematik in ziemlich großem Umfange Eingang in die verschiedenen Zweige der Geowissenschaften gefunden haben.

Im Zeitalter der wissenschaftlich-technischen Revolution haben sich die Geophysik und die Geochemie herausgebildet und entwickeln sich stürmisch. Es erfolgte eine Integration geologischer, geophysikalischer und geochemischer Forschungsarbeiten.

V. V. Tichomirov klassifiziert die gegenwärtige Etappe der theoretischen und der angewandten Geologie wie folgt: Anwendung der Methoden der Physik zur Lösung von Fragen hinsichtlich des Aufbaus und der Zusammensetzung der Tiefenzonen der Erde, von Problemen der Stratigraphie, Paläogeographie und Geotektonik; Anwendung der Ergebnisse der Festkörperphysik und der Elektronik bei der Untersuchung der stofflichen Zusammensetzung natürlicher Verbindungen. Außerdem wird auf die Entwicklung der Geochemie und der Kristallchemie hingewiesen. Anwendung von Methoden der physikalischen Chemie, Einführung mathematischer Methoden in der Geologie, Nutzung vervollkommneter Geräte und technischer Errungenschaften zur Gewinnung geologischer Daten. All das bildete selbstverständlich auch einen entsprechenden Stimulus für den Fortschritt des theoretischen Denkens in der Geologie. [4]

Die geologische Wissenschaft, deren Entwicklung weitgehend durch die Bedürfnisse der gesellschaftlichen Produktion bedingt wurde, muß somit unter den heutigen Bedingungen globale Probleme des Naturschutzes und der Naturnutzung lösen, und zwar insbesondere solche wie Rohstoffprobleme oder Energieprobleme, Erschließung des Kosmos und Nutzung der Weltmeere. Die Wissenschaft ist unter den Bedingungen des Sozialismus, wie es W. I. LENIN vorausgesehen hatte, zu einem unerläßlichen Element unseres gesamten Lebens geworden, unseres Alltags, alle Wunder, alle Errungenschaften der Kultur sind Eigentum des Volkes geworden. [11]

Literatur

[1] VERNADSKIJ, V. I.: Einige Worte zur Noosphäre (russ.). — Uspechi sovremennoj biologii **18** (1944), vyp. 2.
[2] Ohne Verfasserangabe: Ingenieurgeologische Aspekte der rationellen Nutzung und des Schutzes des geologischen Milieus (russ.). — Izd. Nauka, 1981, 220 S.
[3] SIDORENKO, A. V.: Mensch, Technik, Erde (das Studium der Erdkruste als Heim- und Wirkungsstätte des Menschen) (russ.). — Izd. Nedra, Moskva, 1967, 57 S.
Deutsche Übersetzung erschienen in: Z. angew. Geol., **14** (1968), H. 4, 169—176; H. 5, 226—233,; H. 6, 284—290.
[4] TICHOMIROV, V. V.: Wissenschaftlich-technische Revolution und Geologie (russ.). — Izv. AN SSSR, ser. geol., 1972, No. 12.
[5] TOLSTOJ, M. P.: Der Mensch — Umgestalter der Natur. — Izd. Nedra, Moskva, 1975, 77 S.
[6] TROFIMUK, A. A.: Die geologische Wissenschaft in der Epoche der wissenschaftlich-technischen Revolution. — In: Metodologičeskie i filosovskie problemy geologii. — Izd. Nauka, Novosibirsk, 1979, S. 10—15
[7] FERSMAN, A. L.: Geochemie. Bd. 2 (russ.). — Leningrad, ONTI Chimtefet, 1935, 354 S.
[8] JANŠIN, A. L.: Die Entwicklung der Geologie und ihre heutigen Besonderheiten (russ.). — In: Metodologičeskie i filosovskie problemy geologii. — Izd. Nauka, Novosibirsk, 1979, S. 16—33.
[9] MARX, K.: — In: MARX-ENGELS-Werke, Bd. 32, Berlin 1960, S. 53.
[10] ENGELS, F.: Dialektik der Natur. — In: MARX-ENGELS-Werke, Bd. 20, Berlin: 1962.
[11] LENIN, W. I.: Werke, Bd. 35, Berlin 1961, S. 289.

Schriftenr. geol. Wiss. · Berlin 24 (1985) · S. 75—83

Entwicklungstrends anorganischer Materie in der Lithosphäre

Von WOLFGANG KRAMER (Potsdam)

Von V. I. VERNADSKIJ war eindringlich auf die Entwicklung und speziell auf die progressiven Entwicklungsmöglichkeiten der Biosphäre in Wechselwirkung von „lebender" und anorganischer Substanz hingewiesen worden (vgl. z. B. [22]). K. RANKAMA und TH. G. SAHAMA schreiben 1960 in ihrer „Geochemistry" [16]: "its (der Erdkruste) geochemical evolution still continues today" und S. S. AUGUSTITHIS formuliert 1978 [1] aus petrologischer Sicht die Meinung, daß das Prinzip der HUTTONschen Geologie, das Prinzip des Uniformitarismus im Sinne einer zyklischen Wiederholung von Prozessen nicht länger haltbar ist. Die im Konzept des geologischen Zyklus definierte Wiederholung von Prozessen sollte als Teil einer "... unfolding spiral in the sense of successive diverse phases" gesehen werden.

In den letzten 25 Jahren hat dieser Themenkreis unter dem Aspekt der Evolution der Lithosphäre durch eine Vielzahl kaum übersehbarer Detailuntersuchungen einen sehr beachtlichen Erkenntniszuwachs erfahren. Beiträge von vergleichender Planetologie, mariner Geologie und experimenteller bzw. chemischer Petrologie des Erdmantels spielen in diesem Zusammenhang eine wesentliche Rolle.

Entsprechende Untersuchungen sind sehr kostspielig, aber auch für kleinere Länder erforderlich (Ressourcennutzung und deren Nachfolgeprobleme, Standortfragen, allgemeine naturwissenschaftliche Aussagen). Um so mehr Bedeutung haben daher die kooperativen Arbeiten mit der UdSSR und weiteren RGW-Ländern, wobei die Übergabe sehr wertvollen Probenmaterials (Mondboden, Tiefseeproben) durch die AN SSSR und Problemkreise der Zusammenarbeit wie vergleichende Planetologie und Krustenentwicklung kontinental/ozeanisch besonders hervorzuheben sind. Nachfolgend werden einige insbesondere geochemisch-petrologische Ergebnisse und Argumente zu aktuellen Fragen der stofflichen Lithosphärenentwicklung behandelt.

Entwicklungsphasen der Lithosphäre — spezifische geochemisch-petrologische Kennzeichen und stoffliche Trends

Das grobe Schema in Abb. 1 soll wesentliche Entwicklungsphasen der Lithosphäre zusammenfassen. Zugeordnet sind einige geochemische Trends und spezifische, z. T. auch unikale Gesteinsbildungen. Unterschiedlich erklärt, aber allgemein akzeptiert werden grundlegende Phänomene des Frühstadiums (Präarchaikum) wie Impaktschmelzen, Anorthositbildung und Impaktmetamorphose, die nach BARSUKOV [3] synchron zur Akkretion kosmischer Materie auf der wachsenden Erde verliefen und deren Wesen nicht durch aktualistische Studien erfaßbar ist.

U. a. NAQVI [15] und BARSUKOV [3] weisen auf die intensive, erdumspannende Kalium-Metasomatose zwischen 2,4 und 2,8 Md. Jahren hin, die zur Ablösung der Nabetonten Granitbildungen durch K-Granite führte.

Schlüsselbeobachtung für den Nachweis einer generellen Abnahme des Wärmeinhaltes des Erdmantels ist die Entdeckung der Komatiite. Das sind in den archaischen „Grün-

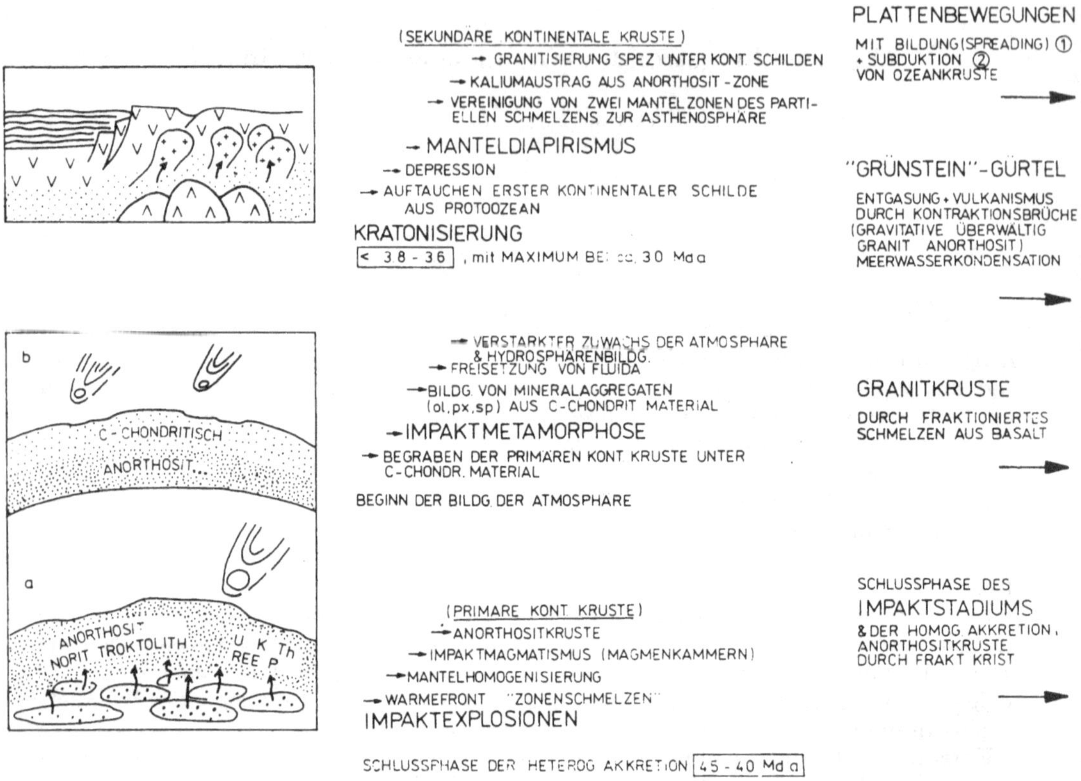

Barsukov 1981 Shaw 1976

Abb. 1. Entwicklungsphasen und stoffliche Trends der Lithosphäre

Der mittlere Teil des Schemas zeigt wesentliche Entwicklungsetappen nach Shaw (1976). Dazu bestehende prinzipiell unterschiedliche Vorstellungen hinsichtlich Entstehung und Geschichte der Anorthositkruste sowie Aussagen über die Kratonisierung und Herausbildung kontinentaler Schilde nach Barsukov [3] werden links in der Abbildung angedeutet.

Die relative Intensität der Lithosphärenbildung (I) nach Dobretsov & Kepezhinscas [5] und stoffliche Trends der Gesamtentwicklung bzw. petrologische Besonderheiten der erdgeschichtlichen Ären sind in der Abbildung rechts schematisiert.

stein"-Gürteln der alten Kontinente neben tholeiitischen Basalten auftretende ultrabasische Effusivgesteine, zu deren Ausschmelzung aus dem Mantel-Peridotit Temperaturen von > 1650 °C erforderlich waren. [2]

Dobretsov & Kepezhinscas [5] verweisen auf das Ausklingen des komatiitischen Vulkanismus und den Beginn der Ausbildung ophiolithischer Gesteinsassoziationen im Übergang zum Proterozoikum als weitere sehr wichtige Zeitmarke.

Wesentliche Argumente zur Evolution der kontinentalen Kruste wurden durch die Untersuchung geochemischer Trends an Sedimentgesteinen beigebracht. Ronov u. Mitarbeiter (u. a. [17], [18]) stellten Elementbilanzen auf, aus denen sich eine systematische Veränderung der Zusammensetzung der Abtragungsedukte unterschiedlichen Alters vom Archaikum an und deren Widerspiegelung in der chemischen Zusammensetzung der sedimentären Bildungen ergibt, wobei Randbedingungen wie ständiges Wachstum der Kontinente und Veränderungen von Hydro- und Atmosphäre berücksichtigt werden. Ronov & Migdisov [18] konstatieren einen generellen Zuwachs von Si, Al, K und anderer Elemente wie der leichten Seltenen Erden (Cer) in der Erdkruste.

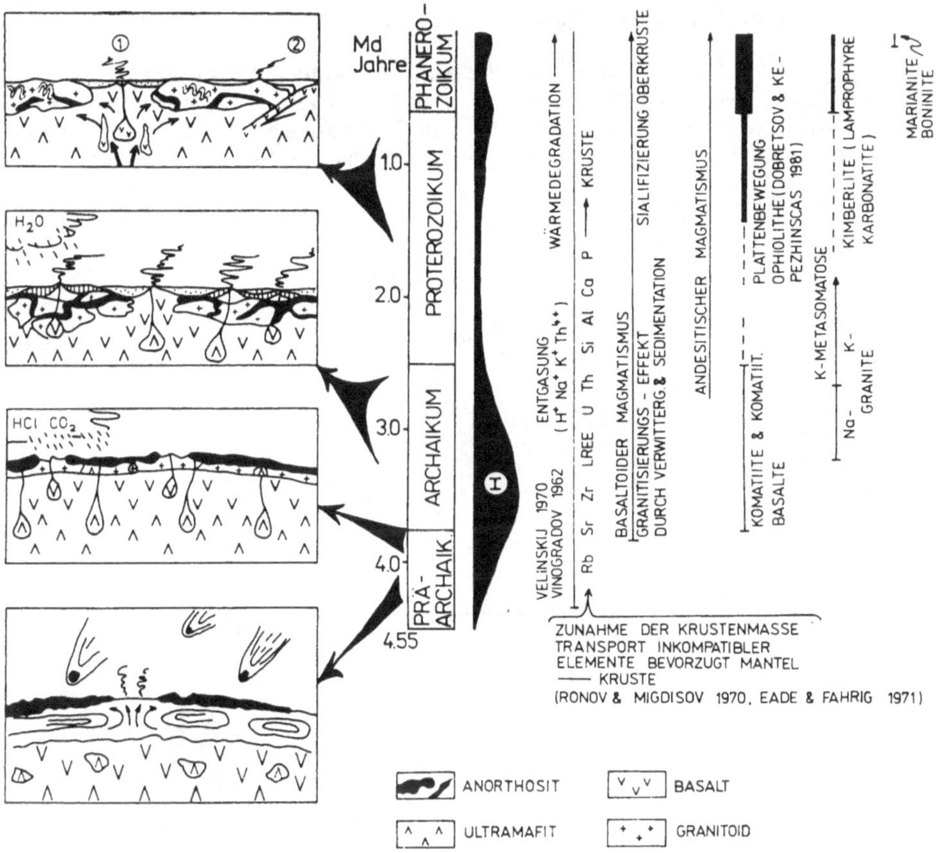

Eade & Fahrig [6] zeigen am Beispiel des Kanadischen Schildes einen analogen Trend für U, Th, Pb, Zn und Ti auf.

Auf die Bedeutung des Silifizierungseffektes bei der Verwitterung selbst basischer und ultrabasischer Edukte für die systematische Chemismusänderung in der Oberkruste weist Augustithis [1] besonders hin.

Mit dem Proterozoikum gewinnt alkalibasaltischer Vulkanismus vor allem auf kontinentaler Kruste Bedeutung und insbesondere mit Beginn des Phanerozoikums treten — wenn auch in für die Gesamtbilanz untergeordneten Mengen — Kimberlite und verwandte Magmatite wie Karbonatite und Lamprophyre auf, mit denen der Trend der Anreicherung großioniger lithophiler Elemente wie leichte Seltene Erden, Hf, Ta, Zr, U, Ba in kontinentalen Magmatit-Serien lokal seinen Höhepunkt erreicht.

Von außergewöhnlichem Charakter sind Gesteine der Marianit-Boninit-Serien, die bei relativ hohem SiO_2-Wert (57 M.-%) bis zu 25 M.-% MgO enthalten. Sie gehören mit häufig tertiärem Alter in die jüngste Entwicklungsphase der Lithosphäre und treten im Bereich der Inselbögen des Westpazifik auf.

Stoffliche Veränderungen im oberen Erdmantel

In Abhängigkeit von den Vorstellungen über die Akkretionsphase der äußeren Planetenhüllen und über deren primäre Differenzierung sind die Ansichten über die frühe Entwicklung des oberen Erdmantels unterschiedlich. Als Ursprungsgebiet vor allem basaltischer (bis ultrabasischer) Magmen verdienen der obere Erdmantel und seine Evolution

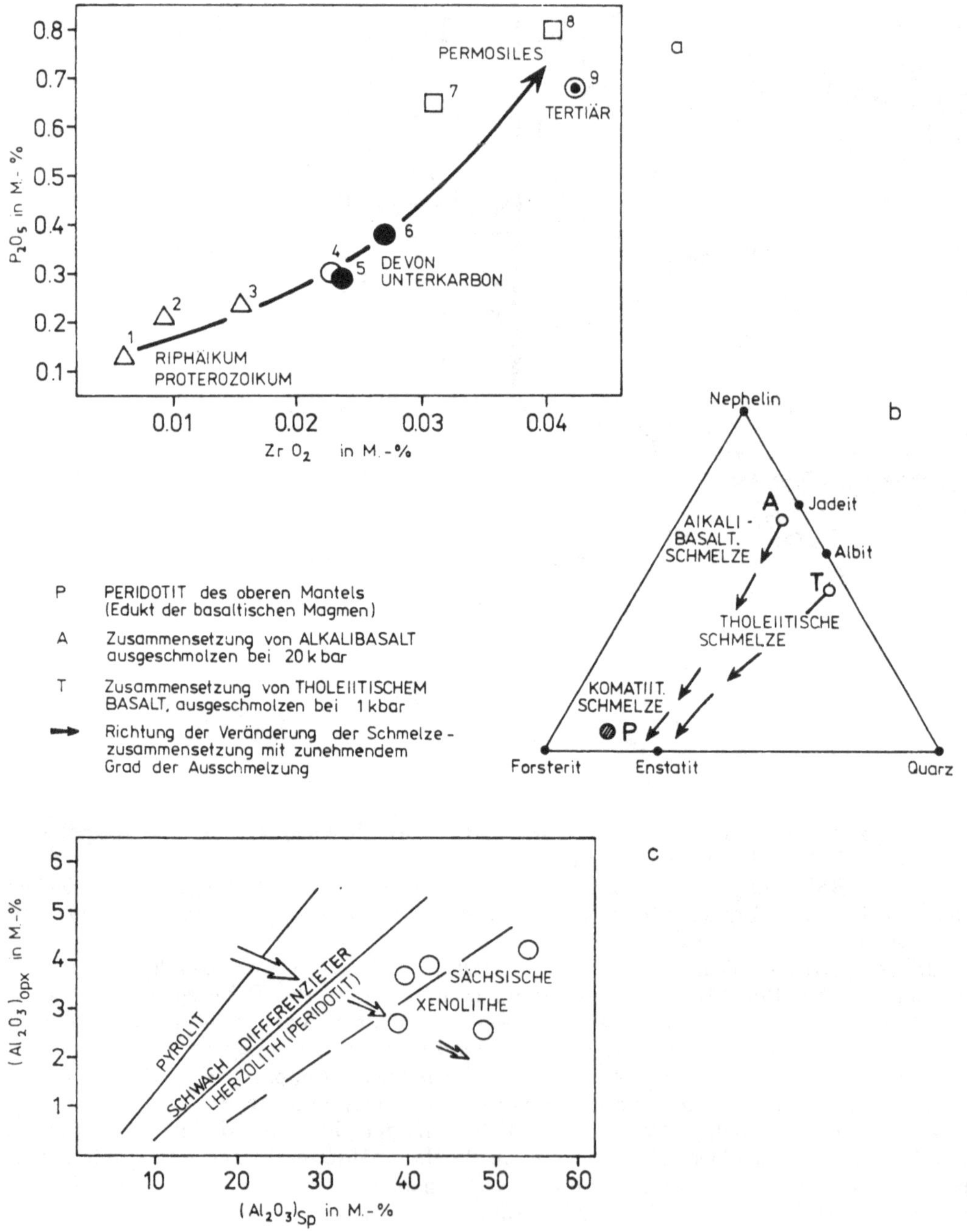

jedoch besondere Aufmerksamkeit. Es ist offensichtlich, daß das partielle Ausschmelzen basaltischer Magmen im oberen Mantel zu Veränderungen in der Zusammensetzung führen muß. Dieser Zusammenhang soll durch das von Kushiro [13] entwickelte Phasendiagramm (Abb. 2b) verdeutlicht werden. Wesentliche Informationen zu diesem Problemkreis vermittelt die stoffliche Zusammensetzung von Einschlüssen (vorwiegend Lherzolith- und Harzburgit-Xenolithe), welche durch basische Tiefenmagmen im Bereich des oberen Mantels aufgenommen und an die Erdoberfläche transportiert werden.

Als wesentliche gerichtete Veränderungen nach dem Präarchaikum werden die Entwicklung des Mantels von einem homogeneren zu einem heterogenen System [10] und die Mantelentgasung [23] angesehen. Nach Velinskij [21] läuft dieser Prozeß, der in tektonisch aktiven Gebieten besonders intensiviert wird, mit einem Abtransport von Ionen des H, Na, K, Th u. a. Elemente sowie ständigen Wärmeverlusten einher.

Aus kristallchemischen Erwägungen ist die bevorzugte Migration inkompatibler Kationen (Kationen, die nicht oder nur sehr untergeordnet in die Hauptkomponenten der Ultrabasite (Peridotit) wie Olivin und Orthopyroxen eingebaut werden) im oberen Mantel und deren Affinität zur Schmelzphase zu verstehen.*)

Nach Jaques & Green [8] stellt der Aluminiumgehalt in Orthopyroxen und Spinell ein Maß für die Differentiation bzw. den Ausschmelzgrad des Mantel-Peridotites dar (Abb. 2c).

Von der primitiven (ursprünglichen) Mantelzusammensetzung (Pyrolit) erfolgt eine Entwicklung in Richtung mehr oder weniger differenzierter („verarmter") Lherzolithe. In dieser Reihe ordnen sich die Lherzolith-Xenolithe des Saxothuringikums zu den relativ stark ausgeschmolzenen Manteledukten. Das in seiner chemischen Zusammensetzung recht variable Xenolith-Spektrum dieses spätvariszisch endgültig kratonisierten Krustenabschnittes Mitteleuropas umfaßt auch metasomatische Typen mit kalireichen, intermediären glasartigen Reaktionsbildungen, die als „Sammler" der o. g. inkompatiblen Elemente im obersten Mantel in Frage kommen. Die Zusammensetzung dieser Elementassoziation ist stärkeren regionalen Schwankungen unterworfen (vgl. [12]).

Abb. 2. Zeitliche Veränderung der chemischen Charakteristik von Basaltformationen und von Ultrabasiten des oberen Mantels und die Beziehung basaltische Schmelze/Manteledukt

a) Zur chemischen Charakteristik von Basaltformationen des Saxothuringikum

Mit der Darstellung der Durchschnittswerte (insgesamt ca. 400 Einzelproben) von P_2O_5 und ZrO_2 werden zwei inkompatible Elemente diskutiert, die sich in Umwandlungsprozessen meist konservativ verhalten und den Ursprungschemismus der Gesteinsschmelzen gut wiedergeben.

1 – Gabbro, Zentralsächsisches Lineament, 2 – Metabasite, Zentralsächsisches Lineament, 3 – Pyroxengranulit, Sächs. Granulitgebirge, 4 – Dolerite, Lausitzer Antiklinalzone, 5 – Diabas, Devon: Ostthüringen, Sachsen, 6 – Spilit, dgl., 7 – Basalte, Zwickauer Becken, 8 – Lamprophyre und Shoshonite, Fichtelgebirgisch-Erzgebirgische Antiklinalzone, 9 – Tertiärbasalte, Sachsen.

Werte für 1–5 und 9 nach Werner [24]

b) Wege des partiellen Schmelzens im System $2MgO \cdot SiO_2$(Forsterit)—$Na_2O \cdot Al_2O_3 \cdot 2SiO_2$ (Nephelin)—SiO_2(Quarz) nach Kushiro [13]

Aus dem peridotitischen Manteledukt (P) wird eine basaltische Schmelze der anfänglichen Zusammensetzung A bei 20 kbar bzw. T bei 1 kbar ausgeschmolzen. Mit Erhöhung des Ausschmelzgrades (d. h. des Anteils der partiellen Schmelze gegenüber dem festen Ultrabasit), der der verfügbaren Wärmemenge proportional ist, verändert sich die Zusammensetzung der Schmelze (in Pfeilrichtung) auf den Enstatit ($MgO \cdot SiO_2$) zu.

c) Das Verhältnis der Al_2O_3-Gehalte in Orthopyroxenen (opx) und Spinellen (sp) aus Lherzolithen als Maß für den Differentationsgrad (Ausschmelzgrad, „Verarmung") des Obermantels

Werte für Pyrolit (anfängliche Mantelzusammensetzung) und differenzierten Lherzolith nach Jaques & Green [8], für Lherzolithe Sachsens nach Seifert u. a. [19]

*) Die Sternchen verweisen auf Nachträge bei Korrektur, s. S. 83.

Geochemischer Trend des basaltoiden Magmatismus im Saxothuringikum

In Abhängigkeit von lateralen Unterschieden in Krustenbau und Mantelzusammensetzung, aber sicherlich auch von der Bildungsteufe der basaltischen Magmen, die möglicherweise in Bezug zu einer fortschreitenden Konsolidierung der Kruste steht, sind für die Basit-Formationen des Saxothuringikums gerichtete Chemismusänderungen anzunehmen (vgl. [11]). Dies wird am Beispiel der P_2O_5- und ZrO_2-Gehalte in Abb. 2a veranschaulicht. Neben dem generellen Trend der Zunahme der Gehalte an inkompatiblen Elementen zu jüngeren Basitformationen hin deuten sich in diesem Untersuchungsgebiet regionale Elementvariationen an, deren Ursache in stofflichen Unterschieden der tieferen Kruste und des obersten Mantels gesehen werden. Kontaminationseffekte durch syenitische Bildungen der Unterkruste sowie die im vorangehenden Abschnitt erwähnten metasomatischen Veränderungen im obersten Mantel können dabei eine Rolle spielen. Ergebnisse der geophysikalischen Tiefenerkundung ergeben ebenfalls Hinweise auf eine laterale Gliederung bis in das Niveau der MOHO-Zone.

Das Fehlen von Indikationen der MOHO in stofflich anomalen Gebieten (z. B. Ostteil der Erzgebirgischen Antiklinalzone) kann mit einer stofflichen „Überarbeitung" dieses Grenzbereiches zwischen Obermantel und Kruste im Zusammenhang mit dem Substanztransport Mantel/Kruste erklärt werden (vgl. [12]).**)

Plattenbewegungen und gerichtete stoffliche Entwicklung des basaltischen Vulkanismus im ozeanischen Einflußbereich

Die bereits erwähnten, im Proterozoikum beginnenden Plattenbewegungen, mit denen die Prozesse der Krustenbildung (in den ozeanischen „spreading"-Gebieten) und der Degradation ozeanischer Kruste (in Subduktionszonen) verbunden sind, erreichen im Phanerozoikum größte Intensität (siehe u. a. [20], [5]). Damit verkomplizieren sich z. B. die Bruchstrukturen im Kreuzungsbereich von ozeanischen Riften u. Transformzonen, wo vorwiegend depressive aber untergeordnet auch kompressive Tektonik wirksam ist, was die Ausbildung sowohl der Basalte als auch metamorpher Gesteine der ozeanischen Kruste wesentlich modifiziert.

Im allgemeinen wird davon ausgegangen, daß im Gegensatz zur Vernichtung tholeiitischer Ozeankruste durch Subduktion die vulkanischen Produkte der Inselbögen u. Kontinentalränder sowie die sialischen Magmenintrusionen und Vulkanite der Kontinente weitgehend erhalten bleiben. Der Vergleich von Durchschnittsgehalten der Basalte mittelozeanischer Rücken mit denen der Inselbogen-Tholeiite sowie der basaltischen und andesitischen Vulkanite der Inselbögen zusammen deutet auf einen Trend der Anreicherung von sialischen Elementen (Al, K) und großionigen Elementen wie Zr und Th im krustalen Grenzbereich konvergierender Platten hin.

Inkompatible Elemente, darunter die radioaktiven Elemente K, Th und U, werden gleichzeitig in den (untergeordneten) Gebieten mit „Inselmagmatismus" konzentriert, der auch gegenwärtig aktiv ist.

Wenngleich dem Zusammenspiel von „spreading" und Subduktion aus tektonischer Sicht zyklischer Charakter zugesprochen wird („Wilson-Zyklus"), verbindet sich also mit diesen Prozessen eine gerichtete stoffliche Entwicklung.

Diese stoffliche Entwicklung im Bereich der ozeanischen Kruste sowie die oben aufgezeigten Tendenzen des basischen Magmatismus in relativ mobilen kontinentalen Bereichen wie dem Saxothuringikum während der variszischen Entwicklung führen zu einer zunehmenden Konzentrierung radioaktiver Elemente in der Kruste, allerdings in geringerem Ausmaß als in frühen Entwicklungsstadien der Lithosphäre. Das vereinbart sich mit dem bereits von Belousov [4] diskutierten generellen Trend der Migration von radioaktiven Elementen aus dem Inneren zur Oberfläche der Planeten.

Zusammenfassende Folgerungen

Im vorliegenden Beitrag wird zusammenfassend auf geochemisch-petrologische Forschungsergebnisse zur Lithosphären-Entwicklung hingewiesen, über deren Bedeutung und Zusammenhänge die Diskussion im Gange ist. Bei der Sichtung solchen Materials nach Evolutionskriterien wie sie z. B. bei der Analyse erdgeschichtlicher Prozesse allgemein [7] und der Stammesgeschichte der Organismen [9] angewendet werden, ergeben sich folgende generelle Aussagen:

- Für wesentliche stoffverteilende (Migrations- und Akkumulations-) Prozesse wird ein Richtungssinn erkennbar. Es erfolgt z. B. bevorzugt ein zur Kruste hin gerichteter Stofftransport. Solche Prozesse können sich über sehr unterschiedlich lange Zeiträume, auch über die gesamte Erdentwicklung (Mantelentgasung) erstrecken.
- Für bestimmte Entwicklungsetappen werden spezifische, z. T. unikale Gesteinsbildungen und in ihrem Ausmaß nicht wiederholbare Stoffverschiebungen beobachtet (z. B. Irreversibilität der Komatiitbildung in den archaischen „Grünstein"-Gürteln, umfassende Kaliummetasomatose im Übergang Archaikum/Proterozoikum).
- Diese „gerichtete Veränderung geochemischer Bedingungen" [7] versteht sich aus der Verringerung der Wärmemenge der äußeren Erdsphären und des Gesamtsystems Erde. Das Ausklingen der Bildungsmöglichkeit für Komatiite im Übergang zum Proterozoikum ist eine Schlüsselbeobachtung für den Nachweis der Wärmedegradation.
- Eine Reihe der dargestellten stofflichen und energetischen Trends führt zu einer kontinuierlichen bzw. episodischen (vgl. Bildungsintensität der Lithosphäre, Abb. 1) Vergrößerung des Anteils kontinentaler, d. h. relativ mächtiger Kruste und des Volumens der festen Lithosphäre insgesamt. Damit erhöht sich der Ordnungsgrad (Kristallisation) und das Ausmaß der negativen Entropie für das System Mantel/Kruste.
- Mit diesen Sachverhalten sind Argumente für das Dominieren der evolutionären über eine zyklische Komponente („recycling", vgl. u. a. [20]) in Lithosphärenprozessen gegeben.***)
- Mit der Intensivierung plattentektonischer Prozesse (bevorzugte Migration in Abhängigkeit von der tektonischen Aktivität) vereinbart sich die Vielfalt und Buntheit des phanerozoischen Gesteinsspektrums. Gleichzeitig bedeutet dies eine Zunahme der Strukturiertheit im Makrobereich (z. B. ozeanische sowie kontinentale Krustenstrukturen und Strukturen der Konvergenzbereiche) und im Mikroskopischen (typenspezifische Korngefüge der Magmatite und Metamorphite).

Fazit

Während der bisherigen erdgeschichtlichen Entwicklung nimmt in summa die Vielfalt der Erscheinungsformen anorganischer Materie zu.

Das äußert sich in der Verschiedenartigkeit (meist gerichteter und häufig irreversibler) substanzverteilender und substanzwandelnder Prozesse sowie ihrer Produkte in den Evolutionsphasen der Lithosphäre. Damit sind z. B. Veränderungen von Volumen und Mächtigkeit der Kruste (und Lithosphäre) verbunden, wobei eine Erhöhung des Ordnungsgrades und Zunahme der Strukturenvielfalt in den äußeren Erdschalen erreicht wird. Einerseits werden solche Trends im Zusammenhang mit dem jeweiligen energetischen Zustand des Systems Mantel/Kruste verständlich, andererseits ermöglichen sie wesentliche Informationen über die Entwicklung des Wärmehaushaltes.

Für aktivierende und informative Konsultation dankt der Verfasser den Kollegen Prof. Dr. sc. M. Guntau und Dr. K. Wenig.

Literatur

[1] AUGUSTITHIS, S. S.: Atlas of the textural patterns of basalts and their genetic significance. — Amsterdam—Oxford—New York: Elsevier 1978.

[2] ARNDT, N. T.; NISBET, E. G.: Komatiites. — London: George Allen & Unwin Ltd. 1982.

[3] BARSUKOV, V. L.: Vergleichende Planetologie und Frühgeschichte der Erde. — Geochimija, Moskau (1981) 11, S. 1603—1615, (russ.).

[4] BELOUSOV, V. V.: Migration der radioaktiven Elemente und strukturelle Evolution der Erde. — Izv. AN SSSR, Ser. Geogr. i Geofiz., Moskau (1942) 6, (russ.).

[5] DOBRETSOV, N. L.; KEPEZHINSCAS, V. V.: Three types of ultrabasic magmas and their bearing on the problem of ophiolites. — Ofioliti 6 (1981) 2, S. 221—236.

[6] EADE, K. E.; FAHRIG, W. F.: Geochemical evolutionary trends of continental plates — a preliminary study of the Canadian shield. — Geol. Surv. Canada Bull. 179 (1971).

[7] GUNTAU, M.: Der Entwicklungscharakter erdgeschichtlicher Prozesse. — In: Quo vadis, Universum? (Herausgeber: LEY, H. u. a.). — Berlin: 1965, S. 125—154.

[8] JAQUES, A. L.; GREEN, D. H.: Anhydrous melting of peridotite at 0—15 kb pressure and the genesis of tholeiitic basalts. — Contrib. Mineral. Petrol., Berlin 73 (1980) S. 287—310.

[9] KÄMPFE, L.: Evolution und Stammesgeschichte. — Jena: VEB Gustav Fischer Verlag 1980.

[10] KAULA, W. M.; FANALE, F. P.; ANDERSON, D. L.: Implications of basaltic volcanism for the evolution of planetary bodies. In: Basaltic volcanism study project: Basaltic volcanism on the terrestrial planets. — New York: Pergamon Press Inc. 1981.

[11] KRAMER, W.: Magmatisch-substantielle Widerspiegelung von Krustenänderungen in Raum und Zeit am Beispiel basischer Tiefenmagmen. Z. geol. Wiss., Berlin 7 (1979) 3, S. 367 bis 374.

[12] KRAMER, W.: Tiefenmagmatismus und stoffliche Spezialisierung sowie laterale Differenzierung der Kruste im Saxothuringikum. — Freiberger Forsch.-H., C 398. — Leipzig: 1984.

[13] KUSHIRO, I.: Determination of liquidus relations in synthetic silicate systems with electron probe analysis: the system forsterite-diopside-silica at 1 atmosphere. — Am. Mineral., 57 (1972) S. 1260—1271.

[14] LOFGREN, G. E.: Petrology and chemistry of terrestrial, lunar and meteoritic basalts. In: Basaltic volcanism study project: Basaltic volcanism on the terrestrial planets. — New York: Pergamon Press Inc. 1981.

[15] NAQVI, S. M.: Physico-chemical condition during the Archean as indicated by Dharwar geochemistry. In: The early history of the earth (Ed. WINDLEY, B. F.). — London: John Wiley & Sons 1975.

[16] RANKAMA, K.; SAHAMA, Th. G.: Geochemistry. — Chicago: The university of Chicago press. 1960.

[17] RONOV, A. B.: Chemische Zusammensetzung der Sedimentgesteine der wichtigsten Strukturzonen der Kontinente und Wege ihrer Evolution. — Geochimija, Moskau (1981) 11, S. 1616—1626, (russ.).

[18] RONOV, A. B.; MIDGISOV, A. A.: Evolution der chemischen Zusammensetzung der Gesteine der Schilde und Sedimentdecke der Russischen und Nordamerikanischen Plattform. — Geochemija, Moskau (1970) 4, S. 403—438, (russ.).

[19] SEIFERT, W.; KRAMER, W.; KRAMER, E.; VOGLER, P.; LANGE, P.: Regionale Variabilität peridotitischer Xenolith-Assoziationen im Saxothuringikum und stoffliche Differenzierung im oberen Mantel. — Z. geol. Wiss., Berlin, in Vorbereitung.

[20] SHAW, D. M.: Development of the early continental crust. In: The early history of the earth (Ed. WINDLEY, B. F.). — London: John Wiley & Sons 1975.

[21] VELINSKIJ, V. V.: Entgasung des oberen Mantels als grundlegender Faktor der Magmengenese. — Izv. AN SSSR, Ser. Geol. i Geofiz., Moskau (1970) 1, S. 10—21, (russ.).

[22] VERNADSKIJ, V. I.: Einige Worte über die Noosphäre. — Uspechi biologii, 18 (1944) 2, S. 113 bis 120, (russ.).

[23] VINOGRADOV, A. P.: Die Entstehung der Geosphären. — Izv. AN SSSR, Ber. Geol. (1962) 11, (russ.).

[24] Werner, C.-D.: Outline of the evolution of the magmatism in the G.D.R. In: Ophiolites and Initialites of Northern Border of the Bohemian Massif. Guide Book of Exkursions. — Vol. I, Central Institute for Physics of the Earth, Potsdam, Freiberg: (1981), S. 17—68.

Nachtrag bei Korrektur

Gegenüber dem ursprünglichen Manuskript werden einige Ergänzungen nachgetragen (im Text durch Sternchen markiert), die vor allem einen Hinweis auf Ergebnisse geben sollen, die während des 27. Internationalen Geologenkongresses in Moskau 1984 vorgetragen wurden. Unter anderem in den Sektionen Geochemie, Petrologie und Metallogenie ist ein sehr beachtliches Material zu Fragen der stofflichen Evolution der Lithosphäre vorgelegt worden.

*) Zu S. 79: Einen Mechanismus der chemischen Differention durch Ionentransport in plastischem Zustand an Phasengrenzen oberhalb der 400-m-Diskontinuität im Erdmantel diskutieren Stiller u. a. 1984. Die freigesetzten Substanzen (inkompatible Ionen) könnten als Ursache der Verdrängungsbildungen im oberen Erdmantel (Mantelmetasomatose im Sinne von Lloyd & Bailey 1975, Kogarko 1984 u. a.) angesehen werden.

**) Zu S. 80: Im Ergebnis einer geochemischen und mineralparagenetischen Analyse des magmatischen Geschehens wurden ausgeprägte gerichtete stoffliche Lithosphärenveränderungen z. B. für den Kleinen Kaukasus durch Balasanyan (1984) deutlich gemacht.

***) Zu S. 81: Dieses Ergebnis unterstreicht die prinzipielle Bedeutung der Entwicklungsgeschichte eines geologischen Körpers für dessen rohstoffgenetische Bewertung. Beispielsweise ist das Wesen magmatischer Formationen einer bestimmten erdgeschichtlichen Epoche sowie deren minerogenetischer Charakter erst dann besser zu erfassen, wenn die Vorgeschichte des Bildungsraumes (einschließlich tiefere Lithosphärenbereiche) in Betracht gezogen wird.

Literaturnachtrag:

Balasanyan, S. I.: The evolution of magmatism in geological history of the earth (on the example of Caucasus Minor and other regions). — 27th Intern. Geol. Congr., Abstracts, Vol. IV, Sect. 08, 09. — Moskau: 1984, S. 251—252.

Kogarko, L. N.: Heterogenität des oberen Erdmantels und Alkalimagmatismus. In: 27. Internationaler Geologenkongreß, Geochemie und Kosmochemie, Vorträge, Bd. 11. — Moskau: Izd. Nauka, 1984, S. 157—164. (russ.).

Lloyd, F. E.; Bailey, D. K.: Light element metasomatism of the continental mantle: the evidence and the consequences. — In: Physics and Chemistry of the Earth (Ed. L. H. Ahrens et al.), 9 (1975), S. 389—416.

Stiller, H.; Franck, S.; Seifert, W.; Hurtig, E.: On chemical differentiation in the earth's mantle. — 27th Intern. Geol. Congr., Abstracts, Vol. V, Sect. 10, 11. — Moskau: 1984, S. 408.

Schriftenr. geol. Wiss. · Berlin 24 (1985) · S. 85–89

Die Entwicklung der Vorstellungen von der tektonischen Korrelation

Von I. G. MALACHOVA (Moskau)

Die Korrelation gehört zur historischen Richtung der geologischen Forschung. Es handelt sich um eine Methode, die es gestattet, räumliche und zeitliche Beziehungen zwischen historisch-geologischen Erscheinungen festzustellen. Die Korrelation ist für die Klärung allgemeiner Entwicklungsgesetzmäßigkeiten der Erde von wesentlicher methodologischer Bedeutung. Gegenwärtig hat das Problem der geologischen Korrelation viele Aspekte, darunter solche der Geochronologie und Stratigraphie, der Paläontologie und des Vulkanismus, der Metamorphose und Tektonik. Die Grundlage der Synthese ist die stratigraphische Korrelation, die es gestattet, relative oder absolute Zeitskalen aufzustellen.

Bereits in der Periode des Entstehens der Geologie als Wissenschaft und der Herausbildung tektonischer Vorstellungen deuteten sich gesetzmäßige Zusammenhänge zwischen den im Raum isolierten tektonischen Erscheinungen an. Auf diese Weise entstand die Idee der geologischen Zeit.

Die ersten Versuche, räumlich-zeitliche Beziehungen zwischen geologischen Objekten herzustellen, wurden bereits am Ende des 17. Jahrhunderts unternommen, als die ersten geologischen Verallgemeinerungen — die „Erdtheorien" — vorgenommen wurden. Das Problem der Gebirgsbildung, dessen Lösung in den verschiedenen Entwicklungsetappen der Tektonik eine wichtige methodologische Rolle für das Verständnis des Wesens der Tektogenese spielte, wurde zum Hauptproblem bei der Entwicklung dieser „Theorien".

Bereits 1665 unterschied A. KIRCHER in seiner Arbeit „Mundus subterraneus" zwei ungleichaltrige, in Richtung der Breitenkreise und in Richtung der Längenkreise verlaufende Gebirgsgenerationen der Erde. Später, zu Beginn des 19. Jahrhunderts, wurden diese Ideen in den Arbeiten L. VON BUCHS und A. VON HUMBOLDTS weiterentwickelt.

N. STENO wandte sich 1669 gegen die geometrische „Geordnetheit" in der Lage der Gebirge. Gleichzeitig bemerkte er jedoch eine andere Gesetzmäßigkeit in ihrer Bildung. Nachdem er die Ursache-Wirkung-Beziehung in der Bildung geologischer Körper ermittelt hatte, gelangte er zum Schluß von der Gleichaltrigkeit geologischer Objekte, die durch die Wirkung einer Ursache entstanden sind. Diese Idee fand erst zu Beginn des 19. Jahrhunderts in L. ÉLIE DE BEAUMONT, der die Arbeit N. STENOS ins Französische übersetzte, ihren Nachfolger (1832).

Der kausale Zusammenhang der Naturerscheinungen wurde von G. LEIBNIZ 1675 als Grundlage für die Schaffung der Konzeption der relativen Zeit genommen. Solche Begriffe wie Gleichzeitigkeit und Aufeinanderfolge der Ereignisse dienten als grundlegende Charakteristik der geologischen Prozesse. Die Aufeinanderfolge der geologischen Erscheinungen wurde ihrerseits zur Grundlage für die Gliederung der geologischen Zeit. 1779 machte G. BUFFON in seinen „Epochen der Natur" erstmalig den Versuch, einzelne Etappen in der Entwicklung der Erde zu unterscheiden. In der zuvor erschienenen „Allgemeinen Geschichte der Natur" (1748) hatte G. BUFFON die Ideen von der gleichzeitigen Entstehung der Gebirge verallgemeinert, die früher von A. KIRCHER, N. STENO, R. HOOKE (1705) und L. BOURGET (1729) ausgesprochen worden waren. Das philosophische Herangehen L. BOURGETS an die Schaffung einer „Erdtheorie" gab ihm die Möglichkeit, an die Korrelation geordneter Gebirgssysteme und die Identifizierung der stofflichen Zusammensetzung der einzelnen Schichtungen zu gehen.

J. Soulavie schlug in seiner Arbeit „Physikalische Chronologie der Vulkane" (1781) vor, die Vulkane als Korrelationsfestpunkt zu nehmen. Durch Untersuchung der Lage der geologischen Schichten, im Verhältnis zu ihrem Erhaltungszustand und der Höhe über dem Meeresspiegel, bestimmte er ihr relatives Alter und unterschied einzelne Perioden, die verschiedenen Etappen der Hebung der Vulkane vom Meeresboden entsprechen.

Im Verständnis der Korrelation spielten die „regulativen Prinzipien"[1]) der Kausalität und der Wechselwirkung der Substanzen im Sinne Immanuel Kants (1781) eine große Rolle, wie auch seine Idee vom Zusammenhang zwischen Raum und Zeit: „Jeglicher Beginn befindet sich in der Zeit und jede Grenze des Ausgedehnten liegt im Raum" [4, S. 471]. Ähnliche Gedanken äußerten M. V. Lomonosov, P. S. Pallas und J. Hutton in ihren Arbeiten. Dadurch bildete sich die Vorstellung von einer gerichteten und zyklischen Entwicklung der Erdkruste heraus.

Das Problem der räumlichen Lage und der zeitlichen Entwicklung der Gebirge stand auch im Mittelpunkt der geologischen Forschungen und der Konzepte globaler Schemata bei A. v. Humboldt, der einer der Autoren der Hypothese der Hebungskrater war. Er bemerkte die „Übereinstimmung" und die Gleichzeitigkeit der gebirgsbildenden Bewegungen in verschiedenen Teilen der Erdkugel. Humboldt stellte auch 1826 die Frage nach der Altersdatierung der Gebirge: „Um die periodische Wiederholung der Erscheinungen zu begründen oder überhaupt in die Gesetze der fortwährenden Veränderungen der Natur einzudringen, braucht man genau datierte Punkte sorgfältig ausgeführter Beobachtungen, die mit bestimmten Epochen zusammenhängen und Zahlenmaterial zum Vergleich liefern könnten" [2, S. 150].

Die relative Korrelation, d. h. die Ermittlung der zeitlichen Beziehungen zwischen Ereignissen, deren exakte Daten unbekannt sind, bzw. zwischen Ereignissen mit einem unbekannten Datum und einem auf der geologischen Zeitskala fixierten Ereignis [12] fand im Rahmen der Kontraktionshypothese eine beträchtliche Verbreitung.

Die Entwicklung der Kontraktionshypothese auf der Grundlage der Newtonschen Konzeption des absoluten Alters, der Theorie der relativen Zeit G. Leibniz' und der Gesetze der klassischen Mechanik führten zur Ausweitung der Idee von der Gleichzeitigkeit der Bildung und der geometrischen Anordnung in der Verteilung der Faltengebirge auf der Oberfläche der Erdkugel. Die theoretischen Ableitungen von L. Élie de Beaumont waren daher die Synthese der naturphilosophischen Vorstellungen am Ende des 18. und zu Beginn des 19. Jahrhunderts.

Die erste Diskussion zum Problem der Korrelation der geologischen Erscheinungen ergab sich bereits in der ersten Hälfte des 19. Jahrhunderts, nach Erscheinen der „Principles of Geology" von Ch. Lyell (1830—1833). Indem er auf die Dauer der geologischen Zeit hinwies, schloß Ch. Lyell einen gleichzeitigen, katastrophenhaften Charakter der geologischen Prozesse praktisch aus. Indem er gegen die Vorstellungen von der absoluten Gleichzeitigkeit der Ereignisse Einspruch erhob, machte Ch. Lyell unter den Geologen den ersten Schritt in der Relationseinschätzung der Natur der Zeit. Auch Ch. Darwin teilte dessen Ideen in dieser Richtung. Unter geologischer Gleichzeitigkeit verstand Ch. Darwin nicht die genaue Synchronität, sondern ein langes Intervall der geologischen Zeit, in dessen Verlauf bestimmte geologische Erscheinungen vor sich gingen.

In der ersten Hälfte des 19. Jahrhunderts taucht auch der Terminus „Korrelation" selbst in der geologischen Literatur auf. Das Oxford-Wörterbuch der englischen Sprache verweist auf den ersten Gebrauch dieses Wortes durch R. I. Murchison im Jahre 1849 [13]. Amerikanische Geologen verwendeten jedoch diesen Ausdruck etwas früher. So

[1]) Regulative Prinzipien sind jene Grundlagen, „die a priori die Existenz der Erscheinungen regeln" [4].

überschrieb J. Hall einen Teil seines Buches „Geologie des Staates New York" (1843) mit „Korrelation der paläozoischen Gesteine New Yorks mit ähnlichen Ablagerungen Europas".

Die Entwicklung von Aktualismus und Evolutionismus in der Geologie hat die Vorstellung vom Charakter tektonischer Prozesse verändert. Die theoretischen Verallgemeinerungen begannen sich auf die Idee von der kontinuierlichen (physikalischen) Zeit zu gründen. So überholte die Geologie die Physik, in der die neuen Vorstellungen von der Zeit erst entstanden. Das philosophische Denken, die akkumulierten wissenschaftlichen Kenntnisse nutzend, „kam erst im 20. Jahrhundert zum Problem der Zeit und tritt schließlich in jenes Gebiet der Erscheinungen ein, das durch die geologischen Wissenschaften erschlossen wurde" [1, S. 511].

Die Geologen begannen, der Erkenntnis des Prozesses der Tektogenese selbst größere Aufmerksamkeit zuzuwenden. Bereits an der Wende vom 19. zum 20. Jahrhundert wurde den Wissenschaftlern klar, daß die Gesetzmäßigkeiten nur auf der Grundlage der Erkenntnis der Erscheinungen selbst abgeleitet werden können.

Wesentliche Bedeutung für die weiteren tektonischen Untersuchungen hatten die Folgerungen über die Dauer und die Kontinuität der Faltenbildung und die Auffassung der Gebirgsbildung als Ergebnis der Überprägung der Faltung durch epirogenetische Bewegungen (M. Bertrand, E. Haug).

Die Idee von der Gebundenheit der unregelmäßig ablaufenden orogenen Prozesse an die Geosynklinalgebiete (J. Hall, J. D. Dana) spiegeln dem Wesen nach den Zusammenhang zwischen der geologischen Zeit und dem Raum in der Tektonik wider.

Am Ende des 19. Jahrhunderts fand der Terminus „Korrelation" festen Eingang in die Stratigraphie. Bei den tektonischen Untersuchungen wurde er bei der Festlegung der Raum-Zeit-Beziehungen verwendet. Im Gegensatz zur Stratigraphie, wo die Korrelationsuntersuchungen in der Hauptsache auf der zeitlichen Identifizierung der Formationen beruhten, spielten in der Tektonik indes der räumliche und der zeitliche Faktor die gleiche Role.

Die mit Hilfe der tektonischen Korrelation unterschiedenen orogenen Etappen dienten als Grundlage für die geochronologische Gliederung der Erdgeschichte. Deshalb definierte eine Reihe von Bearbeitern Ende des 19./Anfang des 20. Jahrhunderts den tektonischen Faktor als Leitfaktor für die stratigraphische Korrelation. A. P. Karpinskij, der 1883 den Gedanken ausgesprochen hatte, daß es notwendig sei, die verschiedenen Methoden zu kombinieren, um für die ganze Erdkugel universelle chronologische Stufen herauszuarbeiten, bestimmte etwas später (1894) die entscheidende Rolle der tektonischen Methode: „Nicht fern sind jene Zeiten, wo die lokalen Dislokationen mit den universellen und mittels der letzteren miteinander in Zusammenhang gebracht werden. Dann, bei der Existenz eines kausalen Zusammenhangs zwischen diesen Erscheinungen und Transgressionen und der jetzigen immer größeren Sorgfalt und dem eingehenden Studium der sedimentären Folgen in chronologischer und chorologischer Beziehung und der in ihren erhaltenen organischen Resten, wird uns die geologische Geschichte ... ein harmonisches Ganzes präsentieren, worin die jetzt in unserer Wissenschaft herrschenden künstlichen chronologischen Gruppierungen ihren Platz den natürlichen räumen werden" [5, S. 136]. Viele amerikanische Geologen mit T. Chamberlin an der Spitze nehmen als Grundlage der Korrelation ebenfalls den diastrophischen Faktor: „Der Diastrophismus ... erscheint mir als die Grundlage der Stratigraphie und der Entwicklung des Lebens ... als Grundlage der Korrelation" [11, S. 693].

Der Beginn des 20. Jahrhunderts war durch ein großes Ereignis in der Geschichte der Naturwissenschaft gekennzeichnet — die Entwicklung der Relativitätstheorie durch A. Einstein (1905, 1915). In der theoretischen Geologie erfolgten jedoch keine merklichen Veränderungen — die geologischen Erscheinungen wurden nach wie vor in den von ihnen unabhängigen existierenden Kategorien Zeit und Raum studiert.

Das von der Position der vorrelativistischen Physik geschaffene tektonische Modell H. STILLES blieb die Grundlage der theoretischen Untersuchungen. Nach einem Ausdruck von W. H. BUCHER „ging" die Zeit in die Tektonik nur „in Form von zwei Momenten ein: als Dauer eines gegebenen Ereignisses und als Punkt auf der geochronologischen Skala, der dieses Ereignis bestimmt hat" [10, S. 384].

Ernsthafte Einwände seitens der Stratigraphen (auf der Grundlage der Entwicklung von Biostratigraphie und Tektonik) versetzten der bestimmenden Rolle der tektonischen Korrelationsmethode, die auf der Anerkennung des globalen Charakters und der Gleichzeitigkeit der Faltungsphasen beruhte, einen heftigen Schlag. Der Begriff der Korrelation nach Faltungsphasen ist an sich absurd, da die Phasen als solche in der Natur nicht existieren, sondern abstrakt sind. Man kann aber nur zwei verschiedene Ereignisse korrelieren. Trotz der Vertiefung und der Revision der Vorstellungen vom ungleichmäßigen Charakter der orogenen Bewegungen ist in vielen theoretischen Folgerungen der ersten Hälfte des 20. Jahrhunderts der obengenannte methodologische Fehler verborgen. So schrieb M. A. USOV: „Die Phasen der Tektogenese und der Formationen der sedimentären, magmatischen und metamorphen Gesteine — das sind die geologischen Grundkategorien, die für die Rekonstruktion der wichtigsten Momente der Erdgeschichte notwendig sind" [8, S. 9]. Dabei setzte er auf diese Weise reale geologische Objekte (Formationen) mit Abstraktionen (Phasen) gleich und kam zu der Folgerung: „Bei richtiger Unterscheidung der Phasen der Tektogenese stellt die stratigraphisch-tektonische Methode ihre außerordentliche Bedeutung in der Geologie wieder her [8, S. 21]. Diese Folgerung entspricht völlig der modernen Methodik der tektonischen Korrelation. [6]

Da die Vorstellung von einer möglichen planetaren Gleichzeitigkeit der geologischen Ereignisse durch die Relativitätstheorie zerstört worden war, waren die Geologen gezwungen, sich ernsthafter mit dem Problem der geologischen Zeit zu beschäftigen. Nach A. EINSTEIN sind Ereignisse, zwischen denen keine zeitliche Reihenfolge hergestellt werden kann, gleichzeitig. Daher schließt die physikalische Gleichzeitigkeit einen kausalen Zusammenhang zwischen den Ereignissen aus. In der Natur sind aber Ereignisse nicht deshalb gleichzeitig, weil sie zu ein und demselben Zeitpunkt erfolgen, sondern deshalb, weil sie gemeinsam vor sich gehen. [7] Die geologischen Ereignisse, die einen Zusammenhang zwischen verschiedenen Punkten des Raumes herstellen, sind eben jene Prozesse, die nach der Behauptung A. EINSTEINS der physikalischen Zeit einen Sinn geben.

Unter diesem Gesichtspunkt erlangte die Korrelation geologischer Ereignisse eine große Bedeutung für theoretische und praktische Untersuchungen. Für die Lösung dieser Aufgaben wurde 1972 von der UNESCO und der IUGS das Internationale Programm der geologischen Korrelation angenommen, worin auch der tektonischen Methode der Korrelation ein wichtiger Platz zugewiesen wird: „In allen Gebieten der Erdkugel wurden bereits bedeutende Untersuchungen zum Studium der Tektonik, des Plutonismus, des Vulkanismus und der Metamorphose durchgeführt, und es ist die Zeit angebrochen, alle diese Untersuchungen zusammenzufassen und zu versuchen, die charakteristischen Gesetzmäßigkeiten zu vergleichen. Die lokalen Gegebenheiten und die Geschichte können auf regionaler Grundlage verglichen werden, um Gesetzmäßigkeiten und Prozesse im weltweiten Maßstab festzustellen und zu vergleichen" [3, S. 17].

Das Fazit unserer Darlegungen besteht in folgendem:

1. Es wird vorgeschlagen, unter tektonischer Korrelation die Herstellung *zeitlicher* und *räumlicher* Beziehungen zwischen den tektonischen Erscheinungen zu verstehen, da „... man keine wissenschaftlichen Folgerungen über die Zeit aussprechen kann, ohne den Raum zu beachten, und umgekehrt: alles, was sich im Raum widerspiegelt, spiegelt sich so oder anders in der Zeit wider" [1, S. 525].

2. Grundlage der tektonischen Korrelation ist die Vorstellung von der Ungleichmäßigkeit der tektonischen Bewegungen und der geologischen Gleichzeitigkeit. Schlüsselereignisse sind Faltung und Gebirgsbildung, Transgressionen und Regressionen der Meeresbecken, Brüche der Erdkruste und andere Prozesse der Tektogenese.
3. Die tektonischen Untersuchungen haben in der Korrelation geologischer Ereignisse eine wichtige Rolle gespielt. Die tektonische Korrelation, die in den Anfangsetappen und im Zeitraum der Entstehung der geologischen Wissenschaft ein wesentlicher Faktor war, hat auch gegenwärtig ihre Bedeutung als eine wichtige Methode der geologischen Korrelation; sie beruht auf allgemeingeologischen und philosophischen Vorstellungen.
4. Die Entwicklung der Methode der tektonischen Korrelation ist für die Gewinnung von Folgerungen über den Mechanismus der Tektogenese im Maßstab der gesamten Erde von wichtiger Bedeutung.

Literatur

[1] Vernadskij, V. I.: Die Probleme der Zeit in der modernen Wissenschaft. — Izv. AN SSSR, otd. mat. i estestv. n., 7-ja ser., (1932) 4, S. 511—569.

[2] Humboldt, A. v.: Kartiny prirody (Ansichten über die Natur). — Moskva: Geografgiz, 1959.

[3] Abschlußbericht „Interinstitutionelle Expertenkonferenz zur Vorbereitung des internationalen geologischen Korrelationsprogramms (IPGC), Paris, 19.—28. Oktober 1971. — Paris: 1972.

[4] Kant, I.: Werke in sechs Bänden. Bd. 3. — Moskva: Mysl', 1964 (Kritik der reinen Vernunft, 1781).

[5] Karpinskij, A. P.: Gesammelte Werke. Bd. II. — Moskva—Leningrad: Izd-vo AN SSSR, 1939.

[6] Probleme der globalen Korrelation der geologischen Erscheinungen. — Tr. GIN AN SSSR, vyp. 340. Moskva: Nauka, 1980.

[7] Witraw, J.: Natural philosophy of time. — Moskva: Progress, 1964.

[8] Usov, M. A.: Die Phasen der Tektogenese. — Sov. geologija 8 (1938) 11, S. 9—21.

[9] Einstein, A.: Sammlung wissenschaftlicher Arbeiten. Bd. II. — Moskva: Nauka, 1966.

[10] Bucher, W. H.: The deformation of the Earth's crust. — Princeton: Univ. Press, 1933.

[11] Chamberlin, T. C.: Diastrophism as the ultimate basis of correlation. — J. Geol. **17** (1909), S. 685—693.

[12] Harrington, H. J.: Space, things, time and events. An essay on stratigraphy. — Bull. Amer. Ass. Petrol. Geol. **49** (1965) 10, S. 1601—1646.

[13] Rodgers, J.: The meaning of correlation. — Amer. J. Science **25** (1959) 10, S. 684—691.

Schriftenr. geol. Wiss. · Berlin 24 (1985) · S. 91–95

Die Herausbildung der Vorstellungen vom Eutektikum (der Zusammenhang zwischen empirischen Vorstellungen, Theorie und Experiment)

Von M. M. ROMANOVA (Moskau)

Eutektikum (griech.) bedeutet „leicht schmelzend". In der Petrographie bezeichnet man als Eutektikum das am leichtesten schmelzende Gemenge von zwei oder mehr Mineralien (Komponenten), die untereinander weder definierte Verbindungen noch isomorphe Gemenge liefern. Der eutektische Punkt ist der niedrigste Schmelzpunkt des Gemenges, der immer unter dem Schmelzpunkt der reinen Komponenten liegt.

Die Erscheinungen des Eutektikums haben bei den petrogenetischen Prozessen eine außerordentlich wichtige Bedeutung. Fast alle magmatischen Gesteine, sowohl die in der Erdkruste vorherrschenden — Granite und Basalte — als auch die weniger verbreiteten — Syenite, Diorite, Alkaligesteine — sind eutektisch oder anchieutektisch[1]). Man nimmt an, daß Erdkruste, Hydrosphäre und Atmosphäre im Laufe der chemischen Evolution der Erde entstanden sind, begleitet und reguliert von grandiosen und ununterbrochenen Prozessen der Entgasung und des Ausschmelzens der leichtschmelzbaren Fraktion des Mantelmaterials und seinem nachfolgenden Transport in die Randzone der Erde.

Den Begriff „Eutektikum" hat der englische Physiker GUTHRIE [13] eingeführt. Er wies auch als erster auf die Anwendbarkeit des Eutektikums auf Eruptivgesteine — Granite, Syenite — hin. F. GUTHRIE sprach den später von I. L. VOGT [23] und von F. JU. LEVINSON-LESSING [4] aufgenommenen Gedanken aus, daß große Massen geschmolzener Substanz das Bestreben haben, bei der Differentiation ein Eutektikum zu liefern. Der englische Geologe J. H. TEALL [17] fand, daß der Schriftgranit ein ausgezeichnetes Beispiel eines Eutektikums sei. Seiner Ansicht nach stellen die granophyrischen Verwachsungen von Quarz und Feldspat ein Eutektikum dar. Später [18] wies TEALL, der sich der spontanen Modellierung zugewandt hatte, auf die Ähnlichkeit zwischen der porphyrischen Struktur der Gesteine und dem Bau einiger Metallegierungen hin. Zu dieser Zeit wurden die porphyrischen Strukturen allgemein als zwei Kristallisationsphasen erklärt: die porphyrischen Einsprenglinge sind intratellurische Ausscheidungen aus dem Magma vor seiner Eruption. J. H. TEALL dagegen nahm an, daß sowohl die porphyrischen Ausscheidungen als auch die Grundmasse synchrone Bildungen seien, während die Einsprenglinge eine Komponente darstellen, die gegenüber dem Eutektikum, das beim Erstarren die Grundmasse bildet, im Überschuß vorhanden sei.

Der norwegische Petrograph, Metallurge und Experimentator I. L. VOGT [23] hat die Ideen von der Bedeutung des Eutektikums in den Kristallisations- und Differentiationsprozessen des Magmas am konsequentesten vertreten. Auf der Grundlage von Experimenten mit silikatischen Schmelzen entwickelte er die Vorstellung, daß die Stammmagmen mit einem Überschuß einer beliebigen Komponente der Differentiation in zwei Magmen zustreben — in ein fast monomineralisches mit dem überwiegenden Gehalt der überschüssigen Komponente und in ein Magma mit dem eutektischen Verhältnis der Komponenten. Durch eine solche Aufspaltung des Magmas in Derivate erklärte er die Existenz der anchimonomineralischen Gesteine — der Anorthosit-, Labradorit-,

[1]) „anchi" (griech.) — „fast".

Olivin-, Enstatit- und anderen Gesteine, ferner der anchieutektischen Gesteine, – der Granite, Larvikite, Diorite und Gabbros. I. L. Vogt betrachtete die verbreitetsten Gesteine als die den Eutektika entsprechenden oder ihnen nahekommenden Gesteine. I. L. Vogt wandte sich in seinen Arbeiten mehrfach den Graniten zu; er nahm an, daß darin die eutektischen Verhältnisse der Mineralien am typischsten ausgeprägt seien. Auf der Grundlage von Experimenten und physikochemischen Gesetzen ermittelte I. L. Vogt theoretisch die Zusammensetzung des ternären Eutektikums Quarz-Albit-Orthoklas. Zu Beginn des 20. Jahrhunderts war die Meinung verbreitet, daß die Bildungstemperatur der Granite über 1000 °C läge. Auf der Grundlage physikochemischer Gesetze bewies I. L. Vogt jedoch, daß von den gesteinsbildenden silikatischen Schmelzen das granitische Magma am leichtesten schmilzt und daß die Granite diejenigen Gesteine sind, die bei den niedrigsten Temperaturen entstehen, indem sie bei 500—600 °C kristallisieren. Diese Daten stimmen mit den modernen vollständig überein. Aber zu Beginn des 20. Jahrhunderts schien diese Aussage nach den Worten F. Ju. Levinson-Lessings [5, S. 192] paradox. Die experimentelle Technik des beginnenden 20. Jahrhunderts gab nicht die Möglichkeit, diese Folgerung zu bestätigen. Erst in der Mitte des 20. Jahrhunderts wurde die Richtigkeit dieses Gedankens experimentell bewiesen.

F. Ju. Levinson-Lessing maß dem Eutektikum eine große Rolle im Differentiations- und Kristallisationsprozeß der Magmen zu. Er schrieb [4, S. 308—309]: „Die Differentiation eines gemischten Magmas wird durch das Verhältnis des Eutektikums zur Zusammensetzung eines gegebenen Magmas hervorgerufen und reguliert ... Die Differentiation eines gemischten Magmas ist lediglich eine der Erscheinungen und eine notwendige Folge des Entropiegesetzes: das erkaltende magmatische Becken strebt zu einer möglichst starken Dispersion und Entwertung der Energie, und das wird durch Aufspaltung des gemischten Magmas in Eutektika und reine Magmen erreicht, die aus Komponenten bestehen, die gegenüber den Eutektika im Überschuß vorhanden sind“.

F. Ju. Levinson-Lessing und S. F. Žemčužny [4] stellten Versuche zur experimentellen Reproduzierung porphyrischer Strukturen in Legierungen an. Sie zeigten, daß diese Strukturen nicht die Kristallisationsbedingungen widerspiegeln können, wohl aber die Besonderheiten der chemischen Zusammensetzung der Magmen: die porphyrischen Ausscheidungen sind die gegenüber dem Eutektikum im Überschuß vorliegende Komponente. Gegenwärtig wird in den Petrographie-Lehrbüchern diese Erklärung als eine der möglichen Varianten für die Bildung porphyrischer Strukturen angenommen.

P. N. Čirvinskij [7], der sich die Aufgabe gestellt hatte, die Folgerung I. L. Vogts vom anchieutektischen Charakter der granitischen Magmen zu bestätigen, sammelte und studierte viel empirisches Material über die quantitative mineralogische und chemische Zusammensetzung von Graniten der ganzen Welt. Er stellte statistisch fest, daß die Relationen der Minerale in den natürlichen Graniten in der Nähe des Eutektikums liegen, das I. L. Vogt theoretisch ermittelt hatte.

Wir unterstreichen, daß alle genannten Wissenschaftler die Differentiation eines Stammagmas als Hauptbildungsmechanismus eutektischer Magmen betrachteten. Diese Vorstellungen entstanden, als die Kant-Laplacesche Konzeption von einer glutflüssigen Erde, bedeckt von einer dünnen Kruste, allgemein anerkannt war. Die Magmen wurden als Schmelzen betrachtet, die über eine lange Zeit im Inneren der Erde im feuerflüssigen Zustand existieren. Aber im ersten Jahrzehnt des 20. Jahrhunderts wurde durch geophysikalische Untersuchungen der feste Zustand des Erdinneren festgestellt und daraus gefolgert, daß große Magmenherde fehlen. Die Idee des eutektischen Charakters der granitischen Magmen wird von den Bearbeitern allmählich mit ihrer anatektischen Entstehung in Zusammenhang gebracht, und letztere — mit der Lehre von den Geosynklinalen.

In der von E. HAUG [14] entwickelten Theorie der Geosynklinalen wurde das Wiederaufschmelzen (die Anatexis) der Sedimentgesteine als Prozeß aufgefaßt, der unvermeidlich abläuft, sobald die Gesteine in eine bestimmte Tiefe absinken.

P. TERMIER [19] stellte eine Hypothese über den Bildungsmechanismus des eutektoidischen granitischen Magmas in einer Geosynklinale auf. Er entwickelte die Idee von den „filtrierenden Kolonnen", die aus den Tiefen der Geosynklinale aufsteigen und sowohl Gase, Silikate als auch Alkaliborate mit sich führen. Auf ihrem Weg nach oben nimmt die Temperatur schnell ab, es laufen chemische Reaktionen mit einer bestimmten Tendenz ab: Vorbereitung eutektischer Gemenge, die eine minimale Schmelztemperatur besitzen. Mit der Tiefe der Geosynklinale nimmt die Anzahl derartiger eutektoider Schmelzen zu.

Bei eingehenden Geländeuntersuchungen haben Petrographen Fakten beobachtet, die vom Ausschmelzen einer granitischen eutektoiden Schmelze aus verschiedenen Gesteinen unter der Wirkung eines eindringenden basischen Magmas zeugen, wie z. B. A. A. POLKANOV (1913) an der Murman-Küste oder D. S. BELJANKIN (1925) am Ostufer des Onega-Sees.

Der finnische Petrologe P. ESKOLA [12] ging auf der Grundlage allgemein-geologischer Konstruktionen an das Problem der Magmenbildung heran. Er bewies, daß die palingenen Magmen nicht bei völligem Schmelzen des Sials entstehen konnten, da dies eine große Wärmemenge erfordert. Wahrscheinlicher ist das partielle Schmelzen, da die niedrigschmelzende eutektoide palingene Schmelze dem Wesen nach aus beliebigen Gesteinen, die granitische Komponenten (SiO_2, Al_2O_3 und Alkalien) haben, ausgeschmolzen werden kann. P. ESKOLA erklärte die Zusammensetzung vieler metamorpher Gesteine damit, daß aus ihnen ein Eutektikum ausgeschmolzen worden war.

Die zwanziger bis vierziger Jahre des 20. Jahrhunderts sind in der Petrographie durch die Herrschaft der Hypothese von der Kristallisationsdifferentiation (N. L. BOWEN) gekennzeichnet. Auf der Grundlage von Experimenten mit trockenen Schmelzen nahm er an, daß bei der Kristallisation der Magmen Reaktionen zwischen den früher ausgeschiedenen Mineralien und der Schmelze, inkongruentes Schmelzen und feste Lösungen eine bedeutende Rolle spielen. N. L. BOWEN negierte die Rolle des Eutektikums in den natürlichen Prozessen. I. L. VOGT wandte sich 1931 unter dem Einfluß N. L. BOWENS von seinen früheren Vorstellungen ab und nahm dessen Hypothese an. [23]

Bis zu den fünfziger Jahren des 20. Jahrhunderts verteidigten nur einzelne Wissenschaftler die Vorstellungen vom Eutektikum. Unter ihnen war F. JU. LEVINSON-LESSING, der das ganze Leben hindurch eine konsequente Position einnahm. B. M. KUPLETSKIJ [3] betrachtete die anchieutektische Zusammensetzung der Granite als eines des Hauptargumente für deren magmatische Entstehung. Der Amerikaner F. CHAYES [10] führte ein großes statistisches Material an, das die eutektische Zusammensetzung der Granite bewies. D. S. KORŽINSKIJ [1] verweist in seiner Argumentation gegen die metasomatische Entstehung der Granite auf die eutektischen Verhältnisse der Mineralien in den Graniten.

Ein Umschwung setzte in den fünfziger Jahren des 20. Jahrhunderts ein. N. L. BOWEN und O. F. TUTTLE [9] untersuchten experimentell das künstliche System $KAlSi_3O_8-NaAlSi_3O_8-SiO_2-H_2O$, das etwa einem natürlichen alkalischen Aplitgranit entspricht. Sie erhielten die Zusammensetzung eines ternären Eutektikums: Albit, Orthoklas und Quarz entsprechend dem bei der niedrigsten Temperatur schmelzenden Gemenge. Durch Vergleich der erhaltenen Daten von der Existenz eines ternären Minimums mit den Analysen natürlicher Granite gelangte O. F. TUTTLE [20] zu dem Schluß, daß die Granite aus Schmelzen entstanden sind, die eutektischen Schmelzen nahekommen.

Nach O. F. TUTTLE führten viele Bearbeiter analoge Vergleiche durch: T. BARTH [8], H. RAMBERG [16], P. ORVILLE [15], wobei bewiesen wurde, daß ein großer Teil der Granite anchieutektische Zusammensetzung aufweist.

Es kehrten also in den fünfziger Jahren auf der Grundlage der Experimente N. L. BOWENS, der sein schöpferisches Leben mit der Negierung der Bedeutung des Eutektikums in den natürlichen Prozessen begonnen hatte, viele Geologen zu dem Gedanken zurück, daß die Granite anchieutektische Gesteine sind. Erneut wenden sich die Bearbeiter Experimenten zu, aber bereits von prinzipiell neuen Positionen aus. Zahlreiche Geologen kommen auf der Grundlage allgemeingeologischer, tektonischer und petrologischer Beobachtungen zu dem Schluß, daß der Prozeß des selektiven Ausschmelzens der leicht schmelzbaren Komponenten der Hauptbildungsmechanismus der eutektoiden Magmen ist. Die Experimentatoren wenden sich der Modellierung der Prozesse der Anatexis und des selektiven Schmelzens zu. O. F. TUTTLE & P. WYLLIE [21], G. WINKLER [25], G. WINKLER & H. V. PLATEN [26] und andere zeigten eindeutig, daß aus metamorphen Gesteinen unterschiedlicher Zusammensetzung bei bestimmten thermodynamischen Bedingungen unvermeidlich die am leichtesten schmelzbaren Substanzen ausgeschieden werden. Auf dem XXI. Internationalen Geologenkongreß in Kopenhagen sagten E. H. KRANCK & R. V. OJA [2, S. 207], daß die experimentelle Begründung der Theorie der Anatexis von ihren schärfsten Kritikern durchgeführt wurde, eben von den Anhängern der Schule N. L. BOWENS.

Gegenwärtig ist in der Petrographie allgemein anerkannt, daß die verbreitetsten Magmen — granitische und basaltische — am leichtesten schmelzen. Das saure, relativ wasserreiche Magma „wird in geringen Tiefen in der Schichtenfolge der Erdkruste lokalisiert, während das basische, fast trockene Magma in erheblich größeren Tiefen liegt, am wahrscheinlichsten im Bereich des sog. ‚Wellenleiters'" [6, S. 119]. Das saure Magma wird im Bereich der Erdkruste bei Drücken von 1 bis 4 kbar und bei einer Temperatur von 600—650 °C ausgeschmolzen, das basische Magma aus Gesteinen des Mantels bei Drükken von 30 kbar und Temperaturen von 1300—1350 °C. „Sowohl das saure als auch das basische Stammagma sind unter den Bedingungen hoher Drücke, die in den Gebieten ihrer Generierung herrschen, nach allem zu urteilen, die am leichtesten schmelzbaren Flüssigkeiten und befinden sich deshalb im Gleichgewicht mit den sie umgebenden festen Komponenten" [6, S. 120].

Die fast dreißigjährige Periode der Ablehnung des Eutektikums ist nichts Ungewöhnliches in der Geschichte der Petrographie. Die eutektischen Verhältnisse der Mineralien in den Gesteinen, die theoretisch, experimentell und empirisch festgestellt wurden, waren die Widerspiegelung des eutektischen Charakters der Magmen, aus denen sie entstanden sind. Aber in den ersten Jahrzehnten des 20. Jahrhunderts wurde (verursacht durch die allgemeingeologischen Konzeptionen der Wissenschaft jener Zeit) eine falsche Erklärung des Bildungsmechanismus dieser Magmen gegeben — durch Differentiation eines Stammagmas, das eine zum Eutektikum im Überschuß vorhandene Komponente enthält. Derartige experimentell bestätigte Differentiationserscheinungen existieren freilich in der Natur, haben aber eine sehr begrenzte petrogenetische Bedeutung. Durch solche Prozesse können porphyrische Strukturen der Effusivgesteine entstehen. Ein Teil des Magmas kann auf diesem Wege entstehen. Allgemein anerkannt ist jetzt die Vorstellung, daß der Prozeß des selektiven Schmelzens der wichtigste magmenbildende Vorgang ist.

Bei der Herausbildung der Vorstellungen vom Eutektikum ist ein sehr enger untrennbarer Zusammenhang zwischen empirischen Beobachtungen, Theorie und Experiment zu beobachten. Der Begriff des Eutektikums stammt aus der Physik und erhielt in der Geologie eine empirische Bestätigung und theoretische Begründung. Die Ansetzung der Experimente und die eindeutige Interpretation der experimentellen Daten erfolgte auf der Grundlage der theoretischen Vorstellungen vom Wesen der Erscheinungen des Eutektikums.

Literatur

[1] KORŽINSKIJ, D. S.: Granitisierung als magmatische Verdrängung (russ.). — Izv. AN SSSR, ser. geol., No. 2, 1952.

[2] KRANCK, E. H.; OJA, R. V.: Experimental studies of anatexis. Sammelband „Trudy XXI Geologičeskogo kongressa", vyp. II. — Moskau: Izd. In. Lit., 1963.

[3] KUPLETSKIJ, B. M.: Überblick über die modernen Ansichten zur Entstehung der Granite (russ.). — Izv. AN SSSR, ser. geol., No. 3, 1942.

[4] LEVINSON-LESSING, F. JU.: Differentiation, Eutektikum und Entropie. (russ.). — Izbr. trudy, t. 1, 1906, S. 307—309.

[5] LEVINSON-LESSING, F. JU.: Petrographie (russ.). 5. Aufl. Izbr. trudy, t. IV. — Moskva—Leningrad: 1940.

[6] PETROV, V. P.: Das Magma und die Genese der magmatischen Gesteine (russ.). — Moskva: 1972.

[7] ČIRVINSKIJ, P. N.: Die quantitative mineralogische und chemische Zusammensetzung der Granite und Greisen (russ.). — Novočerkassk: 1911.

[8] BARTH, T. F. W.: Temperature de formation des certain granites précambriens de Norvège meridionale. — Sciences de la Terre, 1955.

[9] BOWEN, N. L.; TUTTLE, O. F.: The system $NaAlSi_3O_8-KAlSi_3O_8-H_2O$. — J. Geol. 58, No. 5, 1950.

[10] CHAYES, F.: Composition of the granites of Westerly and Bradford, Rhode Island. — Amer. J. Sci., No. 248, 1950.

[11] CHAYES, F.: Composition of some New Englang granites. — Trans. New York Acad. Sci., 12, Ser. 2, No. 5, 1950.

[12] ESKOLA, P.: On the origin of granitic magma. — Min. Petr. Mitt., 42, H. 5—6, 1932.

[13] GUTHRIE, F.: On Eutexia. — The phil. Mag. and J. of Sci., 17, 1884.

[14] HAUG, E.: Traité de géologie. — Paris: 1907—1910.

[15] ORVILLE, P. M.: Granitic pegmatites. — Ann. Rep. Geophys. Lab. Carnegie Inst. 1956—1957.

[16] RAMBERG, H.: Pegmatites in West Greenland. — Bull. geol. Soc. Amer., 67, 1956.

[17] TEALL, J. H.: British Petrography. — London: 1888.

[18] TEALL, J. H.: Presidential Address. — Q. J. G. S., 57, 1901.

[19] TERMIER, P.: Sůr la genèse des terrains crystallophylliens. — C. R. XI. Congr. géol. Intern. Stockholm: 1912.

[20] TUTTLE, K. O. F.: L'origine et la classification des granites a la lumière des études experimentales dans la système $NaAlSi_3O_8-KAlSi_3O_8-SiO_2-H_2O$. — Sci. Terre, Nancy: 1955.

[21] TUTTLE, O. F.; WYLLIE, P. C.: Hydrothermal studies in the system $NaAlSi_3O_8-H_2O-HF$ and granite $-H_2O-HF$. — Bull. geol. Soc. Amer., 68, 1957.

[22] TUTTLE, O. F., BOWEN, N. L.: Origin of granite in the light of experimental studies in the system $NaAlSi_3O_8-KAlSi_3O_8-SiO_2-H_2O$. — Geol. Soc. Amer. Bull., 74, 1958.

[23] VOGT, I. H.: Die Silikatschmelzlösungen, Bd. 1—2. — Christiania: 1903—1904.

[24] VOGT, I. H.: Die Genesis der Granite, physikochemisch gedeutet. — Z. dt. geol. Gesellsch., 83, H. 4, 1931.

[25] WINKLER, H. G. F.: Experimentelle Gesteinsmetamorphose. I. — Geochim. et cosmochim. Acta, 13, 1957.

[26] WINKLER, H. G. F.; PLATEN, H. V.: Experimentelle Gesteinsmetamorphose. II. — Geochim. et cosmochim. Acta, 15, 1958.

Schriftenr. geol. Wiss. · Berlin 24 (1985) · S. 97–104

Systemhafte Untersuchungsprinzipien in den Arbeiten VERNADSKIJS und FERSMANS und ihre Bedeutung für die Entwicklung der Geologischen Wissenschaften

Von K. P. MEL'NIKOVA und F. P. MEL'NIKOV (Moskau)

In der Methodologie der modernen wissenschaftlichen Erkenntnis spielt der Systemcharakter von Untersuchungen eine wichtige Rolle. Zahlreiche Forschungen von Geologen, Ingenieurgeologen, Geophysikern und Geochemikern zeigen den systemhaften Aufbau der materiellen Welt und ihrer Erscheinungsformen. Sie bestätigen, daß die systemhaften Prinzipien im Zusammenhang mit mathematischen und anderen speziellen Methoden die Möglichkeit geben, die realen Objekte in ihrer Ganzheit und Vielfalt der Beziehungen tiefgründiger zu erkennen.

Die Vorstellungen von den natürlichen Systemen und vom systemhaften Herangehen beim Studium der Erde entstanden vor relativ langer Zeit. Sehr deutlich kommen sie in den Arbeiten der Mitbegründer der Mineralogie und Geochemie, M. V. LOMONOSOV und V. M. SEVERGIN, und anderer Klassiker der geologischen Wissenschaft des 18. und 19. Jahrhunderts zum Ausdruck. Später wurden die Vorstellungen von den natürlichen Systemen in den Arbeiten von V. I. VERNADSKIJ und A. E. FERSMAN weiterentwickelt.

Unter den russischen Naturforschern tritt V. I. VERNADSKIJ insbesondere durch die Weite seines wissenschaftlichen Horizonts und die Gründlichkeit der Untersuchung der Evolution der Substanz der Erde hervor. Ihn interessierten die molekularen Kristallstrukturen, die planetaren geochemischen Hüllen, das physikochemische Wesen und die Mechanismen der geochemischen Prozesse, die Rolle der natürlichen Wässer und der lebenden Substanz bei der Bildung unseres Planeten und andere Probleme, die in unserer Zeit immer größere Aktualität erlangen.

Die Analyse einiger Seiten der wissenschaftlichen Tätigkeit V. I. VERNADSKIJS erlaubt die Feststellung, daß er in allen Wissenschaften, die sich mit der Materie der Erde befassen, ein Pionier war. Die beschreibende Mineralogie wird durch die Arbeiten V. I. VERNADSKIJS und seiner Nachfolger zur genetischen Mineralogie. Als Gegengewicht zu der vor ihm herrschenden Betrachtung eines Minerals als etwas Statischem und eines Teils eines stationären „Natursystems" (nach CARL VON LINNÉ) entwickelte er eine evolutionäre Theorie der Bildung der Mineralien, die er in einer Reihe seiner Arbeiten darlegte: „Versuch einer beschreibenden Mineralogie" (1909–1922) [4] und „Geschichte der Mineralien der Erdkruste" (1933) [8]. Das Ziel der genetischen Mineralogie besteht nach V. I. VERNADSKIJ in folgendem: Ermittlung der chemischen Zusammensetzung der Mineralien; Klärung der Bedingungen der chemischen Reaktionen, die in jeder Entwicklungsetappe der Erdkruste zur Bildung und Veränderung der Mineralien führten; Studium der Erscheinungen des gemeinsamen Vorkommens von Mineralien — der paragenetischen Systeme. Hier entwickelt er auch die Begriffe „Mineral", „Gestein", „chemisches Element", „Atom" als Abbilder elementarer natürlicher Systeme. Der Begriff „Mineral", der die natürlichen chemischen Verbindungen eines beliebigen Aggregatzustandes einschließt, war die wissenschaftliche und methodologische Grundlage für das Studium der geochemischen Prozesse. Er trug zur allseitigen Analyse und Systematik der miteinander zusammenhängenden Formen der natürlichen Verbindungen bei, zur Aufdeckung ihrer Genese und Paragenese, der Bedingungen für die Veränderung der Mineralien sowie ihrer Verbreitung in den verschiedenen Geosphären. Als Hauptmethode der Mineralogie bezeichnete V. I. Vernadskij die chemische Analyse und Synthese der Mineralien auf der Grundlage des Studiums der natürlichen geologischen Prozesse, der Paragenese und Pseudomorphose. [2]

V. I. Vernadskij ermittelte, daß ein großer Teil der Mineralien isomorphe Gemische darstellt (analog einer chemischen Formel), die sich zu Reihen chemischer Elemente gruppieren, die er als isomorphe Elemente bezeichnete. Die Elemente, die unter bestimmten Bedingungen der Erdkruste einander ersetzen können, gruppierte er zu 20 isomorphen Reihen. Die von ihm festgestellten Systeme und die Gesetzmäßigkeiten ihrer Veränderung geben die Möglichkeit der Voraussage, wo man welche Elemente gemeinsam antreffen kann, d. h., sie erlaubten es, bewußt die Erkenntnis der Verteilungsgesetzmäßigkeiten der chemischen Elemente in den Gesteinen und Mineralien als Produkte verschiedener Prozesse (magmatischer, metamorpher und sedimentärer) zu entwickeln. Damit fand das Aufsuchen von Lagerstätten mineralischer Rohstoffe eine wissenschaftliche Grundlage.

Die Prinzipien der Systemuntersuchung fanden insbesondere in den Arbeiten V. I. Vernadskijs bei der Analyse der Mineralgruppen der Silikate und Alumosilikate eine erfolgreiche Anwendung. Bekanntlich wurden bis zum Ende des 19. Jahrhunderts die Alumosilikate als Salze von Kieselsäuren betrachtet. V. I. Vernadskij stellte aber fest, daß das Aluminiumoxid in komplizierte Alumokieselsäuren eingebaut werden kann. Er entwickelte eine Theorie vom Bau der Alumosilikate, der Vorstellungen von der Existenz eines für sie gemeinsamen Kaolinkerns zugrunde liegen. Zu dessen Zusammensetzung gehören: 2 Atome Al, 2 Atome Si und 7 Atome O. Er bewies, daß die Alumosilikate die Salze der Alumokieselsäure sind (1937). In der Moskauer Universität (1910) behandelte V. I. Vernadskij in seiner Mineralogievorlesung nicht nur die Systeme der Mineralien, sondern hauptsächlich ihre Bildungsgeschichte, die Geschichte der chemischen Elemente und Atome auf dem Planeten Erde. Hier bildete sich der Begriff vom Gegenstand einer neuen Wissenschaft — der Geochemie — heraus. Die Geochemie formierte sich, wie A. E. Fersman unterstrich, auf der Grundlage der Begriffe vom Atom und vom chemischen Element sowie auf der Basis einer neuen Atomistik, neuen Chemie und neuen Theorie des radioaktiven Zerfalls. Das Studium der Verteilungsgesetzmäßigkeiten der chemischen Elemente in den Erdsphären ermöglichte ihm die Ausarbeitung eines neuen Modells der Erdhüllen (oder Geosphären), die sich voneinander durch die geochemische Zusammensetzung, die physikochemischen Eigenschaften und den thermodynamischen Zustand unterscheiden. V. I. Vernadskij unterstrich, daß zwischen den Geosphären — originären Systemen—, ebenso wie zwischen Erde und Kosmos, ein ständiger Austausch chemischer Elemente vor sich geht. Von diesen Positionen aus verteilte er alle Elemente des Periodischen Systems in Abhängigkeit von ihrer geochemischen Rolle beim Bau der Geosphären auf sechs Gruppen: Edelgase; Edelmetalle; zyklische Elemente; disperse Elemente; stark radioaktive Elemente; Seltene Erden. Er stellte fest, daß die zyklischen Elemente (C, O, Na, S, Ca, Fe) an den geochemischen Kreisläufen teilnehmen und daß diese Zyklen nur die Hauptmenge der jeweiligen chemischen Elemente erfassen, während ein Teil der Elemente unvermeidlich und ständig aus dem Kreislauf der Substanz der Erde verschwindet. Er stellte folgende Gesetzmäßigkeit fest: der Kreisprozeß ist nicht völlig umkehrbar. [10, S. 696]

Die Entdeckung des radioaktiven Zerfalls in den neunziger Jahren des vorigen Jahrhunderts erweckte sofort das Interesse von V. I. Vernadskij. Von diesem Augenblick an begann er, die Rolle der radioaktiven Elemente in der Evolution der Substanz der Erde zu studieren, insbesondere in den von ihm untersuchten Geosphären. Er entwickelte die Vorstellung, daß die gesamte innere Energie der Erde, die die tektonischen und vulkanischen Phänomene hervorruft und auch die Migration der chemischen Elemente bestimmt, auf der Energie des radioaktiven Zerfalls basiert. Die radioaktiven Elemente befinden sich hauptsächlich in der Granitschale der Lithosphäre. Unter ihr entstehen durch den Zerfall der Elemente die Magmenherde [3]. Auf der Grundlage dieser Theorie organisierte er als erster in Rußland das Aufsuchen von Lagerstätten radioaktiver Erze, die Radium und Plutonium enthielten (1914). Ferner schlug er zusammen mit A. E. FERSMAN eine neue Methode zur Bestimmung des absoluten Alters der Gesteine anhand des radioaktiven Zerfalls einer Reihe von Elementen vor. V. I. VERNADSKIJ sah auch die Bedeutung des Studiums der radioaktiven Elemente und Erze im Leben der Gesellschaft voraus. Er schrieb: „Wir nähern uns einem großen Umschwung im Leben der Gesellschaft ... jene Zeit ist nicht mehr fern, in der der Mensch die Atomenergie in seine Hand bekommen wird, eine solche Kraftquelle, die ihm die Möglichkeit geben wird, sein Leben einzurichten, wie er will ... Die Wissenschaftler dürfen nicht die Augen vor den möglichen Folgen ihrer wissenschaftlichen Arbeit verschließen ... Sie müssen die Verantwortlichkeit für die Folgen ihrer Entdeckungen erkennen". [10]

Beim Studium der Verbreitung der chemischen Elemente in der Hydrosphäre stellt V. I. VERNADSKIJ das Gesetz von der Einheit und der Wechselbeziehung der natürlichen Wässer mit den Gesteinen der Erdkruste, mit ihrem Gasregime und den Organismen auf. Er verdeutlichte folgendes: Obgleich die Erdkruste in bezug auf die scharfe Trennung der Wässer des Festlandes und der Ozeane assymmetrisch ist, sind die natürlichen Wässer in ihrer Genese einheitlich und durch Phasenübergänge miteinander verbunden. Die Rolle der Arbeiten V. I. VERNADSKIJS für die Entwicklung der Lehre von den natürlichen Wässern, der Wissenschaft der Hydrogeochemie, wird in den Arbeiten von M. G. VALJAŠKO, D. I. GORDEEV und K. P. MEL'NIKOVA ausführlich gewürdigt. (z. B. [15])

Durch die Hervorhebung der *Biosphäre* schuf V. I. VERNADSKIJ eine neue Wissenschaft — die Biogeochemie —, indem er die Ergebnisse von drei Wissenschaften zusammenfaßte: von Geologie, Biologie und Chemie. Er deckte als erster die Funktionen der Biosphäre auf und gelangte zu dem richtigen Schluß, daß es innerhalb der Millionen Arten keine einzige gibt, die allein alle geochemischen Funktionen des Lebens erfüllen kann, und die ursprünglich existierende morphologische Zusammensetzung der Biosphäre recht kompliziert gewesen sein muß. Deshalb „konnten die ersten Formen des Lebens bei der Herausbildung der Biosphäre nicht in Gestalt eines beliebigen Organismus erfolgen, sondern als Gesamtheit, die den geochemischen Funktionen des Lebens entspricht". Er entwickelte eine grundlegende Konzeption von der Biosphäre als eines planetaren Systems (der Organisiertheit des Lebens), das ein gesetzmäßiger Teil der kosmischen Organisiertheit ist. VERNADSKIJ äußerte Ideen über die Evolution dieser Organisiertheit und zeigte die Rolle der lebenden Substanz sowie der natürlichen Wässer in der Biosphäre. Er machte eine Reihe prinzipieller Aussagen über den Charakter des evolutionären Prozesses und seine Triebkräfte, die Gerichtetheit der ständigen Entstehung von Formen im gesamten Prozeßverlauf und über den immer mehr zunehmenden Einfluß des Lebens auf die Umwelt. [5]

Zur Charakteristik der rezenten Entwicklungsetappe schreibt V. I. VERNADSKIJ: „Das Gebiet des Lebens — die Biosphäre — geht schnell in einen neuen Zustand — die Noosphäre — über, die sich mit Hilfe des wissenschaftlich ausgerichteten Verstandes des Menschen auf diesem Wege geologisch stark verändert. Die Menschheit, im Ganzen genommen, wird eine gewaltige geologische Kraft, und vor ihr, vor ihrer Intelligenz und ihrer Arbeit, erwächst eine neue Frage der Umgestaltung der Biosphäre im Interesse der Menschheit als eines einheitlichen Ganzen. Dieser neue Zustand der Biosphäre, dem wir uns, ohne das zu merken, nähern, ist eben die ‚Noosphäre'" [9]. Er betrachtete diesen Prozeß des Übergangs als gesetzmäßige natürlich-historische Etappe der Evolution des Planeten Erde. Daraus, so nahm er an, resultiert die Notwendigkeit einer vernünftigen Organisation der Wechselwirkung zwischen Gesellschaft und Natur, der Lösung der Probleme einer rationellen Nutzung der Naturreichtümer und des Schutzes des geologischen Milieus. Heute jedoch befinden sich die Aufgaben der Bewahrung der Gleichgewichte des natürlichen Milieus im unversöhnlichen Widerspruch zu den Prinzipien der kapitalistischen Produktionsweise materieller Güter und zu den von den Militaristen aufgestellten Plänen zur Massenvernichtung der Menschen und der Zivilisation.

Die Rolle V. I. VERNADSKIJS bei der Ausarbeitung der theoretischen Grundlagen der Lehre von der Biosphäre wird heute von den Wissenschaftlern international anerkannt. Im Vorwort zur englischen Ausgabe der Monographie „Die Biosphäre" wird mitgeteilt: „Der Begriff ‚Biosphäre' fand bis zu einem gewissen Grade zufällig Eingang in die Wissenschaft. Vor etwa hundert Jahren, 1875, verwendete der österreichische Geologe EDUARD SUESS diesen Terminus, als er von den verschiedenen Hüllen der Erdkugel sprach. Das spielte jedoch in der Entwicklung des wissenschaftlichen Denkens solange keine merkliche Rolle, bis 1926 zwei Vorlesungen des russischen Mineralogen V. I VERNADSKIJS veröffentlicht wurden. Die Konzeption der Biosphäre, die wir heute akzeptieren, stützt sich in der Hauptsache auf die Ideen V. I. VERNADSKIJS."

Es stellt sich die Frage, wie es V. I. VERNADSKIJ gelang, derartige wissenschaftliche Konzeptionen zu schaffen, die heute von den meisten Wissenschaftlern akzeptiert werden, weite Verbreitung erlangen, das Aufsuchen von mineralischen Rohstoffen und natürlichen Wässern befördern und die Lösung von Problemen einer rationellen Leitung der Volkswirtschaft gewährleisten. Die Antwort ist naheliegend. Die historisch-systemhaften Prinzipien und Methoden des Studiums der Substanzen der Erde erlaubten es ihm, wissenschaftlich begründete geologische Modelle zu schaffen, die durch die geologische Geschichte voll bestätigt wurden. Er stellte den Leitsatz auf, daß jedes Untersuchungsobjekt von verschiedenen Gesichtspunkten betrachtet und durch eine zahllose Menge von Variablen charakterisiert werden kann. Er deckte die Möglichkeiten zur Schaffung einer Vielzahl gleichberechtigter System-Modelle eines Objekts mit vorgegebenen Eigenschaften auf und betonte, daß die bestimmende Besonderheit eines beliebigen Systems seine Integrität ist. Diese erlaubt es, auf den ersten Blick die „unorganisierte Kompliziertheit" der geochemischen Erscheinungen zu ordnen, die nur solche Eigenschaften und Zusammenhänge der Prozesse widerspiegelt, die als Erscheinungen einer neuen Ordnung auftreten können und ihre quantitative Definiertheit unter konkreten Bedingungen beibehalten. Dieses Herangehen entsprach der These, daß die Integrität die Entstehung einer neuen integralen Qualität, von emergenten Eigenschaften bestimmt, die „auf der Grundlage der Kenntnis der Teile und des Verfahrens ihrer Vereinigung nicht vorhergesagt werden können" (W. R. ASHBY). Die Integrität kann mit dem Begriff der Homogenität von Reihen, Mineralien, Mikrosystemen von Einschlüssen in den Mineralien u. dgl. verglichen werden.

Die historisch-geochemischen Prinzipien der Ausgliederung der Untersuchungsobjekte geben V. I. VERNADSKIJ und A. E. FERSMAN die Möglichkeit, das systemhafte Herangehen anzuwenden, dessen Quellen auf die Mitte des 19. Jahrhunderts zurückgehen. Hier sind vor allem die Arbeiten von K. MARX zu erwähnen, in denen die Prinzipien des Systemcharakters der Gesellschaftstheorie entwickelt werden, ferner die philosophisch-methodologischen Arbeiten von W. I. LENIN und die Arbeiten des hervorragenden Evolutionstheoretikers CH. DARWIN. Dieser Zusammenhang erklärt sich daraus, daß der in der Biologie und besonders in der Geschichte der Gesellschaft beschriebene Reichtum der verschiedenen Typen von Systemen und die große Kompliziertheit der Wechselverhältnisse ihrer Elemente das natürliche Bestreben hervorgerufen haben, einen klaren Begriff von ihnen zu bekommen.

Vor den Arbeiten V. I. VERNADSKIJS und A. E. FERSMANS war über die Prozesse der Mineral-, Erz- und Gesteinsbildung bereits viel bekannt. Man betrachtete sie jedoch nicht als Evolution einzelner Systeme in der Evolution der Substanzen der Erde, im einheitlichen geochemischen System Erde und einzeln in allen ihren Sphären, insbesondere in der Biosphäre und Noosphäre. Die systemhaften Grundsätze der Untersuchungen garantierten die Lösung von Fragen, die die Veränderung der Intensität und Gerichtetheit der geochemischen Prozesse betrafen. Sie geben die Möglichkeit, die Parameter der

Veränderung der Prozesse zu prognostizieren. Das war notwendig für die wissenschaftliche Begründung der Methoden für das Aufsuchen und die Erkundung mineralischer Rohstoffe, für die Schaffung technologischer Schemata, um neue Materialien für Industrie und Medizin zu erhalten, für die Ausarbeitung von Maßnahmen zur rationellen Nutzung des geologischen Milieus — des Lebens- und Arbeitsmilieus des Menschen.

V. I. VERNADSKIJ und A. E. FERSMAN hatten verstanden, daß das systemhaft-historische Herangehen, mit der Gesamtheit der zu seiner Struktur gehörenden Methoden, das allgemeinste und objektivste Verfahren zur Erlangung von Informationen über die qualitativen Parameter der elementaren natürlich-historischen Systeme sowie der entsprechenden Elemente des geologischen Milieus, ist. Nach Meinung von V. I. SMIRNOV „besaßen die glänzenden wissenschaftlichen Ideen V. I. VERNADSKIJS und A. E. FERSMANS eine solche Wirkungskraft, daß sie für lange Zeit das Denken ihrer Schüler an der Moskauer Universität bestimmten und die mineralogisch-geochemische Richtung bei den Untersuchungen der natürlichen Rohstoffe, das Studium der mineralischen Zonalität der Bodenschätze, die Untersuchung der Wechselbeziehungen der Prozesse des geologischen Milieus, die Forschungen über die Erze und insbesondere die radioaktiven Substanzen über die Prozesse der Lithogenese und Technogenese bedingten". [19]

A. E. FERSMAN vertrat in allen wesentlichen Fragen die gleichen Auffassungen wie V. I. VERNADSKIJ und entwickelte die für die praktische Nutzung wichtigsten Ideen, Theorien und Vorstellungen seines Lehrers weiter. Er sprach den Gedanken aus, daß die Elemente des belebten und des unbelebten Geonatursystems in der Evolution der geochemischen Prozesse und ihrer Energetik eine prinzipiell unterschiedliche Rolle spielen. Das heißt, daß die anorganische Natur der Vereinfachung zustrebt, während die organische Natur kompliziertere Verbindungen schafft und bedeutende Energiemengen akkumuliert, sie aufnimmt und transformiert, was besonders für die Sonnenenergie gilt. [26] Noch früher lenkte A. E. FERSMAN die Aufmerksamkeit der Wissenschaftler auf das Erfordernis, den Einfluß der technischen und biogenen Tätigkeit des Menschen zu berücksichtigen. Diese Tätigkeit bestimmt im Verlauf der Zeit immer stärker die Richtung der biogeochemischen Prozesse der Erdkruste, die in der Biosphäre ablaufen. Sie stört häufig das entstandene Gleichgewicht der natürlichen Systeme, indem Zusammensetzung und Zustand der Lithosphäre, Hydrosphäre und Atmosphäre verändert werden. [24] Die systemhaften Untersuchungsprinzipien lassen sich auch in seinen 1912 gehaltenen Vorlesungen über Geochemie verfolgen; darin legte er die Probleme des chemischen Systems der Erde und ihrer einzelnen Sphären sowie seine Vorstellungen über die chemischen Umwandlungen dar.

Das größte Verdienst von V. I. VERNADSKIJ und A. E. FERSMAN besteht nach Ansicht der Spezialisten darin, daß sie den Charakter und die Verteilungsgesetzmäßigkeiten der chemischen Elemente in jeder Sphäre ermittelten und die Elemente nach ihrer Verbreitung in Dekaden einteilten. Das gab die Möglichkeit, den Gehalt der seltenen Elemente in der Lithosphäre, der Hydrosphäre, speziell im Ozean, und in der Atmosphäre genauer festzustellen und eine Theorie der Bildung der Silikate, des Siliciums, des Mangans, des Broms, des Iods, des Kohlenstoffs und der radioaktiven Elemente in der Erdkruste auszuarbeiten. Daraus ergaben sich Voraussetzungen dafür, Methoden zur künstlichen Gewinnung von Kristallen mit vorgegebenen Eigenschaften zu entwickeln. Ebenso wie V. I. VERNADSKIJ verwandte A. E. FERSMAN viel Aufmerksamkeit auf die Bearbeitung von Fragen der theoretischen Geochemie, um den Kreislauf der Materie in der Natur und die Rolle der lebenden Organismen im einheitlichen Evolutionsprozeß zu klären. Er stellte fest, daß sich nicht alle chemischen Elemente im Kreislauf der Materie aktiv verhalten. Bei einer relativen Passivität der einen Elemente „nehmen die anderen ständig an den chemischen Umwandlungen der Erde teil, und ähnlich dem Stickstoff oder Kohlenstoff gehen sie ständig in neue Verbindungen über. Die komplizierte Kette der

Erscheinungen schließt sich des öfteren mittels der Organismen zu einem zyklischen Prozeß ...". [26]

A. E. FERSMAN und V. I. VERNADSKIJ arbeiteten unter den Bedingungen der umfassenden Anwendung eines neuen Herangehens und einer dialektischen Konzeption der Entwicklung der Gesellschaft. Das war eine Etappe, in der die Naturwissenschaft im allgemeinen und die Geologie im besonderen zur Klärung der exakten qualitativen und quantitativen Verhältnisse und Zusammenhänge zwischen den Erscheinungen, Prozessen und natürlichen geochemischen Systemen überging. Mit ihren Arbeiten begann eine neue Etappe in der Geologie — die Etappe der Nutzung der Entdeckungen in Physik und Chemie, der systemhaften Prinzipien und neuen Methoden der anderen Naturwissenschaften, z. B. des Periodischen Systems D. I. MENDELEEVS sowie der in Chemie und Biologie nachgewiesenen Gesetze und der mathematischen Methoden. Das Gesagte gibt uns das Recht zu der Behauptung, daß die Geologie durch ihre Arbeiten ein neues Entwicklungsniveau erreicht.

Als Hauptaufgabe der Geochemie, in ihrer dialektischen Interpretation der Fakten, betrachteten V. I. VERNADSKIJ und A. E. FERSMAN den Nachweis nicht der äußeren Ähnlichkeit der Mineralien (Mikrosysteme), sondern des chemischen Wesens konkreter Bildungen und Systeme sowie ihrer inneren Einheit, verstanden als widersprüchliches Ausgangsverhältnis der einzelnen chemischen Elemente. Die von ihnen verwendeten Prinzipien der Systemuntersuchung enthüllten die Tiefe und die Signifikanz des genetischen Herangehens. Sie zeigten, daß der kristallchemische Prozeß der Mineralbildung die Grenze des Abstrahierens in der geologischen Erkenntnis ist. Folglich ist der mineralische Teil des geochemischen Kreislaufs der Beginn der Bildung eines geologischen Systems oder tritt als solcher auf.

A. E. FERSMAN gehört auch das Verdienst, die Theorie der Bildung der Magnesiasilikate ausgearbeitet zu haben (1913). Wie N. A. SMOL'JANINOV schrieb, betrat A. E. FERSMAN mit dieser Arbeit ein fast unberührtes und für die russische Mineralogie völlig neues Gebiet sehr schwieriger Fragen, betreffend die Untersuchung von Verbindungen und geologischen Bildungen, die mit kolloiden Systemen zusammenhängen. Ihm schien, daß gerade bei der Untersuchung instabiler und extrem mobiler Verbindungen die Möglichkeit auftreten wird, große Entdeckungen zu machen, besonders bei der Erkenntnis der Genese der Mineralien und der Klärung ihres Gesamtbildungsprozesses. In gedanklicher Nähe dazu steht auch die Arbeit von A. E. FERSMAN „Die Pegmatite". Sie befaßt sich mit der Klärung eines in der Natur weit verbreiteten Prozesses, mit der Analyse seiner Produkte, also einzelner seiner Mineralien und Verbindungen. In dieser Arbeit unternahm er den Versuch, neue Vorstellungen über die Bildungsbedingungen der Pegmatite, über die Mineralien und ihre langandauernde Evolution, über ihre paragenetischen Verhältnisse und typomorphen Besonderheiten darzulegen. Später ging A. E. FERSMAN zum Studium der allgemeinen geochemischen Bildungsbedingungen von Lagerstätten mineralischer Rohstoffe über. Ein markantes Beispiel für eine Arbeit dieser Art ist die Untersuchung der Morphologie und Geochemie von Tjuja-Mujun, worin alle Grundzüge der endogenen und exogenen Prozesse behandelt werden, die für die Charakteristik des geochemischen Prozesses wichtig sind: Morphologie und Struktur des Lagers, das Verhältnis zwischen Erzkörper und Gesteinen, die Veränderungen der Temperatur im Verlaufe des Prozesses, die Substanzquellen, Rolle und Verhalten der einzelnen chemischen Elemente bei der Bildung der Lagerstätte usw. Er lieferte eine beispielhafte Methodologie, demonstrierte die Möglichkeiten des systemhaften Herangehens beim Studium von Erzlagerstätten und die außerordentliche Bedeutung der geochemischen Methoden beim Aufsuchen mineralischer Rohstoffe. A. E. FERSMAN hob die Priorität V. I. VERNADSKIJS bei der Lösung vieler Probleme der Wissenschaft hervor und unterstrich, daß „das Element selbst im Weltgebäude, sein Aufbau als physikalisches und energetisches System" für ihn (V. I. VERNADSKIJ — K. M.)

jener Angelpunkt der Welt war, „um den herum sich das Leben und das ganze Weltall aufbaut“ [28, S. 3].

V. I. VERNADSKIJ und A. E. FERSMAN waren Gelehrte, die die Prozesse der Natur in ihrer integralen Form auf der Grundlage großer Kenntnisse der Ergebnisse vieler fundamentaler Wissenschaften analysierten.

Literatur

[1] VERNADSKIJ, V. I.: Über die wissenschaftliche Weltanschauung. — Moskva: 1903, 54 S.

[2] VERNADSKIJ, V. I.: Die Paragenese der chemischen Elemente in der Erdkruste. — Im Buch „Dnevnik XII s'ezda russkich estestvoispytatelej i vračej (1905—1910). Otd. I. — Moskva: Tip-Lissnera i Sobko, 1910, S. 73—91.

[3] VERNADSKIJ, V. I.: Die radioaktiven Erze in der Erdkruste. — Tr. 2-go s'ezda dejatelej praktičeskoj geologii. — Moskva: 1912, S. 3—15.

[4] VERNADSKIJ, V. I.: Versuch einer beschreibenden Mineralogie. — St. Petersburg: RAN, 1908—1922. T. I, vyp. 1—5, T. 2. vyp. 1—2.

[5] VERNADSKIJ, V. I.: Die Biosphäre. — Leningrad: Nauč. chim. techizdat, 1926, 145 S.

[6] VERNADSKIJ, V. I.: Über die Klassifikation und chemische Zusammensetzung der natürlichen Wässer. — Ž. Priroda (1929) No. 9, S. 15—20.

[7] VERNADSKIJ, V. I.: Das volle Gleichgewicht der Erdkruste und die chemischen Elemente. — Ž. Priroda (1933) No. 8—9, S. 2—18.

[8] VERNADSKIJ, V. I.: Geschichte der Mineralien der Erdkruste. — T. 2, Istorija prirodnych vod. Č. I, vyp. I, Gos. chim. techizdat. — Leningrad: 1933.

[9] VERNADSKIJ, V. I.: Einige Worte zur Noosphäre. — Sammelband „Uspechi sovremennoj biologii“. 1944. T. 18, vyp. 2, S. 118—123.

[10] VERNADSKIJ, V. I.: Ausgewählte Werke. Umrisse der Geochemie. T. I. — Moskva: Izd. AN SSSR, 1954, S. 696.

[11] VERNADSKIJ, V. I.: Ausgewählte Werke. T. V. — Moskva: Izd. AN SSSR, 1960, S. 228—237.

[12] KUZ'MIN, V. D.: Das Prinzip der Systemhaftigkeit in der Theorie und Methodologie von KARL MARX. — Moskva: 1976.

[13] KURAŽKOVSKAJA, E. A.; GORDEEV, D. I.: Das Verhältnis zwischen systemhaftem und historischem Herangehen bei der Untersuchung natürlich-historischer Systeme. — Sammelband „Istorija i metodologija estestvennych nauk. Vyp. XIII. Geologija. — Moskva: Izd. Mosk. un-ta, 1974, S. 24—39.

[14] MEL'NIKOVA, K. P.; GONČAROVA, L. V.; MOROZOV, S. S.: Die Entwicklung der physikochemischen Richtung in der technischen Melioration der Böden. — Materialy VI Vsesojuznogo soveščanija po zakrepleniju gruntov. — Moskva: Izd. MGU, 1968, S. 5—11.

[15] MEL'NIKOVA, K. P.; GORDEEV, D. I.: V. I. VERNADSKIJ über das Wasser. — Z. geol. Wiss., Berlin (1971) 6/7, S. 727—734.

[16] MEL'NIKOVA, K. P.: Der Einfluß der Ideen V. I. VERNADSKIJS auf die Entwicklung der Bodenkunde und der Agrochemie. — Sammelband Tezisy konferencii „MGU — sel'skomu chozjajstvu“ — Moskva: Izd. MGU, 1971.

[17] MEL'NIKOVA, K. P.: Die Ideen V. I. VERNADSKIJS über die in der oberen Zone der Erdkruste ablaufenden Prozesse. — Sammelband „Istorija i metodologija estestvennych nauk“. Vyp. XIII. Geologija. — Moskva: Izd. MGU, 1974, S. 129—142.

[18] MEL'NIKOV, F. P.: Das systemhafte Herangehen bei den Untersuchungen der Erzlagerstätten. — Sammelband „Istorija i metodologija estestvennych nauk“. Vyp. XXIII. Geologija. — Moskva: Izd. MGU, 1979, S. 103—108.

[19] SMIRNOV, V. I.: Abriß der Geschichte und der Methodologie der Lagerstättenkunde an der Moskauer Universität. — Sammelband „Istorija i metodologija estestvennych nauk“. Vyp. XIII. Geologija. — Moskva: Izd. MGU, 1974, S. 10—24.

[20] SERGEEV, E. M.; MEL'NIKOVA, K. P.: Die Ideen V. I. VERNADSKIJS über die Noosphäre und die weitere Entwicklung der Ingenieurgeologie. — Vestnik Mosk. un-ta, serija IV. Geologija. 1963, No. 1, S. 12—18.

[21] Tichomirov, V. V.: Die Geologie in der Akademie der Wissenschaften (von Lomonosov bis Karpinskij). — Očerki po istorii geologičeskich znanij. Vyp. 20. — Moskva: Izd. „Nauka", 1979, 300 S.
[22] Fersman, A. E.: Neue Wege der Mineralogie. — Ž. Russkaja mysl' (1912), S. 33—53.
[23] Fersman, A. E.: Zur Frage der Genese der Mineralien und ihren gegenseitigen Umwandlungen. — Tr. SPb. o-va estestvoispytatelej. — 1912, **43**, vyp. I, S. 255—278.
[24] Fersman, A. E.: Vorlesungen über Geochemie. — St. Petersburg: 1912, 200 S.
[25] Fersman, A. E.: Ein neuer Typ physikochemischer Prozesse in der Natur. — Ž. Priroda, St. Petersburg (1913) No. 6, S. 756—757.
[26] Fersman, A. E.: Geochemie und Erzkörper. — Ž. Technik (1913) No. 12, S. 1—8.
[27] Fersman, A. E.: Das chemische Leben der Erdkruste. — Ž. Priroda, St. Petersburg (1914) No. 1, SPb, S. 153—156.
[28] Fersman, A. E.: Geochemie. — Chimteoretizdat, 1937, 123 S.
[29] Fersman, A. E.: Geochemie und Mineralogie der Polargebiete. — Dokl. AN SSSR, 1938, **19**, No. 18

Schriftenr. geol. Wiss. · Berlin 24 (1985) · S. 105—112

Retrospektive Analyse des Begriffs „Aktualismus" in der Paläogeographie

Von JU. JA. SOLOV'ËV (Moskau)

Die Frage nach der Art und Weise der Untersuchung der physisch-geographischen Bedingungen in der Vergangenheit der Erde war und bleibt eine aktuelle Problematik in der Arbeit der Geologen. Es gibt unterschiedliche Standpunkte zu der Frage, wer der Begründer des Aktualismus war (ZITTEL 1899; GORDEEV 1951; TICHOMIROV 1959), es gibt Aussagen über die Fehlerhaftigkeit (Unzulänglichkeit) dieser ältesten Forschungsmethode (PUSTOVALOA 1952), es werden Versuche unternommen, neue Definitionen des Aktualismus zu geben.

Die Geschichte der Paläogeographie ist untrennbar mit der Entstehung und Entwicklung des Begriffs „Aktualismus" verbunden. Die Methode der vergleichenden Untersuchung der Naturobjekte wurde intuitiv von den Naturforschern der Antike, des Mittelalters und der Renaissance benutzt. Die Elemente der paläogeographischen Rekonstruktionen wurden von jeher mit einem aktualistischen Herangehen bei der Untersuchung der verschiedenartigen Erscheinungen, Prozesse und Phänomene der geologischen Geschichte kombiniert. Gewöhnlich wurden Gesteine mit der Zusammensetzung nach ähnlichen Sedimenten verglichen, deren Bildung und Akkumulation vor den Augen des Menschen erfolgt. Bei der Rekonstruktion des Bildes des Lebens und der Siedlungsbedingungen der fossilen organischen Reste wurde nach ihnen ähnlichen rezenten Formen der Tiere und Pflanzen gesucht.

Als wissenschaftliche Vergleichsmethode wurde der Aktualismus erstmalig am Ende des ersten Viertels des 19. Jahrhunderts von K. E. A. VON HOFF in Gotha (Thüringen) begründet und vorgeschlagen. Seit 1807 hatte er Angaben über die vor sich gehenden geologischen Erscheinungen gesammelt, sie systematisiert und studiert, sie mit historischen Zeugnissen in Zusammenhang gebracht und verglichen, wodurch er sie erklärte und Bilder der Erdgeschichte rekonstruierte. K. E. A. VON HOFF erhielt für den 1. Band seines fünfbändigen Werkes (1822—1841) einen von der Göttinger Wissenschaftlichen Gesellschaft ausgesetzten Preis. [5] Er demonstrierte die methodologische Bedeutung des Studiums der rezenten Erscheinungen für die Rekonstruktion der geologischen Entwicklungsgeschichte der Erde. Nach Überprüfung der Erfolge des elementaren Aktualismus erhob K. E. A. VON HOFF das vergleichende Studium in den Rang einer Methode, analog dem Experiment in Chemie und Physik.

CH. LYELL, der im zweiten Viertel des 19. Jahrhunderts die Dokumente der steinernen Chronik der Erde enträtselte, betrachtete den direkten Vergleich als universelle Forschungsmethode. Er formulierte kurz und bildhaft ihr methodologisches Wesen: Die Gegenwart ist der Schlüssel zum Verstehen der Vergangenheit. Die von ihm erarbeitete Konzeption des „Uniformismus" sah als Axiom die Verwendung des Aktualismus als Vergleichsmethode vor. Bei der Begründung seiner Lehre bediente sich CH. LYELL in entscheidendem Maße dieser Methode, indem er die objektive Notwendigkeit des Studiums der rezenten geologischen Prozesse für die Realisierung paläogeographischer Rekonstruktionen bewies. Er ergänzte die aktualistische Methode durch ein konsequentes System, das auf drei Prinzipien beruht: „1) Die Kräfte, die die Erdkugel im Verlauf der geologischen Epochen umgestaltet haben, zeichneten sich nach ihrem Charakter und ihrer Intensität durch Gleichförmigkeit aus — Prinzip der Gleichförmigkeit; 2) diese Kräfte üben ihre Wirkung allmählich aus und wirken auch in der Gegenwart langsam, aber kontinuierlich, ohne Katastrophen — Prinzip der Kontinuität; 3) weil sich die vielen kleinen Wirkungen im Verlauf eines riesigen zeitlichen Intervalls realisieren, summieren sich die wenig merklichen Veränderungen und führen insgesamt zu grandiosen Umgestaltungen auf der Erde — Prinzip der Summierung kleiner Wirkungen im Verlauf einer langen Zeit. [16, S. 52]

Der als theoretische Grundlage der Geologie vorgeschlagene Uniformismus blieb bei den paläogeographischen Untersuchungen lange Zeit die herrschende Konzeption. Die Anhänger dieser Doktrin verglichen die alten Gesteine mit den rezenten Ablagerungen, fanden zwischen ihnen eine Ähnlichkeit nach der Zusammensetzung und dem Bau. Sie konstatierten die Identität zwischen den alten und den jüngsten Lavaströmen und stellten in den ältesten Bildungen durch Vergleich mit der Gegenwart Spuren der Arbeit des Meeres usw. fest. Indem sie bestrebt waren, die Ähnlichkeit der äußeren Bedingungen auf der Erdoberfläche im Verlaufe vieler Perioden zu beweisen, betonten die Uniformisten, daß man bei paläogeographischen Rekonstruktionen von den Gesetzmäßigkeiten ausgehen könne, die für die rezenten Prozesse charakteristisch sind. Damit wurden die Materialität der Welt und die Erkennbarkeit der geologischen Vergangenheit bestätigt.

Nachdem sie sich an den einfachen Gedanken gewöhnt hatten, daß man die entfernte Vergangenheit der Erde nur vermittelt durch die Gegenwart erkennen könne, hielten viele Paläogeographen bis in die erste Hälfte des 20. Jahrhunderts hinein ein solches Herangehen, das keinerlei andere Alternative und keine zusätzlichen Erklärungen oder Klauseln verlangte, für überzeugend. Einzelne Fakten, die Ereignisse der unbelebten Natur betreffen und mit der Gegenwart nicht vergleichbar waren, fanden nicht die gebührende Aufmerksamkeit oder wurden übersehen, da die uniformistisch denkenden Geologen zielstrebig bemüht waren, das zu finden, was sie suchten, d. h. Ähnliches oder wenigstens Analoges. Große Beachtung fand z. B. die relative Wiederholbarkeit der Sedimentationsverhältnisse in der Entwicklungsgeschichte der Erdkruste. Es wurde angenommen, daß die Sedimente der geologischen Vergangenheit und der Gegenwart gemeinsame Charakterzüge aufweisen, was für die Rekonstruktion der unterschiedlichen paläogeographischen Situationen wichtig war. Aber bei der vergleichenden Untersuchung der Versteinerungen in den Sedimentgesteinen, die einander im Profil von unten nach oben ablösen, zeigte sich der allmähliche Übergang zu immer höher organisierten und sich nicht wiederholenden Formen der Tiere und Pflanzen. 1859 zog CH. DARWIN im Buch "On the origin of species by means of natural selection" („Über den Ursprung der Arten durch natürliche Zuchtwahl") die Folgerung, daß eine einmal ausgestorbene Art nie mehr erneut in identischer Form neu entsteht, wie oft sich auch die Lebensbedingungen wiederholen mögen. [9, S. 542] Um die Kette der fortschreitenden gerichteten Umwandlungen organischer Formen zu rekonstruieren, erwies sich die Methode des Aktualismus allein als unzureichend. Allmählich begann die „in der Luft liegende" Idee der irreversiblen Entwicklung der Natur in den Köpfen der Naturforscher Fuß zu fassen.

In der Zeit vor DARWIN verhielten sich die russischen Naturforscher dialektisch beim Vergleich rezenter und vergangener geologischer Erscheinungen. M. V. LOMONOSOV (1763), D. I. SOKOLOV (1839) und K. F. ROUILLIER (1857) wiesen auf die Unmöglichkeit hin, durch direkten Vergleich ausnahmslos alle Erscheinungen der Vergangenheit zu erklären. Sie waren der Auffassung, daß die Entwicklung der organischen und der anorganischen Welt ein komplizierter historischer Prozeß ist. Er ist irreversibel, gerichtet und erschöpft sich nicht in seiner Erklärung durch die Faktoren der Gegenwart. Die Idee des vergleichenden Studiums der geologischen Erscheinungen in Zeit und Raum drang in das Denken der russischen Naturforscher ein. V. O. KOVALEVSKIJ (1875) z. B., der die Ablagerungsverhältnisse der „Lignitserien" Frankreichs im Känozoikum rekonstruierte, verglich diese Bildungen nicht nur mit den rezenten, sondern auch mit den analogen Sedimenten der Kreidezeit. [18]

Ch. Lyell schrieb folgendes: „... bei der Betrachtung der Veränderung im System der Erde sowohl im Hinblick auf die organischen als auch anorganischen Bildungen ... kann man nicht übersehen, daß zumindest für die organische Welt das Gesetz der Evolution und des Fortschritts existiert". [16] Der Uniformismus begann daher, als theoretische Basis der Paläogeographie, allmählich seinen Platz an den Evolutionismus abzutreten, der die Verwendung der vergleichend-historischen Methode neben der aktualistischen erlaubte. Die neue theoretische Konzeption der Naturwissenschaft ermunterte die Paläogeographen, den qualitativen Umwandlungen der Natur größere Beachtung zu schenken, wobei sie empfahlen, den Maßstab der geochronologischen Zeitskale zu berücksichtigen und die wissenschaftlichen Methoden auf der Grundlage theoretischer Verallgemeinerungen mit philosophischem Charakter anzuwenden.

Johannes Walther propagierte am Ende des 19. Jahrhunderts die Notwendigkeit der vergleichenden Untersuchung der rezenten und alten Ablagerungen für die Realisierung paläogeographischer Rekonstruktionen. Bemerkt sei, daß in Aufsätzen, Büchern und Lehrbüchern, die im dritten Viertel des 19. Jahrhunderts oder später veröffentlicht wurden, häufig die Wortkombinationen "actual causes" und "causes actuelles" (rezente Ursachen) vorkommen, die nicht selten als Synonyme des Aktualismus verwendet wurden. J. Walther schlug statt des Terminus „Aktualismus" die neue Bezeichnung „ontologische Methode" vor, die seit langem in der Botanik und Zoologie gebräuchlich war.. Bei den Biologen ist die Ontologie die Lehre vom Wesen des Seins, d. h. der Wirklichkeit. J. Walther betonte nachdrücklich, daß man in der Geologie die Bezeichnung „ontologische Methode" nicht mechanisch verwenden darf, sondern die unwiederholbare Originalität der natürlichen Bedingungen der einzelnen Intervalle der geologischen Zeit und des Raumes berücksichtigen muß. Er wies auf die objektiven Beschränkungen für die Anwendbarkeit dieser Methode hin. Sie ergaben sich seiner Meinung aus der Unvollständigkeit der geologischen (paläontologischen) Chronik, der Unvollkommenheit unserer Kenntnisse über die rezenten Prozesse und Erscheinungen und darüber hinaus aus dem Fehlen einer absoluten Identität zwischen der Gegenwart und der Vergangenheit. Das klassische Werk von Johannes Walther „Einführung in die Geologie als historische Wissenschaft" (1893—1894) war in seiner Zeit ein Leitfaden für die Anwendung der Methode des Aktualismus bei der Rekonstruktion der Bilder, wie sie in der Entwicklungsgeschichte der anorganischen Natur und der organischen Welt existiert hatten. Auf der Grundlage eines gewaltigen Tatsachematerials im Ergebnis eigener Beobachtungen in verschiedenen Regionen der Erde entdeckte er viele Gesetzmäßigkeiten der rezenten Sedimentation. Er legte den Grund zur systematischen Bearbeitung der Bionomie, d. h. der Lehre von den Lebensräumen der Organismen und der Abhängigkeit ihrer Verbreitung von den äußeren physisch-geographischen Bedingungen. Hierbei stellte er sich als wichtigstes Ziel, die erhaltenen Daten für die Erkenntnis der Erdgeschichte zu nutzen. Es sei bemerkt, daß J. Walther und N. I. Andrusov während des VII. Internationalen Geologenkongresses 1897 in Petersburg die Idee äußerten, für die Lösung von Problemen der Vergangenheit der Erde ein internationales schwimmendes Institut zu schaffen. Diese Idee wurde von E. Haeckel, A. P. Karpinskij, K. Zittel und J. Murray unterstützt. Im Forschungsprogramm eines solchen Instituts wurde unterstrichen: „... der Geologe kann die Sedimente der früheren Epochen nicht begreifen, wenn er mit ihnen in der rezenten Situation ihrer Entstehung nicht bekannt ist. Wir können uns keinen Paläontologen vorstellen, der die ausgestorbenen Tiere oder Pflanzen untersucht, ohne Kenntnisse über die heute lebenden Formen zu haben. Unbestritten kann man versteinerte Muscheln, Korallen und andere Fossilien beschreiben, aber keiner wird bestreiten, daß wertvolle paläontologische Arbeiten nur bei gründlicher Kenntnis der lebenden Organismen geliefert werden können. Ebenso schwierig ist es, sozusagen ,versteinerte' Sedimente zu begreifen, ohne die ,lebenden' untersucht zu haben." [1, S. 73]

Beobachtung, Beschreibung und der unbedingte Vergleich bestimmter Prozesse und Erscheinungen — das sind die aufeinanderfolgenden Elemente jeder speziellen Forschungsmethode. Deshalb wurde der Aktualismus als allgemeinwissenschaftliche Methode gleichzeitig eine allgemeingeologische Methode. Nach einem treffenden Ausdruck von K. I. BOGDANOVIČ [3, S. 65] „zügelt der Aktualismus die Phantasie und stellt alle Folgerungen auf eine streng wissenschaftliche Grundlage". Die Methode des Aktualismus, die eine grundlegende Voraussetzung für die Dechiffrierung geologischer Dokumente war, half bei der Aufdeckung des allgemeinen Wesens geologischer Prozesse und Erscheinungen. Im Verlauf der paläogeographischen Untersuchungen wurde die aktualistische Methode zu einem Teil der breiteren vergleichend-historischen Methode. Das bedeutete aber nicht, daß sich der Aktualismus erschöpft hat. Die Ablehnung der aktualistischen Methode führte vor allem zur Unterschätzung des systematischen Studiums der rezenten Erscheinungen, und die ursprüngliche Erfassung der geologischen Vergangenheit beginnt bekanntlich mit der Wahl eines natürlichen Modells, das man unmittelbar beobachten kann. Die Methode des Aktualismus ist eine logische Folgerung der materialistischen Dialektik, einer der gnoseologischen Aspekte des Historismus. Wie E. V. ŠANCER [21] unterstrich, beruht der Aktualismus auf dem Gesichtspunkt der relativen Unveränderlichkeit im historischen Prozeß, während die vergleichend-historische Methode auf dem Aspekt der Veränderlichkeit im historischen Geschehen beruht.

Seit der zweiten Hälfte des 20. Jahrhunderts entwickelten sich unscharfe und differenziertere Auffassungen zum Aktualismus. Es wurden Ausdrücke wie „Prinzip des Aktualismus", „LYELLsches Prinzip des Aktualismus", „uniformistischer Aktualismus" geprägt, in denen man die Methode gewollt oder ungewollt mit einer wissenschaftlichen Konzeption identifizierte. Wir bringen ein Beispiel für die undeutliche und ungenaue Auffassung des Begriffs „Aktualismus". V. V. BERZILIN [4, S. 8] schreibt: „Als faktische Grundlage paläogeographischer Rekonstruktionen dienen die zugänglichen geologischen Objekte, während die methodologische Grundlage die Verwendung des Prinzips des Aktualismus ist, d. h. der vergleichend-lithologischen Methode". Die zweite Hälfte dieses Satzes ist ein Nachhall nicht ganz glücklicher Äußerungen von N. M. STRACHOV [19], der hin und wieder geschrieben hatte „die aktualistische vergleichend-lithologische Methode" oder „die vergleichend-lithologische Methode ist eine der Varianten des Aktualismus". Wenn man die entstandene Situation zusammenfassend charakterisiert, kann man folgendes sagen: ein Teil der Wissenschaftler interpretiert „Aktualismus" und „Uniformismus" korrekt, gibt richtige Definitionen (wenn auch manchmal unvollständige) und verwendet die Begriffe in den logischen Darlegungen hinreichend fruchtbringend. Andere Wissenschaftler, insbesondere der geologisch-geographischen Richtung, fassen diese Begriffe unkorrekt auf, definieren sie unbestimmt; in den logischen Überlegungen verwenden sie sie falsch, bisweilen aber auch richtig. Diese Lage hat nicht nur einmal zu Mißverständnissen und unzulässigen methodologischen Fehlern geführt. wodurch die Rolle des Aktualismus in der Paläogeographie verwischt und herabgesetzt wird.

Die sog. Antiaktualisten beteuern beharrlich, daß die Methode des Aktualismus mit der Ausarbeitung der uniformistischen Konzeption entstand. Diesen Standpunkt kann man aber nicht als begründet anerkennen. Der Terminus „Aktualismus" bedeutet „sovremenism" (Gegenwärtigkeit) und setzt das vergleichende Herangehen an die historische Analyse voraus: „Uniformismus" bedeutet wörtlich „Einförmigkeit"; diese Termini weisen auf den Charakter des historischen Prozesses hin. [6] Die Erkenntnis des Wesens der verschiedenartigen Erscheinungen der Erdgeschichte durch Vergleich mit den vor den Augen des Menschen sich abspielenden Ereignissen entstand schon sehr früh. Mit anderen Worten: die vergleichende Gegenüberstellung existierte lange vor der

Entwicklung der Lehre des Uniformismus und ihrer bedienten sich viele Naturforscher, unabhängig von ihrem theoretischen Credo. Die Anhänger der katastrophistischen Lehre z. B. hielten die Anwendung des Aktualismus bei der Erklärung solcher vergangener Ereignisse für notwendig, die durch die gewöhnlichen Naturkräfte hervorgerufen worden waren und im Verlauf ruhiger Epochen der Erdgeschichte wirkten. Nur für die Perioden der plötzlichen Wirkung übermächtiger, ungewöhnlicher Kräfte, deren Auftreten heute nicht zu beobachten ist, lassen die Anhänger der Katastrophentheorie keine Vergleiche mit der Gegenwart zu.

Seit der Mitte des 20. Jahrhunderts sammelte sich in starkem Maße paläogeographisches Material an, das mit den heute zu beobachtenden Naturerscheinungen nicht vergleichbar ist. Immer häufiger wurden Bildungen beobachtet, die in ihrer Art einzigartig sind, an besondere physisch-geographische Verhältnisse gebunden sind und nur im Verlaufe streng definierter Intervalle der Erdgeschichte existierten. Es zeigte sich, daß es innerhalb der rezenten Sedimente keine Analoga gibt, die den Kupfersandsteinen des Oberen Perms und des Präkambriums, der Schreibkreide der spätkretazischen Epoche, den Fusulinenkalken des Oberkarbons-Perms, den Graptolithenschiefern des Ordoviciums-Silurs gleichen usw. Bei der Rekonstruktion vergangener physisch-geographischer Verhältnisse ergaben sich deshalb Schwierigkeiten, weil unterschiedliche geologische Prozesse des öfteren zu gleichen Endresultaten führten, die man infolgedessen schwer mit der Methode des direkten Vergleichs erklären kann. Eines dieser Beispiele sind die Flyschserien und die flyschoiden Serien (nach Zusammensetzung, Struktur und Textur ähnlich) die in verschiedenen Evolutionsetappen der Erdkruste in unterschiedlichen paläogeographischen Situationen entstanden sind. Auch die Untersuchung der salzführenden Schichtenfolgen hat überzeugend die unwiederholbare Originalität der alten Sedimentation bestätigt. Berechnungen der Salzmassen, die in verschiedenen geologischen Perioden abgelagert wurden, und ihr Vergleich mit der Masse der Salze, die heute in den Wässern der Ozeane gelöst sind, haben indirekt die Tatsache nachgewiesen, daß die Salinität der Wässer des Weltozeans seit dem Kambrium erheblich zurückgegangen ist. [11] Man fand heraus, daß die Mächtigkeiten der alten salzführenden Ablagerungen mehrere Kilometer erreichen, und ihre Verbreitungflächen sind um das Tausendfache größer als die rezenten Buchten vom Typ Kara-Bogaz-gol. [7] Die Evolution der Halogenese bezeugt, daß die riesigen Lager der Kalisalze auf großen Territorien in durch Sedimentation nicht kompensierten Senken entstanden und daß der Absatz der Salze in bedeutender Tiefe vor sich ging, nicht jedoch in Seichtwasserbuchten. [22, 23, 2, 10, 12]

Die unwiederholbare Originalität der geologischen Bildungen, die in den verschiedenen Entwicklungsetappen der Erdkruste gefunden werden, hat immer häufiger dazu gezwungen, die paläogeographischen Konstruktionen durch Vergleich nicht so sehr mit der Gegenwart, als vielmehr mit alten Phänomenen vorzunehmen. Manche Paläogeographen neigen zu dem Gedanken, daß für die Rekonstruktion der physisch-geographischen Verhältnisse der alten Sedimentation ein Maß für die Vergleiche an fossilen Objekten festgelegt werden muß. Zuerst werden innerhalb ein und desselben Intervalls der geologischen Zeit, später mit analogen verschiedenartigen Bildungen relative Vergleiche angestellt. Wenn bei verschiedenaltrigen geologischen Objekten eine Ähnlichkeit in den Besonderheiten des tektonischen Baues beobachtet wird und gleichzeitig ein merklicher Unterschied in der lithologischen Zusammensetzung der sedimentären Schichtenfolgen vorhanden ist, wird vorgeschlagen, folgendermaßen vorzugehen: möglichst eingehende Klärung der Entstehung zumindestens eines dieser Objekte; dann werden die entsprechenden physisch-geographischen Bedingungen gedanklich auf ein anderes Objekt übertragen, wenn auch möglicherweise nur für eine ähnliche Rekonstruktion des noch unzureichenden Tatsachenmaterials. Mit der Entstehung von Vorstellungen über das Existieren irreversibler Veränderungen in der Erdgeschichte hat sich im Bewußtsein der Geologen nach und nach der Gedanke gefestigt, daß die rezente Epoche nicht das

Eichmaß des absoluten Vergleichs für den größeren Teil der Erdgeschichte sein kann. Mit anderen Worten, die Gegenwart ist im Hinblick auf drei Indikatoren — die Art der Kräfte, ihre Geschwindigkeit und ihre Energie — kein absoluter Standard. In diesem Zusammenhang begann man, bei paläogeographischen Konstruktionen des öfteren die Analogiemethode anzuwenden, der das Prinzip ,,über die Vergangenheit zur Vergangenheit" zugrunde liegt. Dieses methodologische Herangehen hat die Möglichkeiten des direkten Vergleichs erweitert, ihn aber nicht ersetzt. Wenn man den Aktualismus als erste Stufe der Erkenntnis betrachtet, dann ist es praktisch unmöglich, auf dem Gebiet der Paläogeographie eine Arbeit zu finden, in der die Bearbeiter nicht bewußt oder unbewußt zu dieser Methode gegriffen hätten. Auf der Grundlage des Aktualismus wurde vor allem die Ausarbeitung der faziellen, paläoökologischen und vergleichend-lithologischen Methode, die die wichtigsten allgemeingeologischen und wirkungsvollsten paläogeographischen Methoden sind, sichergestellt. Dieser Umstand kann als Illustration zur Aussage M. Guntaus dienen: Der ,,moderne Aktualismus kann nicht mehr in einem einzelnen bestimmten Satz oder Prinzip gefaßt werden, da die Problematik viel zu komplex geworden ist. Dementsprechend wird auch die methodische Seite ein System von Forschungsmöglichkeiten beinhalten, wobei jede einzelne nur eine sehr begrenzte Bedeutung hat, ihre Gesamtheit aber Einblick in die wesentlichen Zusammenhänge der gesamten Erdgeschichte gestattet." [24, S. 77]

Der großzügige Umgang mit dem Terminus ,,Aktualismus" und die undeutliche Abgrenzung der Begriffe ,,Methode" und ,,wissenschaftliche Konzeption" haben einige Spezialisten angeregt, neuere Definitionen für den ,,Aktualismus" vorzuschlagen. So ist nach B. P. Vysockij [5, S. 101] der ,,Aktualismus eine wissenschaftliche Untersuchungsmethode, die in der allseitigen Nutzung des Studiums der rezenten geologischen Erscheinungen und Prozesse für die Beurteilung der entsprechenden Phänomene in der geologischen Vergangenheit und Zukunft unter Berücksichtigung der Unumkehrbarkeit der Evolution im ganzen besteht." Nach 18 Jahren präzisierte dieser Autor diese Formulierung: ,,Der Aktualismus ist eine wissenschaftliche Methode der Geologie, die durch allseitige Nutzung der Ergebnisse der Untersuchung der renzenten Erscheinungen für die Rekonstruktion der geologischen Vergangenheit und für Konstruktionen, die die Zukunft betreffen, anwendbar ist." [6, S. 23] A. I. Ravikovič [17, S. 41] schrieb bei der Analyse der Frage der theoretischen Methoden in der Geologie: ,,... unter dem Aktualismus verstehen wir eine Methode, mit deren Hilfe man (wenn auch nur bis zu bestimmten Grenzen) die geologischen und biologischen Kräfte der Vergangenheit nach Art, Energie und Wirkungsgeschwindigkeit rekonstruieren kann, indem man sie mit den rezenten vergleicht." E. P. Nikitin [13, S. 34] schlug vor, den Aktualismus ,,Retroaussage" oder ,,Methode der Erkenntnis der geologischen Vergangenheit" zu nennen. Er gab dazu folgende Begründung: ,,Retroaussage ist das Verfahren (und dementsprechend die Gesamtheit der in diesem Verfahren angewandten Methoden) des vermittelten, abgeleiteten Gewinnens von Wissen über vergangene Gegenstände auf der Grundlage der Kenntnis gegenwärtiger oder anderer vergangener Gegenstände". V. I. Onoprienko [14, S. 163] ist der Ansicht, daß die ,,Methode des Aktualismus, worauf sich das Gebäude der historischen Rekonstruktionen in der Geologie aufbaut, eine Methode der retrospektiven Analogie darstellt".

Im dritten Viertel des 20. Jahrhunderts wurde als allgemeinste Erkenntnismethode die materialistische Dialektik bestätigt. Eine ihrer konkreten Erscheinungsformen ist die wissenschaftliche Untersuchung durch Vergleich. Die Versuche, den Aktualismus zu negieren, kann man daher als auf einem Mißverständnis beruhend ansehen. Die Paläogeographen, die die aktualistische Methode anwenden, haben sich von der Notwendigkeit überzeugt, von der Evolutionstheorie mit der Idee der unumkehrbaren Entwicklung der organischen Welt und den Vorstellungen von der ständigen Umgestaltung der geologischen Prozesse auszugehen. Der Aktualismus bleibt ein wichtiger, logisch bedingter Teil der vergleichend-historischen Untersuchung der einzelnen Glieder einer Kette verschiedenartiger Ereignisse in der komplizierten Geschichte der Erde. Die Methode des Aktualismus ist spezifisch, für die Geologie in ihrer Gesamtheit und für die Paläogeographie im besonderen.

Literatur

[1] ANDRUSOV, N. I.: Ausgewählte Werke, Bd. IV. — Moskva: Nauka, 1965.

[2] BLAGOVIDOV, V. V.: Die neogenen salzführenden Formationen Mittel- und Zentralasiens. — Novosibirsk: „Nauka", 1978, 150 S.

[3] BOGDANOVIČ, K. I.: Geologie. Kurze Belehrung (Anleitung) für Beobachtungen auf Reisen. — St. Petersburg: 1903.

[4] BERZILIN, V. V.: Methoden der paläogeographischen Untersuchungen. — Leningrad: Nedra, 1979, 247 S.

[5] VYSOCKIJ, B. P.: Die Entstehung des Aktualismus als wissenschaftlicher Methode der Geologie (K. E. A. VON HOFF). In: Očerki po istorii geologičeskich znanij, vyp 8. — Moskva: Ugletechizdat, 1959, S. 64—103.

[6] VYSOCKIJ, B. P.: Probleme der Geschichte und Methodologie der geologischen Wissenschaften. — Moskva: Nedra, 1977, 280 S.

[7] GARECKIJ, R. G.; JANŠIN, A. L.: Tektonische Analyse der Mächtigkeiten. — In: Metody izučenija tektoničeskich struktur. Vyp I. — Moskva: 1960, S. 115—333.

[8] GORDEEV, D. I.: Die Priorität M. V. LOMONOSOVS bei der Einführung des Aktualismus in der Geologie. — Vestn. Mosk. un-ta, No. 8, 1951, S. 117—129.

[9] DARWIN, CH.: Die Entstehung der Arten. — Moskva—Leningrad: Biomedgiz, 1937.

[10] ŽARKOV, M. A.: Geschichte der paläozoischen Salzakkumulation. — Novosibirsk: „Nauka", 1978, 272 S.

[11] ŽARKOV, M. A.: Etappen der grandiosen Akkumulation von Evaporiten und das Problem der Veränderung der Salzführung der Wässer des Weltozeans im Phanerozoikum. — In: Problemy ėvoljucii geologičeskich processov. — Novosibirsk: Nauka, 1981, S. 110—121.

[12] MERZLJAKOV, G. A.: Die permischen salzführenden Becken Eurasiens. — Novosibirsk: Nauka, 1979, 144 S.

[13] NIKITIN, E. P.: Die Methode der Erkenntnisse der Vergangenheit. — Voprosy filosofii, No. 8, 1966, S. 34—44.

[14] ONOPRIENKO, V. I.: Die Logik der Prozedur der Retroaussage in der Geologie. — In: Metodologija geologičeskich issledovanij. — Vladivostok: 1976, S. 154—167.

[15] PUSTOVALOV, L. V.: Über die Wege des Herangehens an das Studium und über die wichtigsten Aufgaben der Untersuchung der Sedimentgesteine und mineralischen Rohstoffe. — In: Soveščanie po osadočnym porodam, vyp. I. — Moskva: Izd-vo AN SSSR, 1952, S. 124—160.

[16] RAVIKOVIČ, A. I.: Die uniformistische Lehre LYELLS und ihre historischen Wurzeln. — In: Ocerki po istorii geologičeskich znanij, vyp. 9. — Moskva: Izd-vo AN SSSR, 1961, S. 48 bis 83.

[17] RAVIKOVIČ, A. I.: Die Entwicklung der theoretischen Hauptrichtungen in der Geologie des 19. Jahrhunderts. — Moskva: Nauka, 1969, 248 S.

[18] SOLOV'ËV, JU. JA.: Die Entstehung und Entwicklung der Paläogeographie in Rußland. — Moskva: Nauka, 1966, 234 S.

[19] STRACHOV, N. M.: Die Entwicklung der lithogenetischen Ideen in Rußland und in der UdSSR. — Moskva: Nauka, 1971, 609 S.

[20] TICHOMIROV, V. V.: Der Aktualismus in den Arbeiten der russischen Geologen zu Beginn des 19. Jahrhunderts. — In: Očerki po istorii geologičeskich znanij, vyp. 8. — Moskva: Ugletechizdat, 1959, S. 153—164.

[21] ŠANCER, E. V.: Zur Bewertung der vergleichend-lithologischen Richtung in der Petrographie der Sedimentgesteine. — Izv. AN SSSR, ser. geol., No. 3, 1951, S. 21—39.

[22] JANŠIN, A. L.: Über die Tiefe der salzerzeugenden Becken und einige Fragen der Bildung mächtiger salzführender Serien. — Geol. i geofiz., No. 1, 1961, S. 3—15.

[23] JANŠIN, A. L.: Die Perspektiven und wissenschaftliche Probleme des Aufsuchens von Kali- und Phosphorrohstoffen in der UdSSR. — Bjull. MOIP. Otd. geol., 1964, **39**, vyp. 5, S. 3—30.
[24] GUNTAU, M.: Der Aktualismus in den geologischen Wissenschaften. Versuch einer philosophischen Analyse der Auffassungen zum Aktualismus in der Geschichte der geologischen Wissenschaften. — Freiberger Forschungshefte, D 55. — Leipzig: 1967.

Schriftenr. geol. Wiss. · Berlin 24 (1985) · S. 113–118

Einige Bemerkungen zur Erkenntnisfindung in der Kohlengeologie

Von J. RASCHER und A. SEIFERT (Freiberg)

„Was mir den Hauptantrieb gewährte, war das Bestreben, die Erscheinungen der körperlichen Dinge in ihrem allgemeinen Zusammenhange, die Natur als ein durch innere Kräfte bewegtes und belebtes Ganzes aufzufassen."

ALEXANDER VON HUMBOLDT
Vorrede zum „Kosmos", 1845

1. Einleitung

Die Geologie als Wissenschaft von der Erde scheint durch ihren Wissenschaftsgegenstand geradezu prädestiniert für eine philosophische Interpretation von Naturerscheinungen und -prozessen.

Die Kohlengeologie, selbständige Spezialdisziplin der geologischen Wissenschaften seit Beginn unseres Jahrhunderts [5], weist einen beträchtlichen Fundus an Erkenntnissen zur Genese, petrologisch-faziellen Ausbildung, Systematik und Nutzung der Kohlen sowie zur Bildung, geologischem Bau, regionaler Anordnung und Abbau von Kohlenlagerstätten (= Wissenschaftsinhalt der Kohlengeologie) auf.

Besonders in den letzten Jahrzehnten ließen sich durch die Möglichkeit aktualistischer Betrachtungsweisen im Erkenntnisprozeß (z. B. Untersuchung rezenter Torfbildungsstätten) viele Fragen gering inkohlter Braunkohlen lösen und Analogieschlüsse zu den höher inkohlten — und damit strukturell homogeneren — Steinkohlen ziehen.

Während die Erkenntnisse auf genetischem und mikropetrographischem Gebiet stetig wuchsen, ist bei der Erfassung der makropetrographischen Vielfalt von Weichbraunkohlen — und damit bei ihrer Klassifikation und Systematik — eine Stagnation eingetreten. Wie die gegenwärtigen Bemühungen auf internationaler Ebene beweisen, ist eine allgemeingültige makropetrographische Braunkohlenklassifikation für wissenschaftliche und kommerzielle Zwecke von großer Bedeutung. [1] Die Schwierigkeit bei der Erarbeitung einer solchen Klassifikation ergibt sich daraus, daß neben Belangen der Kohlenverwertung auch solche der wissenschaftlichen Kohlenforschung berücksichtigt werden müssen, d. h. die Klassifikation petrographisch *und* kohlengenetisch determiniert sein sollte.

Deshalb wurden der Werdegang und die Schemata makropetrographischer Braunkohlenklassifikationen einer eingehenden Analyse unterworfen, in deren Ergebnis ein international anwendbares Klassifikationssystem erarbeitet werden konnte (Abb. 1). Erkenntnisfortschritt brachten besonders das Aufstellen von Modellen der makropetrographischen Zusammensetzung von Braunkohlen (Abb. 2). Es scheint reizvoll und ähnlichen Bemühungen in anderen Teildisziplinen der Geologie förderlich, diesen Erkenntnisprozeß mit „philosophischen Augen" zu betrachten und das Wirken verschiedener Elemente der Erkenntnistheorie zu analysieren. Konkret sollen in

diesem Beitrag die Kategorien
— Objekt, Abbild
— Modell, Klassifikation
— wissenschaftliche Erkenntnis und Praxis
in ihrem Zusammenwirken untersucht werden.

Inkohlungsstufe	Lithotypen-Gruppe	Lithotypen	Varietäten
Weichbraunkohlen (DDR-Vorschlag)	Detritische Kohle	Gelbe Ungeschichtete Kohle (GEUGK)	GEUGK X (V, XV)
		Gelbe Schwachgeschichtete Kohle (GESGK)	GESGK X (V, XV)
		Braune Ungeschichtete Kohle (BUGK)	BUGK X (V, XV)
		Braune Schwachgeschichtete/ Braune Schwachflasrige Kohle (BSGK/BSFK)	... X (V, XV)
		Braune Geschichtete/ Braune Flasrige Kohle (BGK/BFK)	... X (V, XV)
	Gelitische Kohle	Schwarze Ungeschichtete Kohle (SWUGK)	SWUGK X
		Schwarze Schwachgeschichtete Kohle (SWSGK)	... X
		Schwarze Geschichtete Kohle (SWGK)	... X
		Schwarze Xylitische Kohle (SWXK)	
	Xylitische Kohle	Xylitische Kohle (XK)	
	Fusitische Kohle		

Abb. 1. Makropetrographische Klassifikation für Weichbraunkohlen (nach SEIFERT & RASCHER [8])

2. Objekt — Abbild — Klassifikation — Modell

Unser Objekt Braunkohle besitzt — wie jede materielle Erscheinungsform — im philosophischen Sinne eine Struktur als „Gesamtheit relativ konstanter Beziehungen" [7, S. 54].

Die Kohlenstruktur ist Ergebnis der Kohlengenese, d. h. einer geologischen Bewegung (Entwicklung, Prozeß). Als Strukturelemente können z. B. die petrographischen Bestandteile der Kohlen „Grundmasse" und „Einlagerungen" angesehen werden. Die Vielfalt der makroskopisch erkennbaren petrographischen Merkmale von Braunkohlen (z. B. Schichtung, Gewebeführung, Farbe, Xylitgehalt) stellen die Widerspiegelung eines Teiles der Struktur der Kohlen im menschlichen Bewußtsein dar, d. h. ihr ideelles *Abbild*.

Um die gesetzmäßigen Beziehungen zwischen den makropetrographischen Bestandteilen der Braunkohlen aufzudecken, mußte deren natürliche Vielfalt in den einzelnen

Modell	Hauptbestandteile Anteil > 50%	Nebenbestandteile Anteil < 50%	Akzessorische Best. Anteil < 10%
1 Detritische Kohle	Grundmasse + feine (Gm) Gewebe	Xylit, Fusit Humusgeleinlagerungen anorganische Einlagerungen	org. + anorg. Akzessorien
2 Gelitische Kohle	Humusgel (vergelte Grundmasse u. vergelte Einlagerungen wie Xylit, feine Gewebe, Hohlraumausfüllungen)	unvergelte Grundmasse und Gewebe Xylit, Fusit anorganische Einlagerungen	org. + anorg. Akzessorien
3 Xylitische Kohle	Xylit	Grundmasse, Fusit feine Gewebe Humusgeleinlagerungen anorganische Einlagerungen	org. + anorg. Akzessorien
4 Fusitische Kohle	Fusit	Grundmasse, Xylit feine Gewebe Humusgeleinlagerungen anorganische Einlagerungen	org. + anorg. Akzessorien

Abb. 2. Modelle der makropetrographischen Zusammensetzung von Weichbraunkohlen

Flözen mittels eines makropetrographischen Ansprácheschemas erfaßt werden. Die einzelnen petrographischen Merkmale wurden definiert, beschrieben und quantifiziert. [9] Damit war der Schritt vom ideellen zum rationalen Abbild des Objektes Braunkohle vollzogen.

Diese „Abbild-Fakten" können aber nur geordnet entsprechend ihrem natürlichen Zusammenhang praktisch umgesetzt werden. Sie müssen deshalb klassifiziert werden.

Während nationale Braunkohlen-*Klassifikationen* auf makropetrographischer Grundlage schon länger in der geologischen Praxis genutzt werden, existiert noch keine international auf alle Braunkohlenflöze, d. h. auf sämtliche Strukturvarianten des Objektes Braunkohle, anwendbare Klassifikation. Die Ursachen liegen darin begründet, daß

- allgemeine Prinzipien der Klassifikation nicht konsequent eingehalten wurden (z. B. Subordination — Koordination, Objektivität)
- eine zu starke Orientierung an spezifischen (lokalen) Ausbildungen der Kohlen genommen wurde (Konkretes — Allgemeines)
- die Vielfalt der petrographischen Ausbildungsformen der Braunkohlen nicht erfaßt wurde (Gesamtheit der Klasse nicht ausgeschöpft).

Für das Erarbeiten einer praktikablen Klassifikation mußten deshalb neue Aussagen zum inneren Zusammenhang der petrographischen Bestandteile mit ihren vielfältigen Kombinationsmöglichkeiten gefunden werden. Es galt, das kompliziert strukturierte Objekt Braunkohle für diese Zwecke zu vereinfachen, oder anders ausgedrückt, in ein weniger komplexes System mit einfacherer Struktur zu verwandeln (= Modell — [10]).

Die aus der Analyse der Struktur des Objektes Braunkohle gewonnene Erkenntnis, daß einzelne petrographische Merkmale aus dem makropetrographischen Gesamtbild der Braunkohlen bevorzugt auftreten, ermöglichte das Aufstellen von makropetrographischen Modellen (Abb. 2). Dabei handelt es sich um reale Strukturmodelle der makropetrographischen Zusammensetzung von Braunkohlen.

Fußend auf den Modellvorstellungen sowie bisherigen Klassifikationsbestrebungen und -erfahrungen war es nun recht einfach, zu einer makropetrographischen Klassifikation für sämtliche Braunkohlen zu kommen (Abb. 1). Bisherige Tests in unterschiedlichen Braunkohlenlagerstätten (z. B. [6]) erbrachten den Nachweis ihrer allgemeingültigen Anwendbarkeit. Damit wurde den Klassifikationsbestrebungen ein methodisch neuer, erfolgversprechender Weg gewiesen.

3. Relationen im Erkenntnisprozeß

Betrachten wir abschließend die Wechselbeziehungen zwischen den bisher dargestellten philosophischen Kategorien im kohlengeologischen Erkenntnisprozeß (Abb. 3).

Die *direkte Relation Objekt-Abbild-Klassifikation* ist als typischer Weg der Erkenntnis vor allem für die „sammelnde" Periode der Kohlengeologie zu sehen, wobei die Klassifikation sowohl Erkenntnis — Methode als auch Erkenntnis — Ziel darstellt (vgl. [5]).

Die zweistellige Erkenntnisrelation *Objekt—Abbild* (quasi „modellfreie" Erkenntnis) ist bei einfachen Objekten möglich (Stufe der sinnlichen Erkenntnis). Bei komplizierten Objekten kann sie dann auftreten, wenn seitens der Praxis noch keine objektive Notwendigkeit existiert, das Abbild mittels Modellen zu „verfeinern" bzw. der Kenntnisstand noch keine Abstraktion der Kenntnisse über das Objekt im Sinne des Modells erlaubt.

Erst die Verbindung dieser Relation mit der Modellmethode brachte aber im vorliegenden Fall den erwünschten Erkenntniszuwachs. Im historischen Prozeß der Erkenntnisgewinnung scheinen Grenzen zu existieren, an denen bei Objekten mit komplizierter Struktur neue Erkenntnisse ohne die Anwendung der dreistelligen *Modellrelation Objekt—Modell—Abbild* [10] nur sehr begrenzt möglich sind.

Durch das Modellexperiment, d. h. die Anwendung der empirisch gefundenen Modelle auf das Objekt (= unterschiedliche Weichbraunkohlenarten) ergaben sich neue Erkenntnisse über das Objekt hinsichtlich seines strukturellen Aufbaus. Die Modelle verdeutlichen aber auch die funktionellen Zusammenhänge zwischen den Strukturelementen, d. h. den petrographischen Bestandteilen. „In diesem Sinne ist das Modell eine (wahre — Anm. Verf.) Interpretation des zu erforschenden Sachverhaltes". [2, S. 221]

Der „Wahrheitsgehalt" dieser Interpretation (Modell) ist natürlich abhängig vom jeweiligen Wissen über das Objekt und im Zusammenhang mit der Zielstellung der Modellierung auch vom Grad der Abstraktion des jeweils gegebenen Abbildes.

Dieser relative Charakter gilt selbstverständlich auch für die Klassifikation.

Indem über die Stufe des Modells neue Erkenntnisse struktureller und funktioneller Art über das Objekt gewonnen werden, tragen Modelle zur Verbesserung von Klasifikationen bei. Die Klassifikationen nähern sich dabei immer mehr dem von der Natur gegebenen Ordnungssystem an. Da bei der Modellierung bestimmte Seiten des Objektes abstrahiert werden, können Modelle die Klassifikation selbst nicht ersetzen. So wäre eine Einteilung der Braunkohlen nach den vier Modellvarianten (Abb. 2) für die Praxis (Forschung, Erkundung, Abbau, Veredlung der Kohlen) viel zu grob und allgemein. Modell und Klassifikation können aber adäquate Elemente enthalten. So entsprechen die vier Modellvarianten den Lithotypen-Gruppen der Klassifikation: beide erfassen quantitativ das für die jeweilige Braunkohle charakteristische Hauptbestandteil.

Den aus der Abbild-Modell-Klassifikation-Beziehung gewonnenen Erkenntnissen

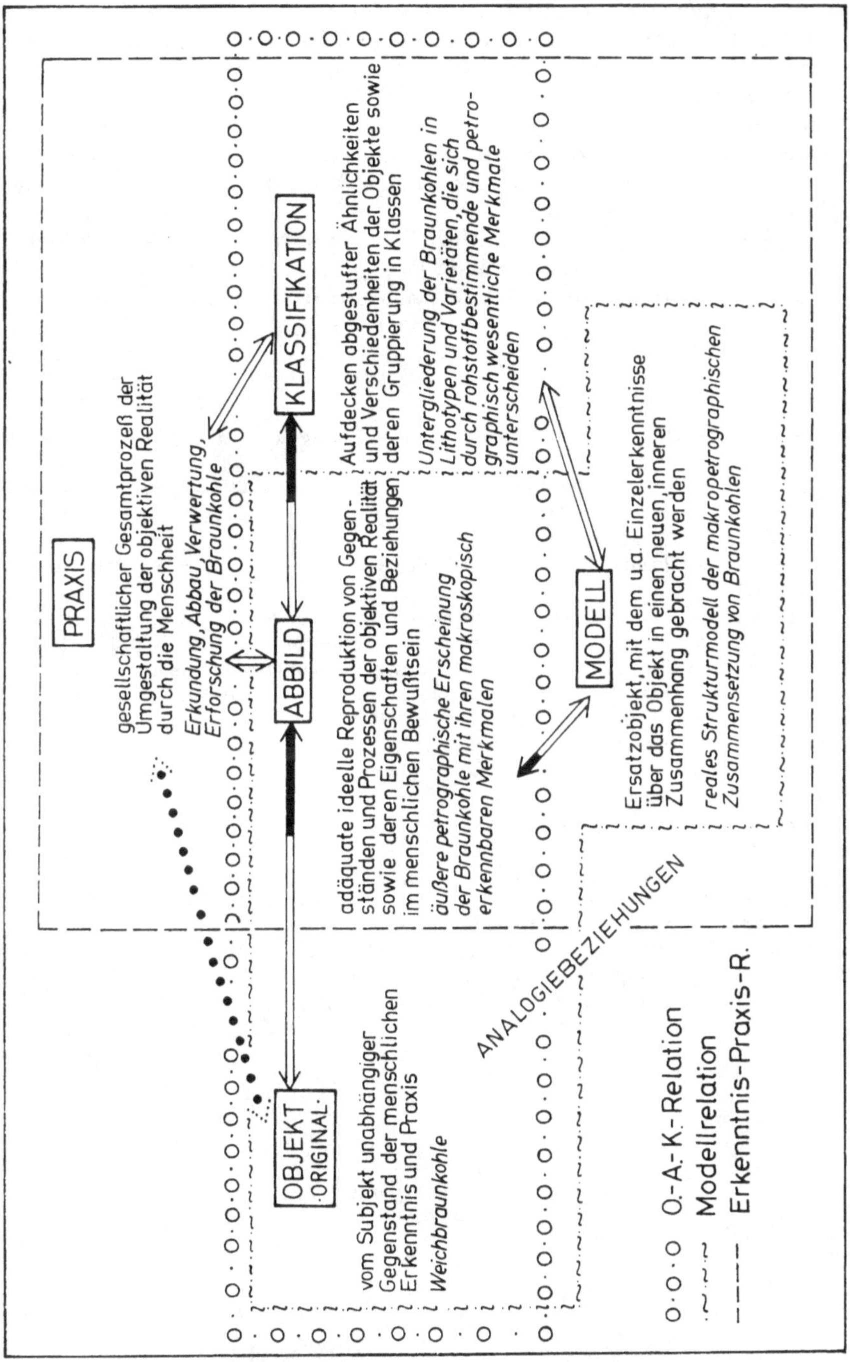

Abb. 3. Erkenntnistheoretische Kategorien und ihr Zusammenhang im kohlengeologischen Erkenntnisprozeß

steht die *Praxis* als das entscheidende Objektivitätskriterium gegenüber. Die Anforderungen der Praxis bestimmen den Gebrauchswert der Klassifikation und wirken damit auch mittelbar oder/und unmittelbar auf die Schärfe der Widerspiegelung des Objektes in Abbild und Modell ein. Dieser Zusammenhang ist demnach nichts anderes als eine Erkenntnis-Praxis-Relation.

Bei allen erläuterten Beziehungen zwischen den Erkenntniskategorien nimmt das Abbild eine zentrale Stellung im Erkenntnisprozeß ein. Hier ergibt sich zwanglos aus erkenntnistheoretischer Sicht der Nachweis für die große praktische Bedeutung der makropetrographischen Kohlenansprache. [4]

Die geschilderten Zusammenhänge sind natürlich im Rahmen der Objekt-Subjekt-Beziehung des Erkenntnisprozesses zu sehen, in dem der Mensch sein Wissen über Weichbraunkohlen vervollkommnet und für praktische Belange umsetzt.

Literatur

[1] Begriffsbestimmungen zur Braunkohlenklassifikation. — Z. angew. Geol., Berlin **28** (1982) 8 S. 370—380.

[2] BÖNISCH, S.: Zur Bedeutung von Modellen in der Wissenschaft. — Wege des Erkennens, Philosophische Beiträge zur Methodologie der naturwissenschaftlichen Erkenntnis. — Berlin: VEB Dt. Verlag d. Wiss. 1969, S. 214—221.

[3] KLAUS, G.; BUHR, M.: Philosophisches Wörterbuch. 2 Bände. — Leipzig: VEB Bibliographisches Institut 1976.

[4] RASCHER, J.; SEIFERT, A.: Makropetrographische Untersuchungen an Weichbraunkohlen und ihre Bedeutung für die Praxis. — Z. angew. Geol., Berlin **26** (1980) 12, S. 611—619.

[5] RASCHER, J.; SEIFERT, A.: Zur historischen Entwicklung der Kohlengeologie am Beispiel der Kohlenklassifikation. — Aktuelle Fragen der Marxistisch-Leninistischen Wissenschaftstheorie, H. 5, S. 145—148, Eigenverlag Bergakademie Freiberg 1980.

[6] RASCHER, J.; SZWED-LORENZ, J.; VOLKMANN, N.: Petrographische und fazielle Charakteristik ausgewählter Weichbraunkohlen der Lagerstätten Lubstow (VR Polen). Z. angew. Geol., Berlin **28** (1982) 10, S. 492—500.

[7] RICHTER, F.; WENDT, H.: Probleme der Strukturgesetze. — Freib. Forsch.-H. D 51, 53—62, Leipzig 1965.

[8] SEIFERT, A.; RASCHER, J.: Beitrag zur makropetrographischen Klassifikation von Weichbraunkohlen. — Z. angew. Geol., Berlin **25** (1979) 10, S. 458—465; 12, S. 582—587.

[9] SEIFERT, A.; RASCHER, J.; ROSELT, G.: Beitrag zur makropetrographischen Ansprache von Weichbraunkohlen. — Z. angew. Geol., Berlin **24** (1978) 6, S. 250—255.

[10] WÜSTNECK, K.-D.: Zur philosophischen Verallgemeinerung und Bestimmung des Modellbegriffes. — Dt. Z. Philos., Berlin **11** (1963) 12, S. 1504—1523.

Schriftenr. geol. Wiss. · Berlin 24 (1985) · S. 119—126

Konkurrierende theoretische Basiskonzepte in der Geschichte der geologischen Erkenntnis

Von MARTIN GUNTAU (Rostock)

In der Geschichte der Naturwissenschaften ist das Phänomen häufig anzutreffen, daß theoretische Konzepte auf einem bestimmten Erkenntnisfeld miteinander konkurrieren, in einem scheinbar unüberbrückbaren Gegensatz stehen oder gar den Charakter von Antinomien annehmen. Es handelt sich dabei um etwa zeitgleiche oder wenigstens in ihrer historischen Existenz überlappende Theorien oder Leitideen einer kognitiven Ebene, die in ihren Aussagen widersprüchlich sind und paarweise auftreten. Für sich genommen sind die einzelnen Theorien oder Konzepte logisch begründet und in der Lage, von einer Grundidee ausgehend, zahlreiche Phänomene der Wirklichkeit zu erklären und auch in vielen Fällen als Basis für ein erfolgreiches praktisches Handeln zu dienen.

Bekannt aus der Geschichte ist der Gegensatz zwischen dem geozentrischen und heliozentrischen System in der Astronomie oder der Gegensatz in der Geschichte der Physik zwischen der korpuskularen Deutung des Lichtes, der ISAAC NEWTON (1642—1727) zuneigte, und der Wellendeutung von CHRISTIAN HUYGENS (1629—1695). In der klassischen Phase der Entwicklungsgeschichte der Kristallographie spielten am Anfang des 19. Jahrhunderts die miteinander konkurrierenden strukturellen und morphologischen Erkenntnisweisen, jeweils vertreten durch RENÉ JUST HAUY (1743—1836) in Paris und CHRISTIAN SAMUEL WEISS (1780—1856) in Berlin eine wesentliche Rolle. [7]

Der Gegensatz zwischen der Phlogistontheorie von GEORG ERNST STAHL (1660—1734) und der Oxydationstheorie von ANTOINE LAURANT LAVOISIER (1743—1794) in der Chemie fügt sich in diese Reihe von Beispielen ein. Bei Annahme des Phlogistons entwickelte STAHL die Hypothese der chemischen Reduktion als tragende wissenschaftliche Idee, die für die Herausbildung der Chemie als naturwissenschaftliche Disziplin im 18. Jahrhundert Bedeutung hatte. Auf der Basis der Konzeption vom Phlogiston wurden wesentliche Elemente der gesammelten chemischen Erkenntnisse systematisiert und zu deuten versucht. Mit der Klärung der Rolle der Kohle im Hüttenprozeß trug STAHL zur Verknüpfung von praktischen Erfahrungen und theoretischen Erkenntnissen in der Chemie bei. STAHLS Vorstellungen waren von so großer Überzeugungskraft, daß das Denken und Sprechen nahezu aller Chemiker im 18. Jahrhundert von der Idee des Phlogistons bestimmt wurde. [14]

Nachdem C. W. SCHEELE (1742—1786) bereits vor 1773 das „stark dephlogistierte Gas" und 1774 JOSEPH PRIESTLEY (1733—1804) die „dephlogistierte Luft" entdeckt hatten, d. h. den Sauerstoff, klärte A. L. LAVOISIER auf der Grundlage exakter quantitativer Arbeiten 1775 den Prozeß der Oxydation. Er wies nach, daß jeder verbrennende Stoff soviel an Gewicht zunimmt, wie Sauerstoff dazukommt. LAVOISIER behauptete, daß das Phlogiston STAHLS ein „Phantasiewesen" sei und hatte damit recht. Er polemisierte nicht nur auf das heftigste gegen das Phlogiston und STAHL; im Rahmen eines Theaterschauspiels wurde ein Prozeß gegen das Phlogiston geführt, in dem ihm „schwere Verbrechen" angelastet wurden. Die Verurteilung und Verbrennung des Phlogistons wurde auf der Bühne von der persönlich auftretenden Gattin von LAVOISIER als Opferpriesterin des Schauspiels vollstreckt.

Zweifellos verlaufen wissenschaftliche Diskussionen in unserer etwas nüchterneren Gegenwart weniger theatralisch als am Ende des 18. Jahrhunderts in Frankreich. Dem Kern nach war die Polemik LAVOISIERS gegen STAHL in diesen Jahren aber ohne Zweifel legitim, richtig und sogar notwendig. LAVOISIER kämpfte für den Fortschritt der chemischen Erkenntnis mit Konsequenz und Eifer. Dieser Fortschritt ergab sich aber auf den von der Phlogistik geschaffenen Grundlagen. „Damit aber waren die Versuchsresultate der Phlogistik durchaus nicht beseitigt. Im Gegenteil. Sie blieben bestehen, nur ihre Formulierung wurde umgestülpt, aus der phlogistischen Sprache in die nunmehr gültige chemische Sprache übersetzt, und behielten soweit ihre Gültigkeit." [6, S. 39]

Eine solche Veränderung vollzieht sich niemals im Selbstlauf und formal. Auseinandersetzung, Meinungsstreit und Polemik sind notwendig, um neue Konzepte durchzusetzen. Die wissenschaftliche Diskussion — in welcher Form auch immer — ist notwendig, um die eigenen Positionen umfassend auszuarbeiten, Schwachstellen in anderen Auffassungen aufzudecken und die Bedeutung der verschiedenen Konzepte in unterschiedlichen Zusammenhängen deutlich zu machen. Das lehrt die Geschichte; diese Erfahrung gewinnen wir aber auch in der Gegenwart immer wieder.

Auch in der Geschichte der Geologie waren derartige fundamentale Gegensätze im theoretischen Grundbau dieser Wissenschaft offensichtlich von Bedeutung. Am Ende des 18. Jahrhunderts war das geologische Denken durch die Kontroverse von Neptunismus und Vulkanismus bestimmt; im 19. Jahrhundert standen aktualistische und katastrophistische Vorstellungen einander gegenüber, und in der Gegenwart bilden Mobilismus und Fixismus einen entsprechenden Gegensatz. [10]

Während theoretische Konzepte in der Geologie oder auch in anderen Wissenschaften im Verlauf der Geschichte einem auffälligen Wandel unterliegen und auch von wechselndem Einfluß in den jeweiligen Wissenschaften sind, verläuft demgegenüber die Erkenntnis objektiver Tatsachen, die die Basis für derartige Leitideen bilden, relativ kontinuierlich. Unter Tatsachen verstehen wir „wahre Einzelaussagen, die zur Gesetzesaussage oder Theorie verallgemeinert werden." [16, S. 20] Das sind beispielsweise Aussagen über substantielle und strukturelle Eigenschaften, zeitliche Relationen oder quantitative Daten von Phänomenen unterschiedlichster Art. Derartige „Tatsachen haben objektiven Charakter, sind subjektunabhängig, sind invariant gegenüber Meinungen und Wünschen des einzelnen Subjekts." [16, S. 21] Der Wert von Tatsachen und Fakten ist darin begründet, daß sie unumstößlich sind und die Basis für Ideen und Theorien bilden. Die wahre Bedeutung einer Tatsache offenbart sich erst in der Idee, in dem verallgemeinernden gedanklichen Zusammenhang, in den sie eingeht. Ihre Invarianz ist eine wesentliche Voraussetzung für diese ihre fundamentale Bedeutung, da das heißt, sie bleibt wahr, ganz unabhängig davon, welche Interpretation oder theoretische Erklärung sie erhält. Das Allgemeine einer Tatsache wird erst verdeutlicht im Rahmen einer Analyse, indem z. B. ein Zusammenhang zu anderen Tatsachen aufgedeckt wird.

Tatsachen sind wahre Einzelaussagen im Sinne der relativen oder absoluten Wahrheit. Gegenüber Erklärungen, Ideen und Theorien bleibt ihr Wahrheitsgehalt auch in der Geschichte der Erkenntnis unverändert. Das heißt, Tatsachen haben die Potenz, auch im Verlauf der historischen Entwicklung in unterschiedliche theoretische Konzepte einzugehen. Theorien zeigen einen beständigen Wandel, sind offensichtlich das dynamischere Element in der Geschichte der Erkenntnis gegenüber den Tatsachen. Eine Veränderung der Wirkung von Tatsachen in der Geschichte ergibt sich insbesondere durch ihre wissenschaftliche Aktualität bzw. durch die Minderung ihres wissenschaftlichen Wertes (im Sinne eines moralischen Verschleißes), wobei letztere Frage auch mit dem Problem der Selektion und Interpretierbarkeit von Tatsachen in Abhängigkeit vom historisch gegebenen Niveau der wissenschaftlichen Erkenntnis und des Theoriengebäudes, in das sie eingehen, im Zusammenhang steht. Das ergibt sich auch aus den prinzipiellen Beziehungen von Tatsachen und Theorien. Die Entdeckung, die Bestimmung und die Bedeutung von Tatsachen sind einerseits von Theorien genau so abhängig, wie andererseits jedes theoretische Konzept immer auf einer bestimmten Menge von wissenschaftlichen Tatsachen basiert.

Die Dialektik vom Einzelnen und Allgemeinen bedeutet nicht, daß sich in der Geschichte der Wissenschaften die Erkenntnis von Tatsachen im Sinne wahrer Einzelaussagen und die Ausarbeitung verallgemeinernder Theorien in einem adäquaten Gleichgewicht vollziehen. Gerade umgekehrt scheint das Ungleichgewicht charakteristisch zu sein, wodurch unter anderem der Erkenntnisprozeß vorangetrieben wird. Es gab über längere historische Abschnitte verschiedene relativ gut bekannte Tatsachen (wie z. B. in den geologischen Wissenschaften die Tiefseegräben, Inselbögen, Tektite usw.), die sich aber einer deutenden Interpretation oder verallgemeinernden Theorie verschlossen bzw. noch verschließen. Andererseits sind aus der Geschichte theoretische Konzepte bekannt, die nicht hinreichend durch Tatsachen abgesichert waren, obwohl ihre Aussagen dem Kriterium der Praxis (zum gegebenen Zeitpunkt) entsprachen. Das heißt, daß im letzteren Falle die wissenschaftliche Ideenbildung (oder Phantasie) der Tatsachenerkenntnis vorauslief. Vermutlich werden vor allem derartige Erkenntnissituationen in der Geschichte der Wissenschaft untersucht werden müssen, um auch das Entstehen von konkurrierenden Theorien erklären zu können. Sie werden möglicherweise insbesondere in historischen Situationen zu erwarten sein, in denen eine große Zahl qualitativ unterschiedlicher Tatsachen vorliegt und diese Gegebenheit wegen der Widersprüchlichkeit der Phänomene zu keinem einheitlichen theoretischen Konzept der Erklärung hindrängt. Darüber hinaus werden gewiß aber auch andere Momente bei der Analyse zu berücksichtigen sein.

Entsprechende Bedingungen waren am Ende des 18. Jahrhunderts in der Geologie gegeben. Obwohl der Umfang der Einzelaussagen über geologische Sachverhalte der Natur stark zugenommen hatte, gelang es in dieser Etappe der Wissenschaftsgeschichte nicht, ein wenigstens einigermaßen einheitliches Bild von den Ursachen der geologischen Prozesse zu erarbeiten. Unter dem Einfluß deduktiver Denkansätze mit starker weltanschaulicher Prägung und regional verschiedenen Naturbeobachtungen entstanden zwei entgegengesetzte Konzepte zur Erklärung des sehr komplizierten Prozesses der Erdgeschichte. In der Gestalt von Neptunismus und Vulkanismus standen sich zwei Leitideen — scheinbar wirklich beide gleichsam wie Wasser und Feuer getrennt — einander gegenüber.

So formulierte Abraham Gottlob Werner (1749—1817) als überzeugter Neptunist: „1.) Unser fester Erdkörper, soweit wir ihn kennen, ist ursprünglich ganz vom Wasser gebildet. Das unterirdische Feuer mit seinen Wirkungen ist ein ... sehr partieller und gleichsam morboser Zustand. — 2.) Seine äußere Oberfläche ist fast ganz aus Wasser gebildet; was das Feuer daran gearbeitet, kommt gegen das ganze in keinen Betracht." [18, Bl. 206] James Hutton (1726—1797) sah dagegen als Vulkanist die geologischen Bildungen durch Hitze und Schmelze verursacht: „Die Kraft der Hitze und die Wirksamkeit der Schmelze müssen die Verfestigung der Schichten von lockeren Materialien, die auf dem Boden des Ozeans gesammelt und angehäuft worden waren, bewirkt haben." [11, S. 50] Weiter meint er im gleichen Sinne: „Alle festen Schichten der Erdkugel wurden durch Hitze verdichtet und durch den Schmelzzustand erläutert." [11, S. 51]

Hier wurde versucht, jeweils ein einzelnes Prinzip zur Grundlage der Deutung geologischer Phänomene zu machen, wobei der in engeren Grenzen argumentierende Neptunismus zunächst bei den Gelehrten eine weitere Verbreitung fand, als die differenzierter deutende Konzeption des Vulkanismus. Die Kontroverse zwischen den beiden Konzepten bestimmte die gesamte Phase, in der sich die Geologie als naturwissenschaftliche Disziplin bis etwa 1820 herausbildete, was an analoge Verhältnisse bei der Entstehung der Chemie oder auch der Kristallographie erinnert. Obwohl Neptunismus und Vulkanismus das theoretische Fundament der entstehenden Geologie bildeten, vollzog sich die Institutionalisierung und Verbreitung der neuen Disziplin in der Welt insbesondere unter der Flagge der neptunistischen Idee, wobei obendrein der überwiegende Einfluß dieses Konzeptes mit dem Beginn des 19. Jahrhunderts verloren gegangen war. [9] Dabei ist es wichtig festzustellen, daß keines der beiden Konzepte sich in seiner Gesamtheit historisch durchzusetzen vermochte und keines der beiden Prinzipien vollständig in der Geschichte ohne Wirkung steckengeblieben wäre. Blieb uns so vom Neptunismus das historisch-evolutionäre Denkmodell der Erdgeschichte erhalten, wurden von den Grundgedanken des Vulkanismus unter anderem die Ideen über die Gesteinsgenese und die Zyklizität geologischen Prozesse übernommen.

Mit dem Beginn der Konsolidierungsphase der Geologie als Disziplin, die auch als sogenannte klassische Phase der Geologiegeschichte angesehen werden darf, wurden andersgeartete Ideen mit gegensätzlichem Charakter zu theoretischen Grundfragen der geologischen Erkenntnis. Der Streit darüber, welche Faktoren das geologische Regime der Natur vor allem bestimmten, wurde durch die Frage abgelöst, auf welche Art und Weise sich geologische Prozesse in der Vergangenheit vollzogen haben. Um die qualitativen Eigenarten der verschiedenen Phasen in der Erdgeschichte zu erklären, kam 1826 der Franzose Georg Cuvier (1769—1832) zu der Meinung, daß die Erdgeschichte eine Folge von Katastrophen sei: „Der Faden der Wirksamkeiten ist zerrissen, der Gang der Natur verändert, und keins der Agentien, deren sie sich heut zu Tage bedient, würde zugereicht haben, ihre alten Wirkungen hervorzubringen.“ [4, S. 25] In den gleichen Jahren formulierte 1830 der Schotte Charles Lyell (1797—1875) ein anderes, dem Katastrophismus entgegengesetztes Konzept, indem er die Kontinuität und Gleichförmigkeit der geologischen Prozesse in der Vergangenheit unterstrich. Er schrieb: Ich habe „es versucht, eine vollständige Erklärung von allen Tatsachen und Gründen zu geben, die mich zu der Annahme veranlassen, daß die Kräfte, welche jetzt sowohl auf als unter der Erdoberfläche wirksam sind, sowohl der Art als der Stärke nach dieselben gewesen sind, welche in entfernten Zeiten geologische Revolutionen veranlaßt haben; oder mit anderen Worten, daß wir die Annahme heftiger, plötzlicher und allgemeiner Katastrophen aufgeben und die alten und jetzigen Schwankungen in der organischen und unorganischen Welt, als einer fortlaufenden und gleichförmigen Reihe von Ereignissen angehörig betrachten.“ [12, 1, S. XIII] Diese Gedanken, die auch von Karl Ernst Adolf von Hoff (1771—1837) in Gotha (Thüringen) erarbeitet wurden, sind als das Prinzip des Uniformismus bzw. Aktualismus in die Geschichte eingegangen.

Die Auseinandersetzung zwischen diesen beiden Konzepten hat die Diskussion vieler grundsätzlicher Fragen der Geologie im 19. Jahrhundert bestimmt. Der allgemeine Charakter der aufgegriffenen Problematik berührte die Interpretation verschiedener Teiltheorien geologischer Art, die auf die Vorstellungen zur Gebirgsbildung, die Evolution des Lebens, die Fossilbildung usw. erheblichen Einfluß hatten. Diese beiden Konzepte wären in der Geschichte wirkungslos geblieben, hätten sie nicht ihre Anhänger gefunden, die in der Polemik untereinander das Wesen dieser Leitideen weiter ausgearbeitet und hervorgehoben hätten. Obwohl der Aktualismus Lyells zeitweise sichtbar in den Vordergrund trat, wäre es verfehlt, auch bei diesem Theorienpaar eine Konzeption als „Sieger“ oder „Verlierer“ in der Geschichte zu deklarieren. So kann einer im wesentlichen durchgängig negativen Wertung der Katastrophentheorie G. Cuviers durch W. Blei [2] nicht zugestimmt werden, da die positiven Beiträge dieser Ideen für die Entwicklung des geologischen Denkens bei derartigen Vorbehalten nur schwerlich herauszuarbeiten sind. Schließlich geht es in der wissenschaftshistorischen Arbeit nicht nur darum, einzelne Aspekte bestimmter Phänomene der Geschichte zu charakterisieren, sondern die Erscheinungen in ihrer Gesamtheit zu erfassen und auch zu würdigen bzw. zu werten. Eingeschlossen in eine solche Zielsetzung der Wissenschaftsgeschichtsschreibung ist auch die Untersuchung der Wirkungen, die eine bestimmte Idee in der nachfolgenden Entwicklung hinterlassen hat. Gerade dieser Gesichtspunkt führt aber nicht selten zu anderen Bildern, da sich das historische Bedingungsgefüge für die Wirkungsweise eines Phänomens in der Geschichte im Verlauf der Zeit durchaus ändern kann.

Sinnvoll und notwendig ist es allerdings zu zeigen, mit welchen weltanschaulichen Ideen die Konzepte jeweils verknüpft waren und wie vor allem durch Vertreter der religiösen Ideologie versucht wurde, naturwissenschaftliche Sachverhalte in ihrem Sinne zu interpretieren. Deutlich herausgehoben werden muß aber auch hier die Tatsache, daß die naturwissenschaftlichen Theorien auf die eine oder andere Weise verschiedenen weltanschaulichen Interpretationen zur Verfügung standen und stehen, wobei sich aber schon immer die Prinzipien wissenschaftlicher Erkenntnis mit dem religiösen Glauben im prinzipiellen Gegensatz befanden.

Die Entwicklung der Konzepte des Katastrophismus und Aktualismus folgte von ihrer Entstehung her z. T. aus vorangegangenen Gedankengängen. So kann man die Ideen der qualitativen Andersartigkeit des Katastrophismus auch schon im historisch-genetischen Modell von der Erdgeschichte des Neptunismus finden. Die Gleichförmigkeit der Kräfte und Wirkungen in den aktualistischen Ideen sind dagegen bereits in verschiedenen Gedanken über die Kreisläufe der Gesteinsgenese des Vulkanismus zu finden. Eindeutig entstanden die Konzepte nicht voraussetzungslos. Später ergab die weitere Entwicklung von Katastrophismus und Aktualismus in der Geschichte eine gewisse Synthese. Es entstand das Bild von einer Geschichte der Erde bei einer dialektischen Einheit von kontinuierlichen und diskontinuierlichen Bewegungsabläufen, wobei diese Vorstellung dem realen naturhistorischen Prozeß gewiß stärker angenähert ist als die jeweils verabsolutierten Einzelmodelle.

Das Ende der klassischen Geologie, in deren Verlauf verschiedene Hypothesen und Modelle über die geotektonische Entwicklung der Erdkruste als Herzstück einer „theoretischen Geologie" erarbeitet worden waren, deutete sich unter anderem auch mit der Erkenntniskritik am aktualistischen Prinzip in der ersten Hälfte unseres Jahrhunderts an, die im hohem Maß weltanschauliche Fragen berührten. [8] Zur Mitte unseres Jahrhunderts war die Situation u. a. durch folgende Elemente gekennzeichnet:

- Es gab ein Anwachsen der Menge von geologischen Tatsachen, die mit Hilfe von herkömmlichen theoretischen Konzepten nicht hinreichend erklärt werden konnten.
- Zu beobachten war ein verstärktes Eindringen naturwissenschaftlicher Theorien und Meßverfahren in die geologischen Wissenschaften (Geophysik und Geochemie).
- Es wurden verschiedene Modelle und Konzepte über die Mechanismen der Krustenentwicklung ausgearbeitet, um zur Klärung der Grundprozesse beizutragen.
- Es gab Kritik am klassischen Prinzip des Aktualismus mit dem Ziel, seinen kausalgesetzlichen Inhalt zu bewahren, das mechanizistische Verständnis aber zu überwinden.

Vor allem durch die Einbeziehung der Ozeanböden in geologisch-geophysikalische Meßprogramme und ihre Interpretation bzw. theoretische Verallgemeinerung wurde in den 60er Jahren die neue Globaltektonik entwickelt. Diese an die Kontinentaldrift-Hypothese von Alfred Wegener (1880–1930) anknüpfende Konzeption des Mobilismus war in der Lage, sehr rasch eine Reihe geologischer Tatsachen auf der Grundlage ihrer Prinzipien zu deuten, die sich zunächst einer Erklärung verschlossen hatten oder widersprüchlich waren. Die Globaltektonik ist im Begriff, sich zu einer neuen Leitidee in den geologischen Wissenschaften zu entwickeln, die allerdings nicht unwidersprochen geblieben ist. Auf der Grundlage des großen Erfahrungsschatzes der traditionellen Geologie hat sich der sowjetische Geophysiker und Geologe V. V. Beloussov (1970) zu einem der Fürsprecher des Fixismus gemacht, indem er schrieb:

„Es ist offensichtlich, daß kein einziger Aspekt der Hypothese über das Auseinanderdriften des Ozeanbodens der Kritik standhalten kann. Diese Hypothese basiert auf einer flüchtigen Verallgemeinerung von Daten, deren Bedeutung man ungeheuer überschätzt hat. Sie verdreht Naturerscheinungen und ist voller pauschaler Behauptungen. Sie brachte den Erdwissenschaften ein fremdes grobes Schema, das von totaler Unwissenheit über die tatsächlichen Eigenschaften des Mediums durchdrungen ist.“ (Zit. in [15], S. 110)

Weder der Mobilismus noch der Fixismus läßt sich auf eine relativ einfache Formel bringen, wie das etwa für die früheren theoretischen Konzepte in der Geologiegeschichte — natürlich auch bei einer Vergröberung der Aussagen — noch möglich war. Es gibt also zwischen den verschiedenen gegensätzlichen Grundideen in der Geschichte nicht nur substanzielle, sondern auch formale Unterschiede.

Verfolgt man das Phänomen der konkurrierenden theoretischen Konzepte in der Geschichte der Wissenschaft, dann ist die wissenschaftliche Erkenntnis in ihrer gerichteten Progression nicht eine allein lineare Abfolge revolutionärer Erkenntnisfortschritte. Monokausale Ereignisreihen sind in vielen Fällen ein zu einfaches Modell von der Wissensentwicklung. Die Verwobenheit muß in den verschiedenen zeitlichen und räumlichen (prozessualen oder strukturellen) Zusammenhängen erfaßt werden.

Neue Erkenntnisse werden bekanntlich nur errungen, wenn man sich fest auf die Basis des Herkömmlichen stellt, von gesichertem Wissen ausgeht, das in der Praxis eine Bestätigung gefunden hat, dessen Ruhm als wissenschaftliche Neuheit in der Regel allerdings bereits verblichen ist. Urteile und Haltungen zu einer bestimmten Problematik haben deshalb auch im Rahmen einer generellen Würdigung in entsprechenden Zusammenhängen der Wissenschaftsgeschichtsschreibung nicht selten einen anderen Stellenwert und eine andere Bedeutung als zu einem früheren konkreten Zeitpunkt in der Geschichte. Es gibt Unterschiede in den Haltungen zu einzelnen naturwissenschaftlichen Konzepten, die sich aus den differenten historischen Bedingungen wie z. B. dem Erkenntnisstand, der Problemsicht, der Quellenlage oder auch methodischen Fortschritten ableiten.

Zu diesen Phänomenen lassen sich abschließend folgende Thesen formulieren:

1. Bei konkurrierenden Theorien ist jede für sich bemüht, mehr oder weniger alle erreichbaren und aktuellen Erscheinungen zu erklären, die zu ihren jeweiligen Grundaussagen in Beziehung stehen. Sehr häufig kommt darin ein paradigmatischer Anspruch bzw. Charakter zum Ausdruck. Die gegebenen Gegensätzlichkeiten, Dispute und Auseinandersetzungen drängen dazu, die im Streit liegenden Konzepte in der historischen Phase ihrer Koexistenz immer umfassender auszuarbeiten. Dafür stehen beiden Konzepten prinzipiell gleiche Tatsachenmengen zur Verfügung, die aber in Abhängigkeit von der jeweils vertretenen Grundauffassung nur selektiv genutzt werden. Darin kommen die wechselseitigen Beziehungen zwischen objektiven Tatsachen und theoretischen Konzeptionen in der Geschichte der wissenschaftlichen Erkenntnis zum Ausdruck.

2. Die wissenschaftshistorische Forschung hat, wenn sie die Dynamik der Erkenntnis in der Geschichte nicht „geglättet“ darstellen will, alle wesentlichen theoretischen Konzepte in ihre Untersuchungen einzubeziehen, d. h. auch sogenannte falsche Theorien, gedankliche Sackgassen, verabsolutierende Verallgemeinerungen, die theoretischen Grundlagen fehlgeschlagener Experimente, unrichtige Interpretationen von Meßergebnissen usw., soweit sie in der Wissenschaftsentwicklung eine entsprechende Rolle gespielt haben.

Es ist aus wissenschaftshistorischer Sicht unfruchtbar, das eine oder andere Konzept in der Geschichte der Erkenntnis als falsch oder richtig zu bewerten. Notwendig ist es dagegen, Entstehung, Inhalt, Struktur, Wirkungsweise sowie den Aufschwung und den Rückgang des Einflusses konkurrierender theoretischer Konzepte aus ihren zeitgebundenen Gegebenheiten zu erklären und dabei sowohl die kognitiven als auch die sozialen Aspekte ihrer Entwicklung aufzudecken. Eine wichtige Aufgabe besteht dabei darin, die Zusammenhänge zwischen diesen naturwissenschaftlichen Theorien zu den weltanschaulichen Auffassungen der Zeit zu verdeutlichen und die Wechselwirkung zwischen ihnen zu untersuchen.

3. Die Mechanismen der Herausbildung und des Untergangs von konkurrierenden Theorien bedürfen einer besonderen Analyse, da einzelne Grundideen früherer Konzepte häufig in das nachfolgende System übernommen werden, obwohl neuere Theorien ganz andere Strukturen haben, sich also auf diese Weise kontinuierliche Momente neben den Diskontinuitäten des Erkenntnisprozesses nachweisen lassen. Keines der Konzepte enthält nur richtige oder nur falsche Aussagen. Falsche Aussagen werden durch richtige überwunden und in der Regel nicht tradiert. Die Kenntnis derartiger Elemente der Wissenschaftsgeschichte ist aber sehr wichtig, weil dadurch erst die Gedankenabfolge im historischen Prozeß verständlich wird.

Auch verschiedene richtige Aussagen (ebenso wie Tatsachen) werden nicht tradiert, wenn sie ihre wissenschaftliche Aktualität verloren haben, weil ihr Inhalt in allgemeineren Formen von Erkenntnisresultaten (wie Gesetzen, Theorien usw.) aufgehoben, d. h. aufbewahrt worden ist.

Die Untersuchung derartiger Mechanismen der Wissenschaftsentwicklung verlangt eine größere Beachtung, da es sich um ein Kernproblem in der Geschichte zahlreicher Disziplinen handelt, zum Verständnis des Wesens der Wissenschaftsgeschichte maßgeblich beiträgt und demzufolge auch eine entsprechende methodologische Bedeutung hat.

Literatur

[1] Beloussov, V. V.: Die Tektonosphäre der Erde — Idee und Wirklichkeit. — Z. geol. Wiss., Berlin **2** (1974) 11, S. 1251—1285.

[2] Blei, W.: Erkenntniswege zur Erd- und Lebensgeschichte. — Akademie-Verlag, WTB Bd. 219, Berlin 1981.

[3] Bülow, K. v.: Der Weg des Aktualismus in England, Frankreich und Deutschland. — Ber. Geol. Ges. DDR, Berlin **5** (1960) 3, S. 160—174.

[4] Cuvier, G.: Die Umwälzungen der Erdrinde in naturwissenschaftlicher und geschichtlicher Beziehung. — Bonn: 1830.

[5] Engelhardt, W. v.: Neptunismus und Plutonismus. — Fortschritte der Mineralogie, Stuttgart **60** (1982) 1, S. 21—43.

[6] Engels, F.: Dialektik der Natur. — Berlin: 1952.

[7] Fabian, E.: Traditionen in der Wissenschaft. Eine historisch-theoretische Studie zur Funktion wissenschaftlicher Traditionen untersucht in der Geschichte der Kristallographie. — Dissertation B, Akademie der Wissenschaften der DDR, Berlin: 1983.

[8] Guntau, M.: Der Aktualismus in den geologischen Wissenschaften. Versuch einer philosophischen Analyse der Auffassungen zum Aktualismus in der Geschichte der geologischen Wissenschaften. — Freiberger Forschungsheft D 55, — Leipzig: 1967.

[9] Guntau, M.: Die Genesis der Geologie als Wissenschaft. Studie zu den kognitiven Prozessen und gesellschaftlichen Bedingungen bei der Herausbildung der Geologie als naturwissenschaftliche Disziplin an der Wende vom 18. zum 19. Jahrhundert. — Berlin: Akademie-Verlag 1984, (Schriftenr. geol. Wiss., H. 22).

[10] Hallem, A.: Great geological controversies. — Oxford: Oxford University Press 1983.

[11] Hutton, J.: Theory of the Earth; or an Investigation of the Laws observable in the Composition, Dissolution and Restoration of Land upon the Globe. — Transactions of the Royal Society of Edinburgh, Edinburgh: 1788.

[12] Lyell, Ch.: Grundsätze der Geologie. Nach der 6. Auflage übersetzt von C. Hartmann. — Weimar: 1842.

[13] Olszak, G.: Von der Kontinentaldrift zur Plattentektonik. — Z. geol. Wiss., Berlin **10** (1982) 3, S. 333—340.

[14] STRUBE, I.: Die Phlogistonlehre GEORG ERNST STAHLS in ihrer historischen Bedeutung. — NTM — Schriftenr. Gesch. Naturwiss., Technik, Med., Berlin **2** (1961), S. 27—51.
[15] SULLIVAN, W.: Warum die Erde bebt. Die unaufhaltsame Drift der Kontinente. — Frankfurt a. M.: 1980.
[16] VOGEL, H.: Philosophische Varianten des Begriffs der Tatsache. — Rostocker Philos. Mskr., Rostock 6 (1969).
[17] WEGMANN, E.: Das Erbe WERNERS und HUTTONS. — Geologie, Berlin **7** (1958) 3/4, S. 531 bis 559.
[18] WERNER, A. G.: Handschriftlicher Nachlaß. Aufsätze und Notizen zur Geognosie, Bd. 2. — Wiss. Altbestand in der Bibliothek der Bergakademie Freiberg, o. J.

Schriftenr. geol. Wiss. · Berlin 24 (1985) · S. 127–134

Diskussionen in der Geschichte der geologischen Wissenschaften und ihr Erkenntniswert

Von G. F. TRIFONOV (Čeboksary)

Zu den Gesetzmäßigkeiten in der wissenschaftlichen Erkenntnisentwicklung und demnach zu ihren notwendigen Entwicklungsformen gehören wissenschaftliche Diskussionen, Auseinandersetzungen und Streitgespräche. W. I. LENIN maß dem Austausch, dem Kampf und dem Zusammenstoß von Meinungen bei der Erörterung praktischer und theoretischer Fragen große Bedeutung bei. In seiner Arbeit „Zwei Methoden zu disputieren und zu kämpfen" schrieb er: „Ohne Diskussionen, Dispute und Meinungsstreit ist keine Bewegung ... möglich." [1]

Andererseits gab es in der Geschichte der Wissenschaft Perioden, in denen sich, beeinflußt durch große Erfolge in den experimentellen Untersuchungen, eine negative Einstellung zu wissenschaftlichen Auseinandersetzungen, Diskussionen und Streitgesprächen herausbildete. Dadurch ist beispielsweise die Frühzeit in der Entwicklung der Experimentalwissenschaft gekennzeichnet. Meinungen über mangelnde Notwendigkeit oder sogar Schädlichkeit wissenschaftlicher Auseinandersetzungen und Diskussionen sowie Meinungen, sie würden sich in nicht allzu ferner Zukunft überlebt haben, wurden im Laufe der Wissenschaftsentwicklung auch später verschiedentlich geäußert. So schrieb der bekannte Geologe A. ĖNGEL'GARDT: „In der Wissenschaft hat die Polemik keinerlei Sinn, und aller Wahrscheinlichkeit nach ist die Zeit nicht mehr fern, da die großen wissenschaftlichen Entdeckungen sofort ohne Diskussionen aufgenommen werden". [2]

Die Geschichte der Wissenschaft beweist indes, daß derartige Schlußfolgerungen unberechtigt sind, denn sie beruhen auf Unkenntnis oder Nichtbeachtung der Gesetzmäßigkeiten der Wissenschaftsentwicklung.

Bestätigt wird dies auch durch die Geschichte der Geologie, die von den verschiedensten Diskussionen gekennzeichnet ist, wobei es sich im allgemeinen um fundamentale Probleme handelte. Dazu gehören Diskussionen zwischen Neptunisten und Plutonisten am Ende des 18. und zu Beginn des 19. Jahrhunderts, zwischen den Anhängern des Katastrophismus, des Uniformismus und der Evolutionstheorie in der ersten Hälfte des 19. Jahrhunderts, ferner die Diskussion über den Ursprung der Granite, die bald abflaute, bald mit neuer Stärke wieder auflebte und sich über rund 200 Jahre erstreckte [3], die Diskussion über die Geosynklinalen, die Diskussion zwischen den Vertretern des Fixismus und des Mobilismus über das Driften der Kontinente u. a. Es gibt wohl keine einzige wichtige theoretische These in der Geologie, die nicht durch den Schmelztiegel der Diskussion gegangen ist. Hierbei waren die Diskussionsformen ganz unterschiedlich. Ihr Spektrum reichte von öffentlichen Disputen (beispielsweise zwischen SAINT HILAIRE und CUVIER) bis zu mehrjährigen publizierten Diskussionen, die nach längerer vorbereitender Erörterung durch Konferenzen oder Beratungen abgeschlossen wurden (Lithologische Diskussion in der UdSSR von 1950 bis 1952).

Trotz der wie gesagt vorhandenen vereinzelten negativen Bewertungen der Diskussion in der wissenschaftlichen, darunter auch in der geologischen Erkenntnis, wird der Wert der Diskussion für die Entwicklung der geologischen Erkenntnis fast allgemein anerkannt. In so gut wie allen bedeutenden wissenschaftshistorischen Untersuchungen werden Diskussionen in der Geologie analysiert. [4, 5, 6, 7] Es gibt jedoch keine spezielle Untersuchung über die Bedeutung der Diskussion in der geologischen Erkenntnis. Dabei ist es aber völlig klar, daß eine derartige Untersuchung die Geschichte der Geologie bereichern würde. Mehr noch: Eine vollwertige Geschichte einer wissenschaftlichen Disziplin dürfte wohl kaum ohne die allseitige Berücksichtigung des wissenschaftshistorischen Phänomens der Diskussion geschrieben werden können. Das erklärt sich dadurch, daß die Diskussion als eine außerordentlich vielschichtige Erscheinung, eine, wie S. P. MIKULINSKIJ schrieb, ,,enge Verflechtung der verschiedensten Probleme darstellt, so sozial-historischer, logisch-methodologischer, sittlicher, psychologischer und informationeller Probleme". [8]

Die Klärung all dieser Probleme der wissenschaftlichen Diskussion bedeutet eine komplizierte und arbeitsaufwendige Aufgabe, die wohl kaum von einem einzelnen bewältigt werden kann. Demzufolge wurde in diesem Aufsatz der Versuch unternommen, eine gnoseologische Analyse der Diskussionen durchzuführen, um zur Klärung ihrer Bedeutung und ihres Wertes für die geologische Erkenntnis beizutragen. Diese Analyse beginnt mit der Klärung der gnoseologischen Grundlagen der Diskussionen und mit der Aufdeckung der Ursachen, die in der Wissenschaft die Existenz von konkurrierenden (alternativen) Ansichten, Ideen und Hypothesen bedingen. Derartige Ursachen gibt es offensichtlich mehrere.

1. Objektive Ursache oder ontologische Grundlage einer Diskussion ist vor allem die Kompliziertheit und Widersprüchlichkeit des zu erkennenden geologischen Objektes. Anzumerken ist hierbei, daß selbst der Begriff der Kompliziertheit überaus viele Aspekte hat. Dazu gehören in der Regel die sehr großen Ausmaße der geologischen Körper und die Vielfalt der Besonderheiten eines jeden geologischen Körpers und deren unterschiedlichste Beziehungen. Von besonderer Bedeutung ist die Tatsache, daß geologische Erscheinungen durch viele Faktoren determiniert sind (Polydynamismus), d. h. die Tatsache, daß die gleiche Erscheinung durch die unterschiedlichsten Ursachen hervorgerufen sein kann, was sehr gut am Beispiel der Entstehung des Erdöls, der Granite usw. zu sehen ist.

Diese und weitere Besonderheiten der geologischen Objekte machen es unmöglich, die als Einheit von Widersprüchen gesamtheitlich adäquat abzubilden. Daher entstehen unterschiedlichste, mitunter direkt widersprüchliche ,,Theorien", die eine bestimmte Seite des Objektes verabsolutieren und deshalb unausweichlich miteinander in Konflikt, in eine Auseinandersetzung geraten.

2. Eine weitere wichtige Ursache für Diskussionen ist die Widersprüchlichkeit der Erkenntnis selbst. Der Hauptweg der Erkenntnis, den W. I. LENIN als Aufsteigen der Erkenntnis des Wesens auf niederer Stufe zur Erkenntnis des Wesens auf höherer Stufe charakterisiert, ist durch eine dialektische Widersprüchlichkeit gekennzeichnet. Eine der Erscheinungsformen dieser Widersprüchlichkeit ist die Tatsache, daß wir im Laufe der Erkenntnis der dialektischen widersprüchlichen materiellen Wirklichkeit zu Abstraktionen und Idealisierungen Zuflucht nehmen, zu Haltepunkten der Bewegung, d. h., wir lassen die Wirklichkeit erstarren; vergröbern, vereinfachen und schematisieren sie im Erkenntnisprozeß. Infolgedessen treten im Erkenntnisprozeß die sogenannten ,,gnoseologischen Beharrungspunkte" auf, d. h. während der Erkenntnis geschaffene Theorien vom Objekt. Diese enthalten aber im allgemeinen in sich Ungenauigkeiten, d. h., sie sind unvollkommen. Da nun diese ,,Beharrungspunkte" die Dialektik der realen Prozesse in dem zu erkennenden Objekt nur ungenügend vollständig widerspiegeln, werden sie durch neue Theorien ,,überwunden", die bereits den folgenden ,,gnoseologischen Beharrungspunkt" darstellen. Dieses Überwinden wird im allgemeinen von einem scharfen theoretischen Kampf begleitet, der sich in den unterschiedlichsten Formen, darunter auch in Form von Diskussionen, abspielt.

So war im letzten Viertel des 18. Jahrhunderts die herrschende theoretische Konzeption in der Geologie der Neptunismus (ein „gnoseologischer Beharrungspunkt"), die ganz am Ende des Jahrhunderts mit der Gegenaktion des Plutonismus konfrontiert wurde. Es entbrannte ein unversöhnlicher Kampf, und „im Laufe von nur einigen Jahren waren die wichtigsten Grundsätze der Schule Neptunismus einer nach dem anderen verworfen worden, und von dieser Lehre blieb buchstäblich kein Stein mehr auf dem anderen. Die plutonistischen Auffassungen hatten einen vollständigen Sieg errungen ..." [4, S. 52]

Ungeachtet der Tatsache jedoch, daß die Hypothese des Vulkanismus (Plutonismus) die in der Natur zu beobachtenden Tatsachen bedeutend besser erklärte als der Neptunismus, blieb er dennoch einseitig und idealisiert (war also ein weiterer „gnoseologischer Beharrungspunkt"). Deshalb erfolgte bereits in den 40er Jahren des 19. Jahrhunderts eine kritische Überprüfung der extremen Vorstellungen sowohl der Neptunisten wie auch der Plutonisten.

Ende der 50er Jahre im 19. Jahrhundert kamen infolge der chemischen Forschungen von neuem die Ideen des Neptunismus zum Zuge (Neoneptunismus). Es handelte sich dabei im Vergleich zu den vereinfachten Ansichten WERNERS um modernisierte Vorstellungen, sie waren aber nicht weniger idealisiert als jene. Deshalb fanden sich sehr schnell Kritiker, die auch den Neoneptunismus scharf verurteilten.

3. Die Ursache vieler Diskussionen ist schließlich der subjektive Faktor, das Vorhandensein subjektiver Momente in der Erkenntnis. Das Wesen des subjektiven Faktors kommt in einem Aphorismus des altrömischen Autors PUBLIUS SERVILIUS gut zum Ausdruck: „Wenn zwei das Gleiche tun, so ist es nicht das Gleiche".

Die Erscheinungsformen des subjektiven Faktors in der Erkenntnis sind außerordentlich vielgestaltig:

a) Da ist vor allem die unterschiedliche Interpretation der gleichen Fakten. Die Diskrepanzen in der Bewertung der gleichen Erscheinungen können so stark sein, daß ein und dieselbe Erscheinung von dem einen als wahr angesehen wird, während sie für den anderen als falsch gilt. Dazu schreibt V. V. TICHOMIROV: „Die Entstehung einander widersprechender Deutungen der gleichen Erscheinungen wird dadurch hervorgerufen, daß der Mensch in seinem Suchen nach einer Erklärung für die in der Natur zu beobachtenden Fakten in seine konkrete empirische Erkenntnis das Element der subjektiven Auffassung über eine bestimmte Erscheinung hineinbringt, wobei dieses Element stets vom Entwicklungsgrad der Wissenschaft, aber auch von dem allgemeinen Entwicklungsstand und den philosophischen Vorstellungen des Autors abhängig ist." [4, S. 10]

b) Außerdem zeigt sich der subjektive Faktor darin, daß manche Forscher bestimmte wissenschaftliche Begriffe in unzulässiger Weise verabsolutieren und zum Dogma erheben, einseitig an ein Problem herangehen sowie das Erkenntnisobjekt unvorsichtig idealisieren, indem sie die objektiven Zusammenhänge und Wechselbeziehungen sowie die Gesetzmäßigkeiten bei der Veränderung der Dinge und Erscheinungen übermäßig vereinfachen. Eine derartige Situation ist für eine Zeit schnellen Fortschritts der Wissenschaft charakteristisch, in der häufig das unwillkürliche Bestreben zu erkennen ist, weiterreichende Schlußfolgerungen und Vergleiche auf der Grundlage von vereinzelten und mitunter unzusammenhängenden Fakten zu ziehen.

c) Zu dem gleichen Faktor gehören auch „terminologische" Unterschiede als Ursache von Diskussionen, d. h. Formen der Begriffshomonymie, wenn die Diskussionsteilnehmer mit einem einzigen Terminus verschiedene Begriffe bezeichnen. Die Unausgereiftheit des Begriffsapparates der Geologie ist hinreichend allgemein bekannt — dazu haben sich wiederholt N. B. VASSOEVIČ, M. G. BERGER, I. P. ŠARAPOV u. a. geäußert. Gerade dieser Umstand prägte in wesentlicher Weise die „Lithologische Diskussion" Anfang der 50er Jahre in der UdSSR.

In Verbindung mit diesen Ausführungen kann man den bekannten Worten von R. Descartes: „Präzisiert die Bedeutung der Wörter, und ihr werdet die Menschheit von der Hälfte ihrer Irrtümer befreien“ mit vollem Recht hinzufügen „und von der Hälfte ihrer Streitgespräche und Diskussionen“. Auf jeden Fall muß festgestellt werden, daß nach allgemeinem Eingeständnis die Aufgabe der Präzisierung des Inhaltes und der Bedeutung der wissenschaftlichen Begriffe auf Grund der stürmischen Entwicklung sämtlicher Wissenschaften zu einer der erstrangigen Aufgaben jeder Wissenschaft geworden ist.

d) Ursache für gegenseitiges Nichtverstehen und von Diskussionen in der Wissenschaft sind häufig bestimmte Denkstereotype, die sich auf Grund der mitunter engen Spezialisierung, am häufigsten aber unter den Einwirkung eines gewissen „Zeitgeistes“, einer gewissen „öffentlichen Meinung“ herausbilden, die das Aufkommen neuer Ideen nicht zulassen oder ihnen feindlich entgegentreten, neuer Ideen, die mit dem allgemein anerkannten Standpunkt nicht übereinstimmen. [10] In diesem Falle meinen wir mit „öffentlicher Meinung“ solche Auffassungen, die keine strenge Begründung haben, aber unter den Geologen weit verbreitet sind.

Seinerzeit waren das die Idee des Neptunismus ebenso wie die Kontraktionstheorie, die für einige Zeit verbreitete Anerkennung gefunden hatten. Diskussionen sind sehr nützlich, um eine deratige Trägheit der „öffentlichen Meinung“ zu überwinden.

Über den negativen Einfluß der „öffentlichen Meinung“ auf die Entwicklung der geologischen Wissenschaft schrieb im Zusammenhang mit der Lösung des Problems zur Entstehung der Granite der amerikanische Wissenschaftler K. N. Fenner: „Die Behauptung hervorragender Geologen, daß sämtliche Theorien über die Evolution der Eruptivgesteine dem Dogma der fraktionierten Kristallisierung untergeordnet werden sollten, hat die Unabhängigkeit des Gedankens zunichte gemacht und für viele Jahre die Entwicklung der Vorstellungen über die Magmen und die in ihnen ablaufende Prozesse aufgehalten.“ [11]

Andererseits ist der Widerstand gegen das Neue in der Wissenschaft in einigen Fällen berechtigt. Skepsis ist in Beziehung auf Neues notwendig und nützlich, weil mitunter neue Ideen sich als falsch wie gleichermaßen Entdeckungen sich als Pseudoentdeckungen erweisen.

e) Schließlich bilden weltanschauliche Divergenzen Ursache für Diskussionen. Divergenzen in der Weltanschauung zeigten sich in der Geologie besonders deutlich im 18. und 19. Jahrhundert. Zu dieser Zeit wurde der Verstand der Menschen weitgehend von theologischen Ansichten beherrscht. Offizielle Anerkennung fanden deshalb nur solche Meinungen, die den theologischen Ansichten entsprachen (beispielsweise seinerzeit die Vorstellungen der Anhänger der Katastrophenlehre).

Uniformistische und evolutionistische Anschauungen stimmten mit der Theologie weniger überein und waren deshalb wütenden Attacken ausgesetzt. Allmählich befreiten sich die Geologen infolge des wissenschaftlichen Fortschritts von der Theologie, wobei hier die Arbeiten von Ch. Lyell und Ch. Darwin eine große Rolle spielten. Solange die Naturforscher mit der Theologie nicht brechen konnten, versuchten sie, die wissenschaftlichen Kenntnisse mit dem Glauben an einen Schöpfer zu vereinbaren und schufen einen Kompromiß der Anschauungen: den Deismus.

Das sind Ursachen, die zu wissenschaftlichen Diskussionen führen. Das Vorhandensein von konkurrierenden Theorien, der Zusammenstoß und die Diskussionen zwischen Anhängern dieser Theorien sind ein deutlicher Ausdruck für das Gesetz der Einheit und des Kampfes der Widersprüche in der wissenschaftlichen Erkenntnis. Diesem Gesetz zufolge söhnen sich Widersprüche nicht aus, sondern werden überwunden, werden gelöst. Unter dem Aspekt der gnoseologischen Analyse hat es deshalb große Bedeutung zu klären, wie der Widerspruch zwischen konkurrierenden Theorien gelöst wird.

Die Verfahren zur Lösung der Widersprüche zwischen konkurrierenden Theorien könenn unterschiedlich sein.

1. Als Sieger geht eine der kämpfenden Konzeptionen hervor. In der Tat sind häufig solche zeitweiligen Situationen charakteristisch, daß die eine der an der Diskussion beteiligten Seiten den Sieg über ihren Gegner erringt und für längere Zeit als alleinherrschende Konzeption in der Wissenschaft anerkannt wird. Das erklärt sich daraus, daß in einigen Fällen die eine Seite des Widerspruchs gegenüber der ihr entgegengesetzten Seite deutlicher hervortritt und infolgedessen die Argumente der siegreichen Konzeption als offensichtliche erscheinen und eine Zeitlang ohne Vorbehalte angenommen werden. Wenn es in der Literatur auch Angaben dazu gibt, daß in einem solchen Fall ein vollständiges Verdrängen des einen Standpunktes durch den anderen erfolgt, so bestehen dennoch, wie aus der Geschichte ersichtlich ist, neben der siegreichen und herrschenden Konzeption stets auch andere Konzeptionen weiter. Ein gutes Beispiel dafür sind die Theorien zur Entstehung der Granite.

2. Es gibt Fälle, bei denen infolge des Kampfes zwischen verschiedenen Theorien auf der Grundlage des Faktenmaterials eine Teilung der ,,Einflußsphären" der Theorien erfolgt, und zwar in der Abgrenzung ihrer lokalen Charaktere, in der Klärung ihrer Gültigkeitsbereiche und deren Besonderheit. Dabei entwickelt sich jede Theorie auch fernerhin auf ihre Weise. In diesem Falle sind im Grunde genommen beide Theorien richtig, aber jeweils nur auf ein begrenztes Gebiet anwendbar. Der Kampf zwischen ihnen erfolgte nur durch die ungerechtfertigte Erweiterung der Anwendungsgebiete jeder dieser Theorien. Zu den klassischen Beispielen gehört der Kampf zwischen Neptunisten und Plutonisten. Die Meinung der ersteren ermöglichte es in der weiteren Entwicklung, die Erklärung der Genese der Sedimente in Angriff zu nehmen, die Meinung der letzteren dasselbe für die Eruptivgesteine. Die Gesetzmäßigkeiten der Bildung und Evolution beider unterscheiden sich wesentlich; deshalb ist es nicht möglich, diese Fragen unter einem einheitlichen Aspekt zu lösen.

3. In einigen Fällen endet der Streit der einander bekämpfenden Theorien mit der Entstehung einer neuen Konzeption, die in sich in ,,aufgehobener Form" Grundsätze ihrer antagonistischen Vorgänger enthält.

Das Ziel der Diskussion besteht darin, auf dem Wege eines fundierten Meinungsstreites die Wahrheit zu finden: ,,Im Streit wird die Wahrheit hervorgebracht". In einigen Fällen führt die Lösung des Widerspruchs zwischen konkurrierenden Theorien tatsächlich zur Wahrheit, wenngleich sie sich nur als relative Wahrheit erweist. So wurde im Zeitraum zwischen 1960 und 1962 die ,,Granitdiskussion" beendet. Viele Fragen aber, die zum Granitproblem gehören, blieben ungelöst, so beispielsweise solche Fragen wie Granite und Tektonik, Granite und mineralische Rohstoffe, Granite und Sial. Unklar bleiben Mechanismus und Energetik des Bildungsprozesses der palingenen Magmen. Gegenwärtig bietet der Mangel an Fakten noch keine Möglichkeit, diese Fragen zu lösen.

Die Gewinnung der Wahrheit ist aber keine einfache Aufgabe. Häufig werden durch den Zusammenstoß verschiedener Ansichten lediglich bestimmte Thesen nur schärfer formuliert und präzisiert, ihre Begrenztheit wird beseitigt, und dadurch erlangen diese Ansichten eine abgeschlossene Form.

Daraus erkennen wir, daß die Lösung von Widersprüchen in der Erkenntnis, die zu Diskussionen führen, nicht einfach bedeutet, daß diese Widersprüche beseitigt sind, sondern vielmehr, daß an ihre Stelle neue Widersprüche treten. Hierbei soll an die Worte von J. W. von Goethe erinnert werden: ,,Man sagt, zwischen zwei entgegengesetzten Meinungen liege die Wahrheit mitteninne. Keineswegs! Das Problem liegt dazwischen, das Unschaubare, das ewig tätige Leben, in Ruhe gedacht." [12]

Die Lösung eines Widerspruchs ist daher im allgemeinen ein sehr langwieriger Prozeß, wobei der bekannte Grundsatz ,,Die Wahrheit ist ein Prozeß" bestätigt wird. Gewöhnlich hat die Lösung eines Widerspruchs nur zeitweiligen Charakter. Der Widerspruch zwischen zwei Theorien verliert für eine bestimmte Zeitdauer seinen Problemcharakter und erzeugt eine annähernde und nicht völlig wahre Widerspiegelung der objektiven Wirklichkeit. Diskussionen um irgendein Problem haben deshalb im allgemeinen eine sehr lange Geschichte. Einige davon durchziehen die gesamte Geschichte der Geologie; sie sind gewissermaßen „Durchläufer". Einige Ideen in der Geschichte der Geologie sind überhaupt nie verschwunden, sondern stehen in der Periode der Herrschaft alternativer Standpunkte gleichsam im Schatten; auf andere aber, die in irgendeiner historischen Etappe der Geologie verworfen wurden, wurde später wieder zurückgegriffen. Darin zeigt sich deutlich der spiralförmige Charakter des Entwicklungsprozesses geologischer Erkenntnis, wenn eine Rückkehr zu bisherigen Ideen — allerdings unter Einbeziehung neuen Faktenmaterials — erfolgt.

In dieser Hinsicht kann man der Folgerung von A. I. RAVIKOVIČ zustimmen: „Viele Kardinalprobleme der Geologie, die im vergangenen Jahrhundert diskutiert wurden, sind nicht gestorben, sondern haben lediglich ihre konkrete Form gewandelt, wobei sie weiterhin als Anlaß für Diskussionen in unserer Zeit dienen". [6, S. 205]

Zu diesen nicht verschwindenden Problemen gehören die Ideen vom sprunghaften Charakter der tektonischen Prozesse, die viele Male aufflammenden Diskussionen um die Methode und das Prinzip des Aktualismus, ferner die Frage nach der Realität der strategraphischen Grenzen usw. Das bezeugen der Kampf, die Diskussion zwischen den verschiedenen „Neo"-Richtungen, wie sie für das 20. Jahrhundert charakteristisch sind, so die „Neokatastrophentheorie", der „Neouniformismus", die „reine Evolutionstheorie". So wird beispielsweise der Streit zwischen den Vertretern der Neokatastrophentheorie und der reinen Evolutionstheorie zu einem Kampf zwischen den Vorstellungen über eine kontinuierlich-diskontinuierliche, eine sprunghafte bzw. eine allmähliche irreversible Entwicklung.

In der modernen Geologie beginnt erneut der Kampf zwischen der „neptunistischen" und „plutonistischen" (vulkanistischen) Richtung. Dieser Kampf kommt auf den verschiedensten Gebieten und in erster Linie in den Streitgesprächen zum Problem der Entstehung vieler Erze und des Erdöls zum Ausdruck, ferner in der Frage nach der Bildung der Granite und anderer kristalliner Gesteine.

Mitunter ist die Rückkehr zu alten Vorstellungen damit verknüpft, daß — wie B. P. VYSOČKIJ bemerkt — „bei der Polemik versäumt wird, das strittige Werk im Original aufmerksam zu lesen." [7, S. 152] Die Idee wird insgesamt verworfen, ohne daß zunächst die Beweisführung aufmerksam analysiert wurde. Daraus resultiert auch die Überprüfung, die „Rehabilitierung" einiger abgelehnter Ideen, was anhand der Katastrophentheorie zu erkennen ist.

Da auf Grund von Diskussionen die einen Ansichten und Theorien durch andere abgelöst werden, ist die Lebensdauer der jeweiligen geologischen Theorie von beträchtlichem Interesse. Aufmerksamkeit erregt deshalb der Umstand, daß im allgemeinen die Theorien (Ansichten) in den Anfangsetappen der Geologie über eine größere Lebensdauer verfügen.

Am hartnäckigsten und am längsten war in der Tat der Kampf konkurrierender Theorien in den frühen Entwicklungsetappen der Geologie, als sich der Fortschritt des theoretischen Denkens nicht so sehr auf Fakten stützen konnte (deren Vorrat außerordentlich begrenzt und dürftig war), als vielmehr im Fahrwasser der Naturphilosophie vor sich ging. Für diese Konzeptionen war die Tendenz charakteristisch, den gesamten Kreis der zu untersuchenden Erscheinungen unter dem Aspekt eines einzigen Hauptprinzips zu erfassen, das als einheitlich und allgemein geltend zur Erklärung des gesamten Faktengebiets herangezogen wurde.

Wenn sich das Entwicklungsniveau einer Wissenschaft erhöht, wenn zu ihrem Bestand effektivere Untersuchungsmethoden gehören und sich das Forschungsgebiet erweitert, vollzieht sich eine Anreicherung an Faktenmaterial, und die Lebensdauer der konkurrierenden Theorien nimmt ab. Die Wissenschaft hat größere Möglichkeiten, Fragen zu klären, für die in den konkurrierenden Theorien alternative Lösungen angeboten werden. Gleichzeitig aber treten immer mehr ungelöste neue Probleme ins Blickfeld, je höher der Entwicklungsstand einer Wissenschaft ist, neue Aspekte zeigen sich in den Problemen, die bereits als gelöst in die Wissenschaft eingegangen sind.

Eine Analyse der Diskussionen zeigt, daß sie für die geologische Erkenntnis von großer Bedeutung sind:

1. Diskussionen sind ein Instrument zur Überprüfung bestimmter Thesen. Sie bleiben nach wie vor das notwendige „Filterglied" in dem langwierigen und komplizierten Prozeß der Bestätigung neuer Ideen in der Wissenschaft. Die Fruchtbarkeit derartiger „Konflikte" ist offensichtlich, während in der Geschichte einer Wissenschaft Phasen ohne Diskussionen im allgemeinen mit einer Verminderung des entsprechenden Entwicklungstempos einhergehen und zu einer Verzögerung des wissenschaftlichen Fortschritts führen.

2. Als Form des Kampfes verschiedener Konzeptionen, Schulen und Richtungen besitzen Diskussionen die Funktion einer „Lokomotive des wissenschaftlichen Fortschritts", sie stimulieren den wissenschaftlichen Fortschritt. Diskussionen führen zur Lösung oder Beschleunigung der Lösung für bislang nichtbegriffene Tatsachen, Erscheinungen und Problems. Im Laufe der Diskussionen oder unter ihrer direkten Einwirkung entstehen neue Untersuchungsrichtungen, es erscheinen neue aktuelle komplexe Aufgaben. So hat sich nach der lithologischen Diskussion von 1950 bis 1952 in der UdSSR die Arbeit auf dem Gebiete der Methodologie der geologischen Wissenschaften wesentlich verstärkt.

3. Diskussionen sind eine besonders wichtige Form der wissenschaftlichen Zusammenarbeit, der gemeinsamen Forschungsarbeit.

4. Da Diskussionen im allgemeinen dort und dann erfolgen, wo wahrscheinliches, hypothetisches Wissen, d. h. sich entwickelndes oder entstehendes Wissen, vorhanden ist, so markieren die Diskussionen stets einen Grenzabschnitt, eine Übergangsperiode in der Entwicklung der Wissenschaft, eine „Grenze" des Übergangs vom Nichtwissen zum Wissen in entscheidenden Punkten der Forschung.

Diskussionen schließen im allgemeinen eine Etappe des Erkenntnisprozesses ab und eröffnen den Übergang zu einer anderen Etappe; sie sind, um einen Ausdruck HEGELS zu verwenden, „Knoten", Umschlagspunkte. Gerade in einer solchen Übergangsperiode, wenn die Möglichkeiten der bis dahin herrschenden Theorie erschöpft sind, entstehen unter dem Einfluß der im Schoße der alten Theorien angesammelten Fakten neue konkurrierende Theorien, alternative Konzeptionen. Der Übergang von einer Wissensetappe zu einer anderen vollzieht sich dabei durch eine intensive Diskussion.

Als Beispiel für eine „Hauptkampflinie" der Geologie kann das Auftreten eines neuen grundlegenden Begriffs genannt werden, so etwa der Begriff „Geosynklinale", der eine Vertiefung des Erkenntnisprozesses bedeutet und im allgemeinen mit einer heftigen Diskussion einhergeht; ferner die Erschließung neuer, früher nur wenig untersuchter geologischer Objekte, so das Studium der Geologie des Weltmeeres usw.

5. Schließlich sei noch eine wichtige Funktion der Diskussionen im Erkenntnisprozeß genannt. Aus der Geschichte der Wissenschaft ist bekannt, daß jeder ihrer Entwicklungsetappen bestimmte Objekte entsprechen, die im Mittelpunkt der Aufmerksamkeit stehen. Genauso sind auch den jeweiligen Entwicklungsetappen der Geologie Diskussionen zu ganz bestimmten Problemen eigen. Wenn es auch Probleme gibt, um die, bald stärker, bald schwächer, im Laufe der gesamten Geschichte der Geologie diskutiert wird, sind nichtsdestoweniger Diskussionen, die nur für bestimmte Entwicklungsetappen der Geologie typisch sind, einerseits Zeichen einer ständigen Vertiefung der geologischen

Erkenntnis, ihres Übergangs von einer Stufe zur anderen, andererseits können sie als eine Art „Richtpunkte" angesehen werden, die zur Periodisierung der Geschichte der Geologie selbst beitragen können.

Literatur

[1] LENIN, W. I.: Zwei Methoden zu disputieren und zu kämpfen. — In: Lenin-Werke. Bd. 19. — Berlin: Dietz Verlag, 1962, S. 487.
[2] ÉNGEL'GARDT, M. A.: Charles Lyell, sein Leben und seine wissenschaftliche Tätigkeit. — St. Petersburg: 1892, S. 67, (russ.).
[3] ROMANOVA, S.: Geschichte der Vorstellungen über die Entstehung der Granite. — Moskva: Nauka, 1977, (russ.).
[4] TICHOMIROV, V. V.: Die Geologie in Rußland in der ersten Hälfte des 19. Jahrhunderts. T. II. — Moskva: 1963, (russ.).
[5] GORDEEV, D. I.: Die Geschichte der geologischen Wissenschaften. T. I. — Moskva: 1967; T. II. — Moskva 1972, (russ.).
[6] RAVIKOVIČ, A. I.: Die Entwicklung der grundlegenden theoretischen Richtungen in der Geologie des 19. Jahrhunderts. — Moskva: 1969, (russ.).
[7] VYSOCKIJ, B. P.: Probleme der Geschichte und Methodologie der geologischen Wissenschaften. — Moskav: 1977, (russ.).
[8] MIKULINSKIJ, R. S.: Die wissenschaftliche Diskussion und die Entwicklung der Wissenschaft. — Voprosy filosofii 3 (1978), S. 91, (russ.).
[9] zitiert nach: Istorija filosofii, Bd. II. — Moskva: 1957, S. 22.
[10] LUK, S. A. N.: Widerstand dem Neuen gegenüber in der Wissenschaft. — In: Fragen zur Geschichte der Naturwissenschaften und Technik, Moskva 3 (1981), S. 128, (russ.).
[11] zitiert nach: TURIGANOV, I. A.: Die Entstehung der Granite — ein komplexes Problem der Naturwissenschaft. — In: Fragen der Naturwissenschaften und Technik, Moskva 3 (1980), S. 155, (russ.).
Naturwissenschaft. Fragen der Naturwissenschaften und Technik, Moskva 3 (1980), S. 155, (russ.).
[12] GOETHE, J.: Ausgewählte philosophische Werke. — Moskva: 1964, S. 332, (russ.). Zitiert nach: J. W. GOETHE, „Du suchst die Tür." Prosasprüche. — Berlin: Buchverlag Der Morgen, 1982, S. 233.

Schriftenr. geol. Wiss. · Berlin 24 (1985) · S. 135—138

Zum Problem wissenschaftlicher Traditionen in der Kristallographie

Von Eginhard Fabian (Berlin)

Die Suche nach Wegen, geschichtliche Erkenntnis für die Gegenwart nutzbar zu machen, schließt die Pflege wissenschaftlicher Traditionen ein. Doch steht der Forderung nach Nutzung wissenschaftlicher Traditionen in der Forschung und Lehre die ungenügende theoretische Reflexion des Traditionsbegriffes gegenüber. Ein intuitives, dem Alltagsgebrauch entlehntes Traditionsverständnis erweist sich nicht als geeignet, den Reichtum historischer Erfahrungen für die Lösung aktueller Probleme zu erschließen. Traditionspflege bleibt häufig ein äußeres Moment, das sich nur schwer mit den Inhalten von Forschung und Lehre verbinden läßt.

Eine theoretische Vertiefung des Traditionsbegriffes und seine Differenzierung ist daher um so notwendiger, als es in der Wissenschaft eine Vielzahl unterschiedlicher Traditionen gibt, die zudem verschiedenen Ebenen zugehören, so daß sich in der Sphäre der Wissenschaft ein ganzes Netz von Traditionen aufspannt. Diese verwirrende Vielfalt läßt sich auflösen, denn in der Wissenschaft nehmen offenbar jene Traditionen einen zentralen Platz ein, die mit dem gesellschaftlichen Erkenntnisprozeß in seiner historischen Dimension selbst unmittelbar verbunden sind. Das Inbegriffensein von Traditionen in der menschlichen Tätigkeit verweist dabei im Feld jener Tätigkeiten, die intuitiv als wissenschaftliche erscheinen, auf deren zentrales Glied: die Forschung als Erzeugung gesellschaftlich neuen Wissens.

Thematisiert man das Traditionsproblem in diesem Kontext, ist zu bedenken, daß wissenschaftliche Traditionen, die ja mit dem Erkennen der objektiven Wirklichkeit verbunden sein müssen, weder von der ideellen Widerspiegelung der Wirklichkeit losgelöst, noch mit dieser einfach identifiziert werden können. Die Bindung wissenschaftlicher Traditionen an subjektive Aktivität spricht gegen ihre vereinfachende Reduzierung auf ein Wissen, das, aus der Vergangenheit übernommen, in gegenwärtigen wissenschaftlichen Tätigkeiten wirksam geblieben ist, und auch dagegen, den handelnden Menschen aus einer wissenschaftlichen Tradition auszuschließen.

Dies vorausgesetzt, läßt sich eine wissenschaftliche Tradition als ein historisch relativ stabiler Typ subjektiven Verhaltens in wissenschaftlichen Tätigkeiten kennzeichnen, der in einem ein Verhältnis zum Gegenstand des Erkennens und ein Ensemble dabei notwendig realisierter sozialer Beziehungen darstellt.

Um mit einem solchermaßen beschriebenen Traditionsbegriff arbeiten zu können, ist es erforderlich, einen historisch aufweisbaren Repräsentanten von genügender Fundamentalität für einen derartigen historisch relativ stabilen Typ subjektiven Verhaltens zur Verfügung zu haben. Ihn namhaft zu machen, ist möglich, wenn man bedenkt, daß das erkennende Subjekt sich den Gegenstand des Erkennens auf ganz verschiedene, in unterschiedlichen praktischen Bedürfnissen wurzelnde und den jeweiligen wissenschaftlichen Problemstellungen adäquate, historisch über Generationen relativ stabile Art und Weise aneignet. Eine solche spezifische Art und Weise der erkennenden Aneignung eines Gegenstandes sei als Erkenntnisweise bezeichnet. Dabei erweist sich eine Erkenntnisweise auf einem Entwicklungsniveau, auf dem sich ihr entsprechende soziale Beziehungen herausbilden, als hinreichend fundamental, um als historischer

Repräsentant einer wissenschaftlichen Tradition im genannten Verständnis gelten zu können.

Daraus, daß eine Erkenntnisweise ein bestimmtes Verhalten des erkennenden Subjekts zum Gegenstand des Erkennens ausdrückt, ergibt sich, daß stets auch andere Erkenntnisweisen in Bezug auf denselben Gegenstand möglich sind, und daher die Entstehung einer wissenschaftlichen Tradition die Entstehung alternativer wissenschaftlicher Traditionen einschließt, wie ja überhaupt der Begriff der Tradition implizit die Wahlmöglichkeit zwischen Alternativen enthält.

In der Kristallographie lassen sich solche alternativen wissenschaftlichen Traditionen historisch wie aktuell nachweisen. [1] So führten praktische Probleme bei der manufakturellen Produktion wirtschaftlich wichtiger Salze seit dem 16. Jahrhundert zur Herausbildung einer Erkenntnisweise, die gedanklich auf korpuskulartheoretischen Vorstellungen aufbaute und danach trachtete, die Gesetzmäßigkeiten der Kristalle aus ihrer Strukturiertheit zu erklären. Diese strukturelle Erkenntnisweise gewann im letzten Drittel des 18. Jahrhunderts mit dem Aufbau einer ersten relativ geschlossenen und praktisch anwendbaren Kristallstrukturtheorie auf mathematischer Grundlage durch den französischen Kristallographen RENÉ JUST HAUY ein Niveau, auf dem sich historisch relativ stabile soziale Beziehungen herausbilden konnten und, im Interesse des weiteren Erkenntnisfortschritts in dieser Erkenntnisweise, herausbilden mußten. In enger Verbindung mit der Entstehung der Kristallographie als wissenschaftliche Disziplin entwickelte sich die strukturelle Erkenntnisweise zu einer wissenschaftlichen Tradition, die über ihre namhaften Träger LUDWIG ANTON SEEBER, GABRIEL DELAFOSSE, AUGUSTE BRAVAIS, LEONHARD SOHNCKE, ARTHUR SCHÖNFLIES, EVGRAF STEPANOVIČ FEDEROV, WILLIAM BARLOW, PAUL VON GROTH und über MAX VON LAUE, WALTER FRIEDRICH und PAUL KNIPPING bis zur Gegenwart reicht.

Auf der anderen Seite entwickelte sich aus der Kenntnis der natürlichen Minerale und aus praktischen Bedürfnissen des Montanwesens im 18. Jahrhundert eine alternative Erkenntnisweise, die von der morphologischen Ganzheit des Kristallkörpers ausging und sich darauf richtete, die Gesetzmäßigkeiten der Kristalle auf der gedanklichen Grundlage kontinuumstheoretischer Vorstellungen aus der Morphologie selbst zu erkennen. Diese morphologische Erkenntnisweise erlangte anfangs des 19. Jahrhunderts mit dem Aufbau einer mathematisch fundierten, relativ geschlossenen und praktischen Erfordernissen in hohem Maße genügenden Theorie der Kristallmorphologie durch den deutschen Kristallographen CHRISTIAN SAMUEL WEISS ein Entwicklungsniveau, auf dem sich ebenfalls historisch relativ stabile soziale Beziehungen herausbildeten. Im 19. Jahrhundert entwickelte sich daher die morphologische Erkenntnisweise gleichfalls zu einer wissenschaftlichen Tradition, die vor allem von der international weitverzweigten WEISSschen Schule getragen wurde und zu deren namhaften Vertretern GUSTAV ROSE, FRANZ ERNST NEUMANN, CARL FRIEDRICH NAUMANN, ADOL'F JAKOVLEVIČ KUPFER, NIKOLAJ IVANOVIČ KOKŠAROV und WILLIAM HALLOWES MILLER gehörten.

Die historische Analyse der Entwicklung der beiden durch unterschiedliche Erkenntnisweisen repräsentierten alternativen wissenschaftlichen Traditionen führt zu interessanten historischen Einsichten. So geben sich solche wichtigen Traditionen, wie die wissenschaftlicher Schulen und Institutionen sowie von Kommunikations-, Kooperations- und Organisationsformen kristallographischer Arbeit als Derivate solcher fundamentalen durch alternative Erkenntnisweisen repräsentierten wissenschaftlichen Traditionen zu erkennen.

Die historische Analyse zeigt auch, daß und warum alternative wissenschaftliche Traditionen einander im historischen Prozeß ablösen, im 19. Jahrhundert beispielsweise die morphologische Tradition Dominanz über die strukturelle gewann und diese in eine Außenseiterrolle drängte, aus der sie erst mit dem Nachweis der realen/Existenz der Kristallstrukturen wieder hervortrat.

Doch war damit die morphologische Tradition historisch keineswegs erledigt. Im Gegenteil: Die Entwicklung der Kristallographie in den letzten 70 Jahren führte dazu, daß Forschung und Praxis neue und zum Teil neuartige Probleme an sie herantrugen, die in der wissenschaftlichen Tradition des Strukturdenkens nicht lösbar waren, und die auch beim gegenwärtigen Stand kristallographischer Forschung mit ihrer Hilfe nicht lösbar sind. Es sind dies Probleme, zu deren Bearbeitung die morphologische Tradition nach wie vor unentbehrlich ist. Bei ihrer Klärung ergänzen sich Arbeiten in der strukturellen und morphologischen Erkenntnisweise, gedanklich beide auf Strukturvorstellungen gegründet, als komplementäre wissenschaftliche Traditionen gegenseitig wirkungsvoll.

Damit verbindet sich die Frage, wie das vorgestellte Traditionsverständnis sich zu aktuellen Problemen der Traditionspflege verhält und wie es sich in diesem Lichte über die Kristallographie hinaus verallgemeinern läßt. Dazu sei ein Beispiel herausgegriffen: Eine grundsätzliche Forderung an die Wissenschaft besteht darin, durch die Intensivierung ihrer selbst die wissenschaftliche Arbeit zu höherer Effizienz zu führen und Ergebnisse zu erbringen, die dem internationalen Stand entsprechen oder ihn bestimmen. Diese Aufgabe stellt uns vor das schwerwiegende Problem, daß wissenschaftliche Forschungen nicht auf allen Gebieten und auf manchen nicht in voller Breite betrieben werden können. Die verfügbaren Kräfte müssen auf solche Forschungsrichtungen konzentriert werden, die fundamentale Erkenntnisse und einen reichen Ertrag an volkswirtschaftlich verwertbaren Ergebnissen versprechen. Diese Problemsicht führt unmittelbar auf Fragen der Rolle der Persönlichkeit in der Wissenschaft, der Funktion wissenschaftlicher Schulen, der schöpferischen Leistungsfähigkeit von Kollektiven und der Ausbildung des wissenschaftlichen Nachwuchses. Solche Fragen bilden seit langem den Gegenstand von Diskussionen, wobei bemerkenswert ist, daß dabei häufig explizit ein Bezug zu wissenschaftlichen Traditionen gesehen und hergestellt wird.

So meint z. B. Hans-Jürgen Treder: „Ganz sicher werden wir in der Wissenschaft Erfolge größerer (nicht vereinzelter) Art nur durch eigenständige Schulen erziehen können, die sich mit der Rezeption großer Traditionen befassen bei gleichzeitiger Kenntnis und kritischer Verarbeitung des neuen Wissensstandes, zumindestens aber seiner wichtigsten Tendenzen.“ [2, S. 11] Kurt Schreiber fügt die Forderung hinzu: „Wir brauchen moderne wissenschaftliche Schulen neuen Typs, Schulen, die progressive Traditionen der Vergangenheit vereinen mit den Grundsätzen und Erkenntnissen unserer Gesellschaftsordnung, die sozialistische Persönlichkeiten herausbilden.“ [3, S. 29] Und Lothar Kolditz ergänzt, daß eine wissenschaftliche Schule im wesentlichen den Sinn hat, „eine Forschungsrichtung zu entwickeln oder bzw. und eine bestimmte Denk- und Arbeitsweise zu verbreiten.“ [2, S. 10]

Solche Äußerungen erfahrener Wissenschaftlerpersönlichkeiten und die Korrespondenz ihrer Einschätzungen mit dem Verständnis wissenschaftlicher Traditionen als hochentwickelte Erkenntnisweisen sprechen für sich. Doch muß ihnen hinzugefügt werden, daß auch im gegenwärtigen Wissenschaftsbetrieb der Wahlmöglichkeit zwischen alternativen Traditionen Rechnung getragen werden muß, wenn langfristig auf einem bestimmten Wissenschaftsgebiet ein effektiver und kontinuierlicher Erkenntnisfortschritt gewährleistet werden soll.

In diesem Konnex ist es von grundsätzlicher Bedeutung, ob und in welchem Maße den Wissenschaftlern bewußt ist, in welcher Tradition sie erzogen sind und in welcher sie arbeiten. Dies hat unmittelbare Konsequenzen für die Pflege wissenschaftlicher Traditionen und die Herausbildung eines Traditionsbewußtseins, aber auch für das Bewußtmachen alternativer Traditionen in der Ausbildung des wissenschaftlichen Nachwuchses und bei der Förderung junger Wissenschaftler. Es ist dabei zu bedenken, daß wissenschaftliche Traditionen ganz wesentlich durch die Lehre und die Wirkung des Vorbildes im wissenschaftlichen Arbeitsprozeß weitergegeben und aufgenommen werden.

Somit erschließt das vorgestellte Traditionsverständnis ein Feld der Traditionspflege, in dem wissenschaftliche Traditionen nicht als schmückendes Attribut, sondern als immanenter Bestandteil wissenschaftlicher Tätigkeiten gepflegt und genutzt werden.

Literatur

[1] Vgl. zur historischen Analyse und zu den theoretischen Schlußfolgerungen: FABIAN, E.: Traditionen in der Wissenschaft. Eine historisch-theoretische Studie zur Funktion wissenschaftlicher Traditionen, untersucht in der Geschichte der Kristallographie. Dissertation B, Berlin 1983.

[2] Was halten Sie von wissenschaftlichen Schulen. — Spectrum, Berlin 4 (1973) 4, S. 10f.

[3] SCHREIBER, K.: Wir brauchen wissenschaftliche Schulen sozialistischen Typs. — Spectrum, Berlin 4 (1973) 6, S. 29—31.

Schriftenr. geol. Wiss. · Berlin 24 (1985) · S. 139—143

Aktualismus und historische Methode in philosophischer Sicht

Von ROLF LÖTHER (Berlin)

Die historische Methode ist die allgemeine wissenschaftliche Methode zum Erkennen von Entwicklungsvorgängen, soweit sie der Vergangenheit angehören. Sie läßt die Natur, wie sie vor der Entstehung des Menschen existiert hat, ebenso wie dessen eigene — die längste Zeit ungeschriebene — Geschichte in ihrem Verlauf und ihrer Gesetzmäßigkeit erkennen. Durch die Anwendung dieser Methode erschließen sich der Astronomie die Entwicklung der Himmelskörper, der Geologie die Erdgeschichte, der Biologie die Evolution des Lebens auf der Erde und den Gesellschaftswissenschaften die Geschichte der Menschheit.

Naturwissenschaftliche wie gesellschaftswissenschaftliche Geschichtsforschung geht von der Erkenntnis des Gegenwärtigen aus, um das vergangene Geschehen ideell zu rekonstruieren und dadurch zum vertieften Verständnis des Gegenwärtigen zu gelangen. Es wird — gemäß dem methodischen Prinzip des Historismus — als Ergebnis von Prozessen erklärt, die in der Vergangenheit stattgefunden haben, während diese Prozesse — gemäß dem methodischen Prinzip des Aktualismus — aus in der Gegenwart feststellbaren Gründen erklärt werden. Auf diese Weise entstehen wissenschaftliche Entwicklungstheorien über die untersuchten Vorgänge, die auch fundierte Voraussagen über künftige Entwicklungen ermöglichen.

Die objektive Voraussetzung historischer Entwicklungserkenntnis besteht darin, daß die Vergangenheit in der Gegenwart enthalten ist — nicht als zeitliches Nacheinander der vergangenen Dinge und Erscheinungen, ihres Werdens und Vergehens, sondern im Nebeneinander und Zusammenhang heutiger Dinge, Erscheinungen und Prozesse, in den Strukturen der gegenwärtigen, sinnlich wahrnehmbaren Wirklichkeit. Die materielle Welt ist voller Spuren ihrer Vergangenheit — man muß sie nur zu lesen verstehen —, so wie sie auch voller Keime des Neuen, voller Anfänge in Gang kommender Entwicklungsprozesse ist. Von der Vergangenheit, die den Dingen innewohnt, hängt auch ihre gegenwärtige und zukünftige Entwicklung mit ab.

Der Weg vom gegenwärtigen Nebeneinander zum Nacheinander in der Vergangenheit führt über den Vergleich der Dinge und Erscheinungen sowie ihre Klassifikation nach ihrer natürlichen Ordnung. So leiten die Spektralklassen und die Leuchtkraft der Sterne zu Vorstellungen von der Sternentwicklung hin, wird von der Schichtenfolge der Erdrinde auf erdgeschichtliche Vorgänge geschlossen, dienen homologe Bildungen heutiger und fossiler Lebewesen der Rekonstruktion ihrer Stammesgeschichte. Auf prinzipiell gleiche Weise ging auch MARX in der Gesellschaftswissenschaft vor. Als Einheit für die Klassifikation der mannigfaltigen Menschengesellschaften und ihres Platzes im Entwicklungsgang der Menschheit entdeckte er die ökonomische Gesellschaftsformation.

„Dieselbe Wichtigkeit, welche der Bau von Knochenreliquien für die Erkenntnis der Organisation untergegangener Tiergeschlechter, haben die Reliquien von Arbeitsmitteln für die Beurteilung untergegangener ökonomischer Gesellschaftsformationen. Nicht was gemacht wird, sondern wie, mit welchen Arbeitsmitteln gemacht wird, unterscheidet die ökonomischen Epochen. Die Arbeitsmittel sind nicht nur Gradmesser der Entwicklung der menschlichen Arbeitskraft, sondern auch Anzeiger der gesellschaftlichen Verhältnisse, worin gearbeitet wird", schrieb Marx [3, S. 194–195].

Er stellte die Erforschung der Gesellschaftsgeschichte auf das gleiche allgemeine methodische Fundament, auf dem auch die naturwissenschaftlich-historische Entwicklungserkenntnis fußt. Die prinzipielle Übereinstimmung mit ihrem Vorgehen wurde sicherlich durch Marx' Beschäftigung mit der historischen Geologie sowie Darwins Evolutionslehre stimuliert, auf die er sich mehrfach bezog. So verweist auch der Ausdruck „ökonomische Gesellschafts*formation*" offenkundig auf den seinerzeitigen geologischen Formationsbegriff, der bestimmte Gesteinsschichten und ihre Bildungszeiten bezeichnete (heute spricht man statt dessen von „Perioden" und von den in diesen Perioden entstandenen Ablagerungen als von „Systemen").

Im Vergleich mit den Methoden der empirischen Tatsachengewinnung, z. B. Beobachtung und Experiment, und Methoden des Denkens, z. B. der logischen Analyse und Synthese der gewonnenen Tatsachen, ist die historische Methode ein kompliziertes Methodengefüge, in das Methoden wie Beobachtung und Experiment, Analyse und Synthese als Komponenten eingehen. Die Struktur dieses Systems wird durch die beiden methodischen Prinzipien des Historismus und des Aktualismus bestimmt. Sie bedingen und ergänzen einander im Prozeß der Erkenntnis historischer Entwicklungsvorgänge, durchdringen sich in der Anwendung und führen zum Ergebnis der Retrodiktion, des zeitlichen Gegenstücks zur Prognose, der Voraussicht auf zukünftiges Geschehen. Zusammen ermöglichen Historismus und Aktualismus die ideelle Rekonstruktion des Vergangenen aus dem Gegenwärtigen.

Die Herausbildung der historischen Methode war immanenter Bestandteil der Entwicklung wissenschaftlicher Entwicklungserkenntnis, wobei die Aufstellung und Erörterung des Prinzips des Aktualismus in hohem Maße mit der Geologie verbunden ist, besonders mit dem Namen von Charles Lyell, seinem Begriff des „Uniformitarianism" (Uniformismus) und der Auseinandersetzung zwischen Uniformismus und Katastrophismus. Unter dem Einfluß von Lyells Uniformismus stand auch Charles Darwin, als er die historische Methode in die Biologie einführte.

Vor einigen Jahren hat Stephen Jay Gould eine bemerkenswerte Studie zum Verhältnis zwischen Lyells Uniformismus und dem Katastrophismus veröffentlicht, die auch einschlägige Diskussionen in den USA zusammenfaßt. Er wurde dazu durch Louis Agassiz' mit Randbemerkungen versehenes Exemplar von Lyells "Principles of Geology" veranlaßt, auf das er zufällig im Magazin der Bibliothek des Museums für Vergleichende Zoologie der Harvard-Universität gestoßen war. Die Randbemerkungen des prominenten Katastrophisten enthielten sehr viel Anerkennung für Lyell.

"Agassiz could praise Lyell, because, as a catastrophist, he agreed that Lyell's methodological uniformitarianism had established the principles of reasoning in geology. Such agreement is unthinkable in the traditional Manichean view that sets a heroic Lyell battling for science itself against a dogmatic group of theological apologists seeking to preserve God's role by identifying catastrophe as a divine disruption of the natural order", schreibt Gould [1, S. 135]. "Catastrophists and uniformitarians were equally 'scientific'. Catastrophists were the hard-nosed empiricists who believed what they saw and did not interpolate a slow and steady continuity into the literal record of disruption. Lyell, for his part, was not above a bit of rhetorical flourish and lawyer's trickery. He suggested that his empirical claim for an earth in steady state be accepted because all scientists must support the constancy of natural law. He had called both uniformity, but one is a necessary methodological postulate, the other a specific (and false) empirical claim".

Gould wendet sich gegen die traditionelle „manichäische Sicht" auf die Geologie des frühen 19. Jahrhunderts, wonach damals jeder Geologe entweder ein Uniformist und damit ein guter Kerl oder ein Katastrophist und Bösewicht gewesen sei. Vielmehr sei die strittige Problematik so kompliziert und vielseitig gewesen, daß mehr als zwei Positionen eingenommen und verteidigt werden konnten. LYELLS Uniformismus sei nämlich keine einheitliche und geschlossene Lehre gewesen, die gegen einen gleicherweise unzweideutigen Widersacher gerichtet war. Vielmehr enthielt diese Lehre Postulate unterschiedlichen Charakters. Einige davon wurden von allen wissenschaftlichen Katastrophisten unterstützt, andere führten zu heftigen und langwierigen Disputen. Die moderne Geologie trage zwar LYELLS Namen, doch enthalte sie eine Mischung fast gleicher Anteile von Postulaten der ursprünglichen Katastrophisten und Uniformisten.

GOULDS kritische Analyse zeigt, daß LYELL unter seinem Begriff des Uniformismus vier zu unterscheidende Angelegenheiten subsummierte, von denen zwei methodologische Voraussetzungen bei der Erforschung der Realität und zwei Aussagen über die Wirklichkeit sind. So sind im Verständnis des Uniformismus zu unterscheiden: A. Methodologischer Uniformismus mit 1. Uniformität der Gesetze, d. h. ihre räumliche und zeitliche Invarianz, 2. Uniformität des Geschehens; B. Ontologischer Uniformismus mit 3. Uniformität der Veränderlichkeit (Gradualismus) und 4. Uniformität der Konfiguration (Negierung des Fortschreitens in der Veränderung).

Die Uniformität der Gesetze wurde von katastrophistischen und uniformistischen Wissenschaftlern in gleicher Weise als Bestandteil ihres Verständnisses von Wissenschaft unterstützt. Im Hinblick auf die Uniformität des Geschehens spricht man auch im Englischen von Aktualismus (actualism), was hier — wie GOULD vermerkt — seltsam erscheint, weil „actual" eigentlich „real" bedeutet, während es in den meisten europäischen Sprachen soviel wie „jetzt" oder „gegenwärtig" heißt. Aktualismus im Sinne der Uniformität des Geschehens bezieht sich auf das Verhältnis von Gegenwart und Vergangenheit hinsichtlich der Kausalität. Er orientiert darauf, die Ergebnisse der Vergangenheit aus Ursachen zu erklären, die aus der Gegenwart bekannt sind. Katastrophisten und Uniformisten stimmten darin überein, daß die Geologen immer mit gegenwärtigen Ursachen beginnen sollten, wobei die Katastrophisten nicht immer zustimmten, daß gegenwärtige Ursachen ausreichen, um alle Ergebnisse der Vergangenheit zu erklären.

Auf die Kausalität des Geschehens bezieht sich auch die Ansicht von der Uniformität der Veränderlichkeit. Damit war gemeint, daß die Ursachen immer im gleichen durchschnittlichen Ausmaß gewirkt haben und — da gegenwärtige Veränderungen langsam vonstatten gehen — große Ergebnisse der akkumulierte Effekt unzähliger winziger Veränderungen seien (Gradualismus), nicht plötzlich, katastrophenhaft wirksamer Ursachen. Auch hier schieden sich Katastrophisten und Uniformisten. Die Uniformität der Konfiguration schließlich bedeutet, daß sich die Erde in einer Art von dynamischem Gleichgewicht mit Veränderungen zyklischen Charakters befindet und sich im großen und ganzen gleichbleibt, es in der Erdgeschichte keine unumkehrbare Entwicklung und Entstehung, sondern eine beständige Wiederkehr des Gleichen gibt. Tatsächlich prophezeite LYELL sogar das Auffinden von Säugetieren aus dem Paläozoikum und die zukünftige Wiederkehr der großen Reptilien aus dem Mesozoikum. Demgegenüber wurden von Katastrophisten Vorstellungen ausgearbeitet, wonach die Veränderungen der Erde in einer bestimmten Richtung fortschreiten. Dabei gingen sie von der Nebularhypothese der Entstehung des Sonnensystems und der Annahme aus, daß die Erde anfangs ein Feuerball gewesen sei, der fortschreitender Abkühlung unterliege. Die Abstrahlung der Wärme führe zur Kontraktion des Erdinneren und dadurch zu instabilen Zuständen und gelegentlichen Einbrüchen der Erdkruste, die auf das kontrahierte Erdinnere stürze.

GOULD plädiert für eine differenzierte und objektive, unvoreingenommene Darstellung der Auffassungen und Beziehungen von Uniformismus und Katastrophismus, die auch den Beitrag des Katastrophismus zur Wissenschaftsentwicklung würdigt. "... I am not trying to denigrate CHARLES LYELL (unless one's preference runs to cardboard heroes without human hopes and aspirations). LYELL was an advocate, not a robot fit only for gathering information. He behaved like all advocates who believe passionately in what they profess. Science is no inexorable excursion toward final truth, lead by heroes devoid of personality. And LYELL was such a magnificent advocate — one of the most brilliant intellects and probably the finest prose stylist of the Victorian science. If I ever become czar of cloning industry, I will make a dozen of him and scatter them among the sciences", versichert GOULD [1, S. 135].

In den Auseinandersetzungen zwischen Uniformismus und Katastrophismus im vorigen Jahrhundert wurden Probleme aufgeworfen, die seither nicht aus der Diskussion verschwunden sind und generell wie an Einzelfragen erörtert werden. Das Aussterben der großen mesozoischen Reptilien beispielsweise provoziert laufend neue neokatastrophistische Deutungen. Nur die Uniformität der Konfiguration dürfte keine Vertreter mehr haben, während gerade die Nichtuniformität der Konfiguration auch die Uniformität der Gesetze hat problematisch werden lassen. In der dialektischen Auffassung des Determinismus ergibt sich die Historizität der Naturgesetze in der Entwicklung der Materie. Von der Evolutionsbiologie ausgehend sprechen K. M. ZAWADSKIJ und E. I. KOLCINSKIJ [5] vom Uniformismus und vom Variaformismus als zwei Entwicklungsstufen des Aktualismus, wobei der Variaformismus in der Biologie zur Konzeption der „Evolution der Evolution" führt, d. h. der historischen Veränderung und Entwicklung der Faktoren und des durch sie gebildeten Mechanismus der Evolution selbst (vgl. [2]).

Es geht darum, ob die Faktoren und der Mechanismus der Evolution zu allen Zeiten — von der Entstehung des Lebens im Präkambrium bis zur Gegenwart — und bei allen Organismen — von den Archae- und Eubakterien bis zu den Blütenpflanzen und Wirbeltieren — stets gleich geblieben sind, so daß sie einfach als gegebene Voraussetzungen für die theoretische Erklärung der Evolution aller Arten und Artengruppen zu allen Zeiten genommen werden können oder nicht. In variaformistischer Sicht ist zwischen allgemeinen und besonderen Faktoren der Evolution zu unterscheiden, können sich sowohl allgemeine als auch besondere Faktoren im Verlaufe der Evolution auf verschiedene Weise quantitativ und qualitativ verändern, können neue Faktoren entstehen und alte verschwinden. Wesentlich ist dabei die Kontinuität der Evolution während aller Veränderungen ihrer Faktoren und ihres Mechanismus.

„Die Gesetzmäßigkeiten der Tiere und Pflanzen auf einer bestimmten Stufe der Evolution sind einerseits das Ergebnis der geschichtlichen Entwicklung und bestimmen andererseits selbst den weiteren Gang der Evolution. Die Gesetzmäßigkeiten der Vererbung, der Variabilität, der natürlichen Auslese sind spezifisch für jedes Stadium der Evolution. Es handelt sich darum, nicht nur die allgemeinen Gesetzmäßigkeiten des Evolutionsprozesses, sondern auch seine spezifischen Eigenschaften in den verschiedenen Stadien zu klären. Die Berechtigung dieses Standpunktes wird uns besonders deutlich vor Augen geführt, wenn wir uns einerseits eines der frühen Zeitalter in der Entwicklung der organischen Welt vorstellen und andererseits bedenken, wie Tier- und Pflanzenwelt durch die Tätigkeit des Menschen auf verschiedenen Stufen der sozialen Entwicklung verändert werden", konstatierte B. P. TOKIN [4, S. 7—9] und gelangte zu dem Schluß, daß es erforderlich sei, „den historischen Gesichtspunkt auf den Evolutionsprozeß selbst konsequent anzuwenden und solche Begriffe wie z. B. Vererbung und Variabilität ebenfalls als geschichtliche Kategorien aufzufassen".

Übrigens faßte MARX nicht nur das gesellschaftliche Geschehen, sondern auch die es bewegenden Kräfte als sich im Geschichtsprozeß verändernd und entwickelnd auf, z. B. die Wissenschaft als einen in der Geschichte der Produktivkräfte hinzukommenden Produktionsfaktor. Daher vermag die Art und Weise, wie MARX die historische Methode handhabte, auch der naturwissenschaftlich-historischen Forschung Anregungen zu vermitteln, wie ihr MARX Anregungen entnahm. Diese ergeben sich leichter, wenn die historische Methode und ihre Anwendung auf den verschiedenen Wissenschaftsgebieten vergleichend untersucht und auf Grund dieses Materials die Theorie (Methodologie) der historischen Methode als allgemeine Methode für Natur- und Gesellschaftsgeschichte im Rahmen der dialektisch-materialistischen Methodologie weiter ausgearbeitet wird. Damit würde geistiges Rüstzeug bereitgestellt, um das weitere Erkennen von Entwicklungsvorgängen in Natur und Gesellschaft zu fördern.

Literatur

[1] GOULD, S. J.: Agassiz's Marginalia in Lyell's Principles, or the Perils of Uniformity and the Ambiguity of Heroes. — In: W. COLEMAN, C. LIMOGES (Ed.): Studies in History of Biology, T. 3. — Baltimore—London: The John Hopkins University Press, 1979, S. 119—138.

[2] LÖTHER, R.: Das Werden des Lebendigen. — Leipzig—Jena—Berlin: Urania-Verlag, 1983.

[3] MARX, K.: Das Kapital. Erster Band. In: MARX-ENGELS-Werke, Bd. 23. — Berlin: Dietz Verlag, 1962.

[4] TOKIN, B. P.: Vorwort. — Probleme der Theoretischen Biologie. — Moskau—Leningrad: INRA, 1935.

[5] ZAWADSKIJ, K. M./E. I. KOLČINSKIJ: Evoljucija evoljucii. — Leningrad: Verlag „Nauka", 1977.

Schriftenr. geol. Wiss. · Berlin 24 (1985) · S. 145—149

Die Beziehungen früher geologischer Theorien zu Erkenntnissen im Zuge der Herausbildung der klassischen Mechanik

Von WOLFGANG BLEI (Berlin)

Das 16. Jahrhundert war nicht nur ein Gipfelpunkt in der Astronomie mit COPERNICUS' heliozentrischem Weltbild, sondern auch ein solcher auf dem Erkenntnisweg zur Erd- und Lebensgeschichte. Hingewiesen sei nur auf die geologischen Vorstellungen GIORDANO BRUNOS und BERNARD PALISSYS, die schon ein erstaunlich bewußtaktualisitisches Gesamtbild (Stufe 2 [2]) ergaben, das aber so gut wie vollständig wieder verschwand und mit ihm zahlreiche wertvolle Einzelerkenntnisse, denn scharf setzte um 1600 — im Gefolge der Gegenreformation, der ja auch die beiden Genannten zum Opfer fielen — ein Rückschlag ein, der nicht auf die katholischen Gebiete beschränkt blieb.

Das dann entworfene geologische Gesamtbild begann auf einer niederen Stufe (Stufe 1, Vorstufe [2]), gekennzeichnet durch lediglich einfache aktualistische Vergleiche, die zusammen mit der allgemeinen Katastrophe der Sintflut zu einer Theorie verarbeitet wurden.

Den Neubeginn dieses geologischen Gesamtbildes stellt NICOLAUS STENOS Werk (1669) dar, das noch bzw. wieder dem geozentrischen Weltbild verhaftet war. Seine Übersetzung ins Englische durch den aus Bremen stammenden Sekretär der Royal Society, HEINRICH (HENRY) OLDENBURG [13], dürfte den Keim gelegt haben für eben jene Sintflut-Erdtheorien, die ab 1680 zunächst in England erschienen, dann auf den Kontinent übergriffen und lange Zeit das geologische Denken bestimmt haben. Genannt seien in diesem Zusammenhang nur THOMAS BURNET (1680/81), JOHN WOODWARD (1695), WILLIAM WHISTON (1696) und JOHANN JACOB SCHEUCHZER (1727—1731). In der Geschichtsschreibung der Geologie sind diese Theorien oft nur negativ bewertet worden. Wenn sie auch nicht gerade geologische Glanzleistungen darstellen, so ist eine solche pauschale Einschätzung doch abzulehnen[1]).

Im 17. Jahrhundert, also in der Zeit des erwähnten Rückschlages auf dem Erkenntnisweg zur Erd- und Lebensgeschichte, hat sich die Herausbildung der klassischen Mechanik vollzogen, wenn man dabei zwei Marksteine nennen will, zwischen JOHANNES KEPLERS "Astronomia nova" (1609) und ISAAC NEWTONS "Philosophia naturalis principia mathematica" (1687).

Damit war ein zum Teil grundsätzlicher Wandel in der wissenschaftlichen Denkweise verbunden, ein Umschlag von geometrisch-mechanistischen zu physikalisch-dynamischen Vorstellungen, der gar nicht überbetont werden kann. Denn nun wird, im völligen Gegensatz zu vorher, zum Beispiel die Schwerkraft als Gravitation erkannt[2]) und als einzige Ursache dafür, daß Stein und Apfel zu Boden fallen und die Planeten sich um die Sonne bewegen. Das heliozentrische Weltbild fand seine physikalisch-mathematische

---

[1]) GUNTAU (1980) [5] gab eine differenziertere Darstellung. BLEI (1981) [2] wies auf den Zusammenhang dieser Theorien mit der klassischen Mechanik hin, ohne nähere Erläuterungen, die nun folgen.

[2]) Ein fallender Körper im geozentrischen Weltbild sollte, abgeleitet aus geometrischen Beziehungen, nach dem Mittelpunkt der Welt, der jedoch nicht genau der Mittelpunkt der Erde war, streben. Dagegen wandte sich KEPLER schon 1609 und sprach von einer dem Magnetismus ähnlichen körperlichen Einigungskraft, also von Anziehung [11]. Aber noch DESCARTES erklärte 1644, völlig entgegengesetzt, die „Schwere irdischer Körper" durch ein von außen her bewirktes Drängen nach der Mitte zu. [3]

Begründung; im Kosmos und auf der Erde herrschen dieselben Gesetze; die Erde und die Himmelskörper sind nicht prinzipiell verschieden — materielle Einheit der Welt (von der allerdings auch Descartes ausging).

Daß ein Sprung zu einer neuen Qualität stattgefunden hatte, ist von damaligen Gelehrten nachweisbar auch so empfunden worden[1]). Also: Zeitlich und örtlich nahezu zusammenfallend, einerseits ein solcher Umschlag zu neuer Qualität, andererseits aber auch Sintflut-Erdtheorien! Zeigen sich hier unvereinbare Widersprüche, etwa gar mit unversöhnlicher Kontrahentenstellung der jeweiligen Begründer bzw. Autoren? Nein, durchaus nicht. Denn es muß zunächst folgendes festgehalten werden:

Newton hatte dieselbe religiös gebundene Überzeugung hinsichtlich des Entstehens und Geschehens in der Natur [7], wie die Sintflut-Erdtheoretiker. Newton ist wie Whiston aktiv tätig gewesen im Rahmen der Robert-Boyle-Stiftung zur Bekämpfung des Atheismus (dazu siehe auch [12]). Das ist nur ein Teil der gemeinsamen Seite. Newton steht hier als Beispiel auch für andere.

Keineswegs sollen die Leistungen der Begründer der klassischen Mechanik auf eine Stufe mit den Sintflut-Erdtheoretikern gestellt werden. Aber: Beides gehört zum Weltbild jener Zeit, steht dabei nicht etwa an ganz unterschiedlichen Endpunkten, sondern ist miteinander verflochten: zeitlich, inhaltlich und personell, wie noch zu zeigen sein wird.

Die neuen wissenschaftlichen Erkenntnisse und Vorstellungen im Rahmen der Herausbildung der klassischen Mechanik wurden nämlich sofort auf die Interpretation der Erdgeschichte angewendet, mit eben jenen Erdtheorien. Bei näherer Untersuchung ergeben sich dabei erstaunliche Beziehungen:

Neu in geologischen Darstellungen jener Zeit ist zunächst, daß nunmehr der Sedimentationsvorgang und sein Ergebnis, die Gesteinsschichten, bewußt gemacht und beinahe nach der Art von Experimentprotokollen beschrieben werden, wie z. B. von Steno [10][2]). Dann aber achten die englischen Erdtheoretiker fast peinlich genau darauf, dieses Entstehen der Schichten durch Sortierung nach der Dichte zu erklären, teilweise sogar bis zu unsinnigen Zusammenhängen[3]).

Es wird dargelegt, daß alle Vorgänge auf und in der Erde nach den Gesetzen der Mechanik sich vollziehen — nach denen Whiston die Theorie Burnets wohl der cartesischen Philosophie gefolgt war) untersucht — und was in eindrucksvoller Weise z. B. auch J. J. Scheuchzer tut [9].

Eine weitere wichtige Tatsache wurde bisher kaum beachtet: Eine der Grundlagen für diese Theorien aus England und die daran anschließenden ist das heliozentrische Weltbild[4]) und zwar nach den modernen Erkenntnissen, daß die Planeten- und Kometenbahnen Ellipsen darstellen; Sonnennähe und Sonnenferne werden mit berücksichtigt (siehe dazu weiter unten).

---

[1]) Das geht nicht nur aus Scheuchzers Meinung hervor (siehe im Text weiter unten), sondern auch daraus, daß z. B. das Zedlersche Lexikon, eine 64bändige Enzyklopädie, lange vor der fränzösischen erschienen, im Hinblick auf die Begründer der klassischen Mechanik von den „neuen Weltweisen" spricht.

[2]) Das Erkennen und Erklären der Schichtung fehlte, von Ausnahmen abgesehen, bis dahin weitgehend. Die Gesteine der Gebirge einerseits und die der flacheren Gebiete andererseits wurden zumeist als etwas ganz Unterschiedliches angesehen. In letzteren sah man zwar im allgemeinen auch Abtragungsprodukte, aber diese waren nicht aus der Zerstörung der Festgesteine gedacht, sondern sollten die dem festen „Skelett des Urgebirges" aufgelagerten erdigen, nun abgeschwemmten Massen gewesen sein. So dachten auch z. B. Leonardo da Vinci (1452–1519) [6] und Johannes Kepler (1571 bis 1630) [8]. Das gesetzmäßig (wenn auch rein geometrisch-mechanistisch) gedachte Absetzen von zu unterschiedlichen Stoffen sich verbindenden Teilchen, wie das Descartes [3] im Zusammenhang mit der Entstehung der Erde beschrieb, gab eine Erklärung für das Vorhandensein einer Schichtung und inspirierte offenbar Steno. Das einfache Abschwemmen erdiger Massen führt weniger zur Vorstellung schichtigen Ablagerns, als diese Erklärung.

[3]) Wenn z. B. Woodward (1695) zwischen leichten und schweren Fossilien unterscheidet und noch weitere rein theoretische Dichtesortierungen anderer Bestandteile beschreibt [14].

[4]) Immerhin befand sich Copernicus' Werk seit 1633 endgültig auf dem katholischen Index; Steno hielt sich strikt daran, Descartes verstieß wenigstens nicht offen dagegen. Auch in protestantischen Kreisen war man durchaus nicht für das neue Weltbild.

Manche der in diesen Theorien uns als Phantasieprodukt anmutenden Aussagen haben ihren konkreten Bezug zu damaligen wissenschaftlichen Erkenntnissen, Vorstellungen und Streitfragen. Dafür einige Beispiele:

Daß in BURNETS Theorie (1680/81) die Erde die Form eines Eies hat [14], entsprach durchaus damals vorhandenen Ansichten und stand sogar im Einklang mit empirischen Ermittlungen¹). Die von BURNET angenommene anfänglich senkrechte Stellung der Rotationsachse der Erde zur Ebene der Umlaufbahn [14], dürfte in den damals wohl noch vorhandenen Vorstellungen über Rotationsachsen und Magnetpole, die auch KEPLER hatte [8], zu sehen sein.

WHISTON, einst vom Hauptteil der Theorie BURNETS außerordentlich angetan und sich 1693 den Lehren NEWTONS zuwendend [13], läßt in seiner Theorie (1696) die Erde ursprünglich einen Kometen sein und die Sintflut durch einen Kometen verursachen [14]. Dazu muß man folgendes wissen:

Durch die infolge des Erscheinens der Kometen von 1680 und 1682 ausgelösten Forschungen hatte EDMUND HALLEY endgültig festgestellt, daß Kometen Himmelskörper sind²) und wiederkehrend, sich auf ebenfalls elliptischen Bahnen, wenn auch sehr langgestreckten, um die Sonne bewegen, wie die Planeten [11]³). HALLEY und NEWTON waren ebenfalls der Meinung, daß Kometen große Wirkungen hervorrufen können [13].

Daß Kometen Wasser bringen, das hatte auch KEPLER geglaubt [8], und es war ebenso NEWTONS Annahme⁴).

Es muß also festgestellt werden, daß diese Autoren der Sintflut-Erdtheorien durchaus keine wissenschaftlichen Außenseiter waren. NEWTON kannte das Manuskript von WHISTONS Theorie, an der er wohl auch einiges zu kritisieren hatte [13]; aber es gibt keinen Grund, der Encyclopaedia Britannica nicht zu glauben, wenn sie berichtet, daß diese Theorie schließlich das Lob NEWTONS und JOHN LOCKES, des Ideologen der Endphase der bürgerlichen Revolution in England, erhalten habe [1]. Nicht aus Zufall wurde WILLIAM WHISTON der Nachfolger von ISAAC NEWTON im Amt⁵). Durch keine andere Literatur jener Zeit sind das heliozentrische Weltbild und die modernen Erkenntnisse der klassischen Mechanik derart popularisiert worden. Nicht nur dem religiösen Anliegen, sondern auch dieser Tatsache ist das damalige breite Interesse an diesen Theorien zuzuschreiben, die von zahlreichen Autoren verfaßt, viele Auflagen erlebten.

Als besonderes Beispiel möge der von WOODWARD inspirierte JOHANN JACOB SCHEUCHZER mit seiner "Physica sacra" [9] gelten, der ganz im Sinne dieser Popularisierung verfuhr. Er sprach sich für die Auslegung der Bibel nach der Wissenschaft aus; er nannte neben anderen auch GALILEI und KEPLER, COPERNICUS mehrmals, NEWTON, den er als einen „unvergleichlichen Natur-Kündiger" bezeichnete, immer wieder; er versuchte alle möglichen Naturerscheinungen nach den „Grundsätzen der neuen Philosophie und

¹) Auch KEPLER hielt die Eiform der Erde für möglich, dabei den Ansichten eines französischen Kosmographen namens THEVET folgend [8]. GIOVANNI DOMENICO CASSINI (1652–1712) und JACQUES CASSINI (1677–1756) sowie ein Neffe des ersteren, MIRALDI, führten zwischen 1683 und 1720 Gradmessungen durch, die die angebliche Eiform ergaben. Nach FRIEDRICH ENGELS [4] haben, darauf gestützt, auch andere Franzosen noch lange danach dies behauptet.

²) Laut TYCHO DE BRAHE (1546–1611) war es die herrschende Ansicht, daß Kometen in der oberen Sphäre der Luft unterhalb des Mondes [11] (die nichts mit den „Himmeln" zu tun hat) entstünden. HALLEY veröffentlichte seine Ergebnisse zwar erst nach WHISTONS Theorie, aber er hatte bereits 1694 vor der Royal Society darüber gelesen [13].

³) NEWTON [7] schrieb über die lange anhaltende, ungeheure Erhitzung, die ein Komet in Sonnennähe erleiden müsse. Das veranlaßte offenbar WHISTON, die von ihm als ursprünglichen Kometen gedachte Erde als geschmolzen anzunehmen, deren Bestandteile bei der späteren Abkühlung sich nach der Dichte sonderten. Nebenbei sei erwähnt, daß NEWTON sich theoretisch mit der Ermittlung des Alters der Erde durch Berechnung der Abkühlungszeit einer gleichgroßen Kugel rotglühendes Eisens beschäftigt hatte. Weil er dabei zu einem für ihn unfaßbaren Ergebnis kam, wünschte er sich, Versuche anstellen zu können. Sollte DE BUFFON (1707–1788) nicht von daher die Anregung zu seinen praktischen Versuchen empfangen haben?

⁴) NEWTON meinte: „Eben so wie nämlich die Meere zur Einrichtung der Erde erforderlich sind ... scheinen die Komenten zur Erhaltung der Meere und Flüssigkeiten auf den Planeten erforderlich zu sein ..." [7, S. 495].

⁵) 1701 Stelvertreter NEWTONS in Cambridge und 1703 dessen Nachfolger als Lucassischer Professor für Mathematik [1].

Naturwissenschaften“ zu erklären; er definierte den Begriff Materie, bewies die Unmöglichkeit des Perpetuums mobile und ging sogar soweit, das Wort „mechanisch“, wo immer es auftaucht, im Schriftbild hervorzuheben.

Die Sintflut-Erdtheorien bleiben trotz allem ein Merkmal des Rückschlags auf dem Erkenntnisweg zur Erd- und Lebensgeschichte. Aber die Theorien der hier durchaus nicht vollzählig erwähnten Gruppe von Gelehrten sind auch als ein Teil der Frühaufklärung zu werten. Diesen Gelehrten stand eine orthodoxe, auf die wörtliche Bibelauslegung pochende Gruppe ablehnend, ja feindlich gegenüber.

Die späteren Auseinandersetzungen mit den Sintflut-Erdtheorien, die ja die exogenen geologischen Vorgänge einseitig verallgemeinerten und dadurch manche Erkenntnisse über endogene Zusammenhänge verschütteten bzw. hemmten, führten in gerader Linie bis zu den Lehren Abraham Gottlob Werners (1749—1817), den höchsterreichbaren auf dieser Grundlage.

Schließlich kam es, als ein weiterer Anstoß für die Geologie durch die klassische Mechanik, mit deren philosophischen Verarbeitung durch Immanuel Kant (1755) zu einer noch im 18. Jahrhundert bereits weitverbreiteten Anerkennung eines hohen Alters der Erde und zum Erkennen des zyklischen Charakters von geologischen Vorgängen, z. B. katastrophistisch gedeutet durch J. H. G. von Justi (1771) und J. H. Voigt (1786), aktualistisch dagegen durch James Hutton (1785/88).

Ein Wesenszug jener Zeit der Herausbildung der klassischen Mechanik bestand auch darin, die Erkenntnisse über die Natur in Gesetzen zu formulieren und die Art und Weise, wie Beobachtungen durchzuführen bzw. Erkenntnisse zu gewinnen sind, in Regeln zu kleiden. Auch damit wurden Grundlagen für eine moderne wissenschaftliche Arbeit geschaffen.

Es entsprach also völlig dem Zeitgeist, wenn Steno (1669) aktualistische Prinzipien formulierte. Descartes (1644) hatte schon auf die Verbindung Ursache-Wirkung-Naturgesetz hingewiesen [3].

Wirkungen und Erscheinungen aus bekannten Ursachen herzuleiten, davon sprach Thomas Hobbes (1665/68) [11]. Daß die Gesetze und Regeln der Natur überall dieselben seien, sagte Benedict (Baruch) Spinoza (1677) [2]. Vergleicht man bestimmte Aussagen Stenos mit den 4 „Regeln zur Erforschung der Natur“ von Newton (1687) [7], dann ist der Zusammenhang nicht zu übersehen.

Literatur

[1] Autorenkollektiv: Encyclopaedia Britannica. A New Survey of Universal Knowledge. Bd. 23. — Chicago, London, Toronto: 1961.

[2] Blei, W.: Erkenntniswege zur Erd- und Lebensgeschichte. Ein Abriß. — Wiss. Taschenbücher WTB, Bd. 219, Berlin: Akademie-Verlag, 1981.

[3] Descartes, R.: Die Prinzipien der Philosophie. Übersetzt von Artur Buchenau 1908. — Berlin: Akademie-Verlag, 1965.

[4] Engels, F.: Dialektik der Natur. — Berlin: 1952.

[5] Guntau, M.: Physikotheologie und Aufklärung in ihren Beziehungen zur geologischen Erkenntnis im 18. Jahrhundert. — Z. geol. Wiss., Berlin **8** (1980) 1, S. 87—106.

[6] Lüdecke, H.: Kunst und Wissenschaft in Leonardos Werk. — Urania **15**, Jena (1952) 9, S. 321—328.

[7] Newton, I.: Mathematische Prinzipien der Naturlehre. Mit Bemerkungen und Erläuterungen herausgegeben von J. Ph. Wolfers. — Berlin: 1872.

[8] Pixis, R.: Kepler als Geograph. Eine historisch-geographische Abhandlung. — Münchener Geographische Studien, 6. Stück. — München: 1899.

[9] Scheuchzer, J. J.: Kupferbibel, in welcher die Physica sacra oder geheiligte Natur-Wissenschaft derer in Heil. Schrifft vorkommenden Natürlichen Sachen, Deutlich erklärt und bewährt ... Erste Abtheilung von Tab. I—CLXXIV. — Augspurg und Ulm: 1731.

[10] STENO, N.: Vorläufer einer Dissertation über feste Körper, die innerhalb anderer fester Körper von Natur aus eingeschlossen sind. Florenz 1669. — In: OSTWALDS Klassiker der exakten Wissenschaften, Nr. 209. — Leipzig: 1923.

[11] WAHSNER, R.: Mensch und Kosmos. — Wiss. Taschenbücher WTB, Bd. 213, Berlin: Akademie-Verlag, 1978.

[12] WUSSING, H.: ISAAC NEWTON. — 2. Aufl. Leipzig: BSB B. G. Teubner Verlagsgesellschaft, 1978.

[13] ZEDLER, J. H.: Großes Universal-Lexikon aller Wissenschaften und Künste. Bd. 25 u. 55. — Leipzig und Halle: 1740 u. 1748.

[14] ZITTEL, K. A. VON: Geschichte der Geologie und Paläontologie bis Ende des 19. Jahrhunderts. — München und Leipzig: 1899.

Schriftenr. geol. Wiss. · Berlin 24 (1985) · S 151—157

Einige naturwissenschaftliche Aspekte der Weltanschauung NISAMIS

Von S. F. MECHTIEV, Z. A. BUNIAT-ZADE und B. A. TUSKIJA (Baku)

Der große aserbaidshanische Dichter und Denker NISAMI GANDSHEWI (1140—1201)[1]) ist ein hervorragender Vertreter der Kultur des Mittelalters, der mit seinen unsterblichen Schöpfungen einen unschätzbaren Beitrag für die Schatzkammer der Weltkultur geleistet und eine neue Epoche in der Entwicklungsgeschichte des gesellschaftlichen und künstlerischen Denkens eröffnet hat. (Abbildung)

NISAMI GANDSHEWI
(1140—1201)

Neben einer Vielzahl auf unsere Zeit überlieferter kleinerer lyrischer Werke (Gasel, Kasyda, Tarkibenda usw.) dieses großen Lenkers des Herzens (nach einem treffenden Ausdruck von S. F. OLDENBERG) hat NISAMI fünf wahrhaft große Poeme geschaffen („Schatzkammer der Geheimnisse", „Chosrau und Schirin", „Laila und Madshnun", „Die sieben Schönheiten" und „Iskander-name" („Alexanderlied") [zwei Teile]). Jedes dieser Poeme zählt auch heute noch verdientermaßen zu den herausragenden Gipfeln

---

[1]) Die Frage nach den Lebensdaten von NISAMI ist bis jetzt noch nicht eindeutig geklärt. Wir bringen die Angaben nach R. M. ALIEV [2].

der Weltpoesie. Diese Poeme, die später im „Chamse" („Fünfer") zusammengefaßt wurden, sind bereits mehr als acht Jahrhunderte ein einmaliges klassisches Muster für Dichter und Denker einer immer größer werdenden Zahl von Ländern und Völkern.

Mit dem Studium des schöpferischen Erbes Nisamis haben sich viele Generationen von Fachleuten und Dichtern der verschiedensten Völker und Länder befaßt. Im Rahmen dieser Arbeit haben wir nicht einmal die Möglichkeit, sie auch nur aufzuzählen, dennoch müssen die Arbeiten der russischen Forscher (Kjuchel'bekker, Senkovskij, Obolenskij u. a.), besonders aber der sowjetischen Forscher (A. J. Krymskij, E. E. Bertel's, Ju. N. Marr u. a.) sowie der aserbaidshanischen Forscher (Sakarija Kazvini, Mirza Kazem-Bek, A. A. Ali-Zade, R. M. Aliev, Dž. Mustafaev [4], A. Seid-Zade, A. Azade u. a.) ferner auch orientalische Forscher (Džami, Dovlet-Šach, Dastgirdi u. a.) wie auch westeuropäische Forscher (W. Bacher, Sch. Roy, I. Pizisi. P. Horn, E. Brown, G. Ete, J. W. Goethe u. a.) erwähnt werden. Dank ihrer gründlichen und vielseitigen Forschungsarbeiten ist die gegenwärtige Forschung über Nisami mit vollem Recht zu einer der interessanten und aktuellen wissenschaftlichen Richtungen geworden.

Ohne Spezialisten in der Forschung über Nisami zu sein, möchten wir als Geologen, die das Schaffen Nisamis außerordentlich schätzen, mit der vorliegenden Arbeit die Aufmerksamkeit der Bewunderer seines Talentes auf einige besonders uns beruflich nahestehende naturwissenschaftliche Aspekte der Weltanschauung Nisamis lenken, die in den verschiedenen Poemen des „Chamse" ihren Niederschlag gefunden haben.

Die unauslöschliche sozialökonomische sowie mit künstlerischen Mitteln erkenntnisfördernde Wirkung seiner Poeme auf die Zeitgenossen und die folgenden Generationen sind sowohl durch den tiefgreifenden Ideengehalt und den kühnen Flug der Phantasie des Autors als auch durch die vilefältigen gewichtigen wissenschaftlichen Überlegungen, hierbei auch auf dem Gebiete der Naturwissenschaften, bedingt.

Das ist nicht verwunderlich, wenn man berücksichtigt, daß Nisami zu den gebildetsten Menschen seiner Zeit gehörte, daß er bereits in seiner Jugend sowohl die Anfangsgründe der Hauptzweige der Wissenschaft der damaligen Zeit begriffen und sich vor allem die fundamentalen Grundlagen der antiken, indischen und islamischen Philosophie angeeignet hatte. Gerade deshalb konnte er in einen seiner letzten Poeme feststellen:

„Die Klarheit meines Denkens stammt von den Quellen des Wissens.
Nachdem ich alle Wissenschaften erkannt habe, habe ich Anerkennung errungen."

(„*Iskander-name*", *Teil II*)

Trotz religiöser Ideologie war Nisami überzeugt von den gewaltigen Möglichkeiten des menschlichen Verstandes und rief auf, die gesamte Vielfalt der Naturerscheinungen zu studieren:

„Um das Wesen (*Sein*) zu erblicken, ein Geheimnis zu entdecken
und den Anfang des Knotens aller Dinge zu finden.
Damit wir den Himmel und die Erde bemerken,
damit wir das eine und das andere gleichartig untersuchen"

(„*Laila und Madshnun*")

Hierbei betont der Dichter überzeugt,

„der Weise versteht beim Anblick einer jeden Folge,
daß sie durch eine Ursache hervorgebracht ist".

(„*Laila und Madshnun*")

An Hand einer Untersuchung sämtlicher fünf Poeme [1] sowie der Lyrik von NISAMI können zahlreiche Äußerungen und Urteile, die er auf dem Gebiet der — wie man jetzt zu sagen pflegt — Geowissenschaften gemacht hat, festgestellt und eine moderne Interpretation seiner Ideen und Ansichten gegeben werden.

Für eine objektive Bewertung der Ansichten NISAMIS muß man erstens die sozialen Bedingungen und die ideologische Atmosphäre seiner Umgebung berücksichtigen und sich zweitens streng an die Darlegungen seiner wirklichen Ideen und Gedanken halten, wobei Übertreibungen zu vermeiden sind.

NISAMI war ein Sohn seines Jahrhunderts und teilte in großem Maße die historische Beschränktheit der Epoche, die ihn hervorbrachte. Er war ein religiöser Mensch und ging in seiner Weltanschauung von idealistischen Voraussetzungen aus. In dieser Hinsicht sind die Äußerungen NISAMIS über die Materie und die Form bezeichnend. Er sieht hierbei die Form als nichtmateriell an, als selbständige Substanz, die mit der Schöpfung eines vollkommenen vernunftbegabten Anfangs zusammenhängt.

„Es gibt eine Endursache, die die Eigenschaft der Dinge ändert.
Wissenschaftler, die derartige Ursachen untersuchen,
verstehen, daß diese Ursache ein — Schöpfer ist.“

(„*Laila und Madshnun*“)

Nach den Worten von IBN ROSCHD (in Europa bekannt unter dem Namen AVERROES) ist dieser Grundsatz eine Variante der „Schöpfung aus dem Nichts“.

Die dogmatischen Tendenzen in der Weltanschauung NISAMIS konnten jedoch sein Bestreben nach selbständigem Denken, frei von Religiösität, nicht verschleiern. NISAMI grenzte Wissen und Glauben voneinander ab und verengte die Sphäre der religiösen Offenbarung, wobei er nur den Glauben an Gott beließ. Er verteidigte die Fähigkeit des menschlichen Verstandes, die materielle Substanz zu erkennen, die „über drei Dimensionen verfügt“. Hierbei stützte er sich auf die materialistischen philosophischen Ansichten von ABU-NASRA AL-FAR-BI und benutzte solche mathematischen Begriffe wie Körper, Fläche, Linie, Punkt.

„Von diesem Punkt, dessen Bewegung verschiedene Gedanken hervorbringt,
schafft seine erste Bewegung die gerade Linie.
Hat sich diese Linie mit einer anderen Linie vereinigt, so hat sich daraus eine Fläche ergeben.
Haben drei Linien ein Zentrum mit Umgebung gebildet, so ist ein Körper mit geometrischer Figur erschienen.
Die Welt läßt sich nach dieser Ordnung erkennen.
So ist die Welt von Anfang bis Ende gestaltet.“

(„*Chosrau und Schirin*“)

Bemerkenswert ist die Tatsache, daß NISAMI den unverdient in Vergessenheit geratenen antiken Gedanken von der Vielheit der Welten erwähnt, denn bereits die Erörterung eines solchen Themas galt als Ketzerei:

Ich hörte, daß jeder Stern eine ganze Welt ist
In jeder darin gibt es Erde und Himmel

(„*Chosrau und Schirin*“)

Indem er diese aufrührerische Hypothese logisch weiterentwickelt, stellt er mit den Worten seines Helden Chosrau die Frage nach der Bewohnbarkeit des Weltalls, die einer Bewohnbarkeit unseres Planeten Erde ähnlich ist:

„Zuerst kommt einem der Gedanke, was ist der Himmel?
Innerhalb von ihm wohnen Tiere, wer aber wohnt außerhalb von ihm?“

(„*Chosrau und Schirin*“)

Der Dichter, der nicht direkt für oder gegen die Idee der Existenz von Leben außerhalb der Erde auftritt, antwortet ausweichend:

„Wenn kluge Leute vorsichtig von den Rätseln des Weltalls sprechen,
äußern sie Gedanken über den Himmel nur in Andeutungen"

(„*Chosrau und Schirin*")

Der Dichter, der von der Kugelform der Erde überzeugt ist („ähnlich einer Zwiebel mit Schichten"), ist der Ansicht,

„ein ähnlicher kugelförmiger Bau ist nicht nur der Erde eigen,
jede Linie (*jeder Planet*) um sie herum hat die gleiche Form."

(„*Laila und Madshnun*")

Die Idee von der Kugelgestalt der Erde verstand NISAMI selbstverständlich im Rahmen des überlieferten geozentrischen Weltbildes, und gemäß ARISTOTELES nahm der Dichter an, daß die Himmelssphären aus Äther bestehen, die irdische Welt aber aus den vier bekannten Elementen.

Als universale Wirkung der Natur sah er die Schwerkraft an. Bei dem Versuch, die allgemeine Gesetzmäßigkeit der Natur nicht im Rahmen ihrer herkömmlich-religiösen Deutung philosophisch zu begreifen, beschreitet NISAMI einen mystisch-pantheistischen Weg des Denkens, wobei er sich gleichzeitig auf die physikalischen Ideen der Antike stützt, und zwar auf die „Theorie der Bewegung der leichten und der schweren Körper zu ihren natürlichen Orten". Überzeugt von der Herrschaft der Zweckmäßigkeit in der Natur nimmt er an, daß die gesamte zahllose Menge von Substanzen nicht in einem chaotischen Zustand verharrt, sondern zu ihren Zentren strebt, d. h. schwere Substanzen streben zur Erde, leichte Substanzen aber von der Erde weg:

„Jede Substanz aus ihrer zahllosen Menge in der Natur
bewegt sich zu ihrem Zentrum.
Findet das Feuer in der Erde keine Öffnung,
durchbricht es die Erde und steigt in die Höhe.
Wenn aber das Wasser in der Luft lange bleibt
kehrt es aus natürlicher Neigung nach unten zurück.

Außer der Anziehung kennt die Natur keine andere Arbeit.
Diese Anziehung nennen die Weisen Liebe"

(„*Chosrau und Schirin*")

Der Dichter trat offen gegen die herrschende religiöse Meinung von der Unveränderlichkeit des Antlitzes der Erde seit der Zeit des Schöpfungsaktes auf und behauptete, daß sich die Oberfläche und die Kruste der Erde ständig verändern, und zwar infolge verschiedener Prozesse, unter denen er als wichtigste die Erdbeben, aber auch die Tätigkeit von Wind und Wasser ansah.

In seinem Poem „Iskander-name" (Teil II) gab NISAMI in überzeugender Weise eine anschauliche und zutiefst traurige Beschreibung des Erdbebens von 1139 in Gjandsha, das eine Stärke von 11 erreichte:

„Die ganze Erde, die Wolkenbänke rasten dahin.
Das Beben der Erde wehte die Städte weg.
Sosehr verwirrte sich das Tal, sosehr gerieten die Berge außer Ordnung, daß das weite Himmelsblau von dunklem Staub bedeckt wurde.
Wurde die Erde gefesselt? Oder war ihre Zeit gekommen?
Begann ein jäh einsetzendes Verhängnis sie umzukippen?

Trompetete Seraph und schleuderte die Schollen der Berge herab,
und der erschreckte Stier trennte sich vom Fisch.

(*Seraph /richtiger Israphil/ nach religiösen Vorstellungen ein Erzengel, der mit Trompetenklang den Beginn des jüngsten Gerichtes verkündet. — Gemeint sind Stier und Fisch, auf denen nach islamischer religiöser Überlieferung die Erde ruht.*)

Alle Fesseln des Himmels konnten sich öffnen.
Das Toben des Bebens machte die Gelenke der Erde steif.
Es versperrte in ihren Adern den Fluß der Gewässer, es versetzte in Leiden die Kette der Berge und schloß dort die Pässe.
Das Toben streckte die Jussufs nieder. Ohne Verluste zu fürchten,
färbte es mit blauer Farbe jede Tür. (*Blau — Farbe der Trauer*)
Allen Augen brachte es die dunkle Farbe des schweren Leides. Eine ganze Welt bedeckte es mit der Finsternis der Hoffnungslosigkeit.
Es preßte die arme Erde in eine solche Zwinge, daß riesige Felsen in Stücke zerbarsten.
Es zerbrach überall das Glas. Und unter dem düsteren Himmel stürzten Hunderte Mauervorsprünge mit Lärm zu Boden.
Unzählige Schätze wurden zerstört. Wir aber denken zitternd daran:
‚In dieser Nacht zum Sonnabend verschwand die Stadt Gjandsha'."

Dieses Erwachen gewaltiger Naturkräfte führte — das ist bemerkenswert — einerseits zu einer völligen Zerstörung einer der größten und reichsten Städte des mittelalterlichen Aserbaidshans, nämlich Gjandsha (heute Kirowabad — nach der Bevölkerungszahl die zweitgrößte Stadt der Republik) und zum Tod vieler ihrer Bewohner, andererseits aber führte es zu einem Bergrutsch der Schneegipfel in der Umgebung. Dadurch wurde ein hoch in den Bergen (1576 m über dem Meeresspiegel) gelegener Stausee, der Gek-Gel, gebildet. Seine erstaunliche Schönheit ist nicht nur von vielen Generationen der nachfolgenden Dichter besungen worden, und heute zieht dieser allgemein anerkannte „Königssee" zahlreiche Touristen an.

Nicht weniger interessant sind die bei NISAMI vorhandenen Beispiele für die Tätigkeit von Wind und Wasser:

„Der Wind, der den Zugang und Abgang der Erde (*des Sandes*) lenkt,
dient zur Bildung von Hügeln und Gruben, denn von einem nimmt er, dem anderen gibt er.

Die ganze Erde von einem Ende zum anderen —
ist Staub, Schicht auf Schicht.
Einmal entstehen Erdbeben, ein anderes Mal stürzen sich Ströme herab,
einmal waschen sie hier (*eine Schicht*) Staub aus, einmal schütten sie dort eine andere Schicht auf.
Wenn das Erdbeben aufschüttet, die Überschwemmung aber abspült,
so öffnet sich ein Spalt in der Erdoberfläche.
Und dieser Spalt wird unter den Schlägen der Zeit
schließlich eine Schlucht".

(*„Laila und Madshnun"*)

Hier ist die Aufmerksamkeit nicht nur auf die Veränderung der Erdoberfläche unter dem Einfluß physikalischer geologischer Prozesse zu richten, sondern auch auf deren Dauer. Diese Vorstellungen, die zweifellos unter dem Einfluß der Ideen von IBN SINA und AL-BIRUNI entwickelt wurden, bestätigten die Veränderlichkeit des Antlitzes der Erde unter dem Einfluß natürlicher Ursachen und waren eine anschauliche Illustration der Entwicklungsgeschichte der Erde.

Aus diesem Grunde ist der Versuch eines unserer Zeitgenossen bedauerlich, eine negative Einstellung NISAMIS gegenüber der natürlichen Erklärung der Naturerscheinungen feststellen zu wollen, wie es 1957 in dem in Paris herausgegebenen Sammelband „Klassizismus und kultureller Verfall in der Geschichte des Islams“ geschehen ist. Als Anlaß diente ein philosophischer Dialog aus dem Poem Nisamis „Die sieben Schönheiten“, in dem er zwei Standpunkte hinsichtlich der Ursache von Naturerscheinungen gegenüberstellt. Es handelt sich hier um den Unterschied in der Farbe der Wolken, die Entstehung des Windes und die unterschiedliche Höhe von Bergen. Einer der Gegner im Wortgefecht, ein orthodoxer Theologe, antwortet auf alles mit der ständigen Formel: „Das ist alles Gottes Wille“. Sein Opponent, ein Naturforscher und Philosoph, betrachtet den Hinweis auf den Willen Gottes als ein „Ausweichen vor der Antwort“ und gibt Erklärungen, die dem Niveau der Leistungen der Naturwissenschaft seiner Zeit entsprechen. NISAMI bemüht sich, nach außen hin den Eindruck zu erwecken, daß seine Sympathien dem Theologen gehören. Es bereitet jedoch keine große Mühe zu erraten, daß das ein Trick des Autors ist, damit er nicht in den Verdacht der Ketzerei gerät.

Die hervorragenden Vertreter der Kultur der verschiedenen Völker und Zeiten, die sich für die Bilder und Ideen NISAMIS begeisterten, ehrten ihn als genialen Meister der Kunst der Poesie und als ausgezeichneten Denker. Als eins der anschaulichsten Beispiele kann die klassische Arbeit des bekannten Orientalisten JOSEPH HAMMER zur Geschichte der erlesenen Wortkünste Persiens dienen, die in Wien im Jahre 1818 veröffentlicht wurde. Hier werden in der Übersetzung des Autors rund 200 Verse aus dem Werk „Schatzkammer der Geheimnisse“, 48 Verse aus „Chosrau und Schirin“, 108 Verse aus „Laila und Madshnun“ und rund 100 Verse aus „Iskander-name“ angeführt. Von den fast 450 dargebotenen Versen aus 4 Poemen nehmen also die Verse aus der „Schatzkammer der Geheimnisse“ den Hauptanteil ein. Es ist das erste und sehr komplizierte Poem NISAMIS, das unzweifelhaft dem Übersetzer außerordentlich viel Arbeit und großes Talent abverlangt hat. Nicht erstaunlich ist es, daß gerade dieses philosophisch-didaktische und zutiefst humanistische Poem in der Folgezeit auf Grund seiner großen Anziehungskraft auch JOHANN WOLFGANG VON GOETHE gefangen nahm.

Seine Begeisterung war so groß, daß GOETHE — als er den bekannten „West-östlichen Divan“ schuf, diese bemerkenswerte Sammlung großartiger Gedichte, die eigenständig und sehr geglückt den Tätigkeitsgedanken des Westens mit den klaren Bildern des Ostens verbinden — mit vollem Recht NISAMI viel Platz einräumte und tiefgehende Wurzeln der Gemeinsamkeit mit ihm aufdeckte, die es dem großen deutschen Dichter ermöglichten, seine berühmte westlich-östliche „Formel des Übergangs“ zu finden.

„Ein zarter, hochbegabter Geist, der ... die lieblichsten Wechselwirkungen innigster Liebe zum Stoff seiner Gedichte wählt“, so beginnt GOETHE sein Kapitel mit der Überschrift „NISAMI“ und fährt fort: „Die Anmut ist groß, die Mannigfaltigkeit unendlich. Auch in seinen anderen, unmittelbar moralischem Zweck gewidmeten Gedichten atmet gleiche liebenswürdige Klarheit. Was auch dem Menschen Zweideutiges begegnen mag, führt er jederzeit wieder ans Praktische heran und findet in einem sittlichen Ton allen Rätseln die beste Auflösung“ (1819). [5, S. 147]

Wir wissen, daß solch eine bemerkenswerte Einstellung zu den Lebensproblemen auch für GOETHE selbst charakteristisch war und ihm als Leitmotiv für eine ganze Reihe seiner berühmten Werke diente, darunter auch solche wie „Wilhelm Meisters Lehrjahre“ und „Wilhelm Meisters Wanderjahre“, „Faust“ und den „West-östlichen Divan“. In dem bekannten Gedicht „Lesebuch“ ruft GOETHE aus:

„Oh! Nisami! — doch am Ende
Hast den rechten Weg gefunden;
Unauflösliches wer löst es?
Liebende sich wieder findend.“ [5; S. 27]

Die vorstehenden Ausführungen vermitteln wiederum die Überzeugung, daß die weise humanistische Poesie NISAMIS mit „lebensfroher Freigeisterei“ (FRIEDRICH ENGELS) erfüllt ist, einen tiefen gesellschaftlichen Inhalt hat und ernstzunehmende wissenschaftliche Erörterungen (insbesondere auf den verschiedenen Gebieten der Naturwissenschaften) enthält. Dies machte NISAMIS Poesie menschlich und unsterblich. Sie kündigte die Morgendämmerung einer Renaissance des Ostens an.

Zum Schluß sei noch einmal hervorgehoben, daß unsere Arbeit lediglich ein Versuch ist, die Aufmerksamkeit auf die naturwissenschaftlichen Aspekte in der Weltanschauung NISAMIS zu lenken. Die Gesamtproblematik dieser Weltanschauung wartet noch auf ihre berufenen Erforscher und wird zweifellos zu neuen wichtigen Entdeckungen in der überaus reichen schöpferischen Hinterlassenschaft eines der hervorragendsten Söhne des aserbaidshanischen Volkes führen.

Literatur

[1] NISAMI: Fünf Poeme (russ.). — Goslitizdat. Moskva 1946.
[2] ALIEV, R. M.: NISAMI und sein Poem „Laila und Madshnun". Vorwort zum Buch von Nisami Gandshewi „Laila und Madshnun". Izdatel'stvo „Èlm", Baku 1981.
[3] Ohne Verfasserangabe: Hervorragende russische Gelehrte und Schriftsteller über NISAMI GANDSHEWI. — Izdatel'stvo „Jazyki", Baku 1931.
[4] MUSTAFAEV, Dž.: Die philosophischen und ethischen Anschauungen NISAMIS. — Izd-vo AN Azerb. SSR, Baku, 1962.
[5] GOETHE, J. W.: West-östlicher Divan. — Leipzig: 1949, S. 147.

Schriftenr. geol. Wiss. · Berlin 24 (1985) · S. 159–164

Eine neue Quelle zur Geschichte des geologischen Wissens in Rußland — „Anleitung zur Mineralogie, Bergbau und Hüttenwesen" des Bergkollegiums 1770 (vorläufige Mitteilung)

Von L. A. Gol'denberg (Moskau)

„Anhand von Beobachtungen Theorie zu gründen, durch Theorie Beobachtungen zu korrigieren ist die beste Methode".

M. V. Lomonosov

In den Werken der Klassiker des Marxismus-Leninismus sind, wie bekannt, die theoretischen Grundlagen und die Hauptanhaltspunkte der wissenschaftlichen Klassifikation und Systematisierung als dialektische philosophische Kategorien begründet und ausgearbeitet worden. Aber schon seit langem empfanden unsere alten Naturforscher für den praktischen Bedarf immer die Notwendigkeit allgemeingültiger Kriterien und eines bestimmten Systems bei der Organisierung der Such- und Erkundungsarbeiten. Sie waren eigentlich spontane Materialisten und machten verschiedene Entdeckungen intuitiv. Den ursprünglichen und einfachsten Erz- und Mineralklassifikationen, ihrer Einteilung auf Grund von Ähnlichkeiten und Unterschieden wurde zuerst die anschauliche Untersuchung ihrer physikalisch-mechanischen Eigenschaften zugrunde gelegt. Zum Beispiel war die Mineralklassifikation von A. Werner morphologisch angelegt, und die chemische Zusammensetzung der Minerale wurde nicht berücksichtigt.

In der zweiten Hälfte des 18. Jahrhunderts hatten die Entstehung des nationalen Marktes und die Entwicklung der Produktivkräfte in Rußland eine erhöhte Nachfrage nach Rohstoffen zur Folge. Und die Festigung der Macht der absolutistischen Monarchie löste erhöhtes Interesse für Edelsteine und Halbedelsteine aus. In dieser Periode entwickelten sich jene montangeologischen Arbeitsrichtungen erfolgreich, die mit der Lösung praxisorientierter Aufgaben in engem Zusammenhang standen, — in erster Linie beschreibende, genetische und regionale Mineralogie und Petrographie.

Die im Zentralen Staatlichen Archiv Alter Akten (CGADA) entdeckte handschriftliche praktische Anleitung, die vom Bergkollegium ausgearbeitet wurde, war für Bergoffiziere und Expeditionsteilnehmer bei der Durchführung von Such- und Erkundungsarbeiten bestimmt. Sie wurde laut einem speziellen Beschluß des Bergkollegiums vom 17. Oktober 1769 zusammengestellt[1]). Die Anleitung besteht aus fünf Teilen Text sowie 32 schematischen Karten und Zeichnungen.

In Übereinstimmung mit der allgemeingültigen Klassifikation der nutzbaren Bodenschätze enthält die „Anleitung" die systematische Beschreibung, mineralogische Charakteristika und morphologische Besonderheiten der Erzkörper. In einer Reihe von Fällen wird die Begründung der Sucharbeiten mit der Genese der Lagerstätten in Zusammenhang gebracht. Besondere Aufmerksamkeit wird der Beschreibung der sicheren Suchmerkmale und der Deutung einiger montangeologischer Termini des 18. Jahrhunderts geschenkt. Im ersten Teil „werden Erden, Steine, Salze, Schwefel und Teer, Halbmetalle, Ganzmetalle und ihre Erze beschrieben, wie man diese nach dem Aussehen erkennen und nach Arten trennen kann". Der zweite Teil beinhaltet die Angaben „über die Lagebestimmung, die Erzgänge, das Suchen der Gänge und die Hoffnung der Berg-

1) CGADA, F. 10, Nr. 587, Bogen 146–282.

arbeiter". Die Teile drei bis fünf betreffen das Hüttenwesen: die Anlage neuer Bergwerksgruben, die Regeln zur Durchführung von bergmännischen Arbeiten, die Bergwerksmaschinen und -ausrüstungen, die Vorbereitung der gewonnenen Erze zur Verhüttung, der Bau von Schmelzöfen; auch die Gußeisen- und Stahlerzeugung werden in diesen Teilen behandelt. Ein spezieller Abschnitt des letzten Teils ist den charakteristischen Eigenschaften der „Eisenerzgattungen" gewidmet. Jeder Teil der „Anleitung" besteht aus einzelnen Kapiteln (der erste Teil umfaßt 14, der zweite 4 Kapitel).

Die erste und äußerst allgemeine Einteilung nutzbarer Bodenschätze in größere Klassen wurde auf Grund der Unterschiede ihrer physikalischen Eigenschaften (nach dieser Einteilung werden Eisenerz, Steine u. a. m. als Hartkörper, und Erdöl u. a. m. als Flüssigkeiten betrachtet) sowie ihres Verhaltens gegenüber mechanischen Einwirkungen sowie gegenüber Wasser und Feuer unternommen. „Die Erden sind weiche, kleine, nicht zusammenhängende Körper; Schwefel und Harz sind im Wasser unlöslich, mit Ölen bilden sie leicht Verbindungen, im Feuer brennen sie mit intensiver Flamme: der Schwefel mit blauer und das Harz mit schwarzer; der von ihnen ausgehende Geruch ist sehr übel". Nach dem gleichen Prinzip sind Salze, Metalle, Erze charakterisiert. Eine ausführlichere Beschreibung und weitere Einteilung der Minerale und Erze in die einzelnen Arten, Gattungen und Sorten ist in den folgenden Abschnitten der Anleitung aufgeführt: „Über Erden und ihre Eigenschaften", „Über kreideartige Erden", „Über harte und tonige Erden", „Über Gesteinsarten", „Über Steine und Quarz", „Über Salze", „Über Schwefelarten", „Über Halbmetalle und ihre Erze" (Quecksilber, Arsen, Kobalt, Antimon, Wismut, Zink), „Über Metalle und Erze", „Über Kupfer und Kupfererze", „Über Blei und Bleierze", „Über Zinn und Zinnerze", „Über feuerbeständige Metalle" (Silber), „Über Gold und Golderze".

Es sind zum Beispiel fünf verschiedene Erden, 7 Gesteins-, 8 Quarz-, 16 Salz- und 6 Bleierzarten nachgewiesen und beschrieben. Der zur Bleierzreihe gehörende Bleiglanz zählt 10 Varietäten (Arten). In der Reihe der 10 Arten zählenden Silbererze wird das Glaserz (Argentit, Silberglanz) in 12 und Silberroterz (lichtes und dunkles Rotgültigerz) in 7 Arten unterteilt.

Für die Geschichte der Erdölgeologie ist die Beschreibung von 9 Schwefelarten, darunter des Erdöls, Bergöls, der Steinkohle und des Schwefels im eigentlichen Sinne von besonderem Interesse. Es ist auch eine Klassifikation der natürlichen Vorkommen des Erdöls und der Erdölderivate (Bitumen, Teer, Mineralpech, Mineralteer) sowie der Kohle und des Schwefels angeführt. Es ist unverkennbar, daß in Rußland in der zweiten Hälfte des 18. Jahrhunderts reiche praktische Erfahrungen auf dem Gebiet der Entdeckung, Bewertung und Nutzung der natürlichen Vorkommen mineralischer Brennstoffe gesammelt wurden.

In dem von den Autoren zusammengestellten Einteilungsschema wird auf die Bedeutung einer Reihe mineralischer Brennstoffe wie Bergfett (Bitumen), Erdöl, Bergöl, Bergteer, Bergharz, schwarzes Steinteer — sie gehören zu flüssigen, halbflüssigen und harten Naphthiden, d. h. zur Gruppe des Erdöls und der Erdölprodukte — eingegangen. Bei der Kohle werden zwei Arten unterschieden: die Steinkohle im eigentlichen Sinne und die Pechkohle (Braunkohle). Es wird auch ein kurzer Überblick über die verschiedenen Aggregatzustände der mineralischen Brennstoffe (weicher, lockerer, blättriger bzw. schiefriger Zustand), die verschiedenen physikalischen Eigenschaften (schmelzbar, bröckelig) und die verschiedenen Farben gegeben. Den Autoren war es auch gelungen, wertvolle Informationen über die im Kaukasus auf der Halbinsel Apscheron (Dagestan) und in Turkmenien auf der Halbinsel Tscheleken entdeckten Vorkommen (Austrittsstellen) des weißen (das im Surachaner Gebiet aufgefundene leichte Erdöl), roten (vermutlich gewöhnliches hellbraunes Erdöl) und grünen (hochparaffinhaltig) Erdöls zu sammeln. Über die Brenneigenschaften und möglichen Vorkommen mineralischer Brennstoffe (im reinen Zustand und gemischt mit Wasser) wird ein knapper Überblick geliefert.

Es ist interessant, daß schon damals die Asphaltgenese durch die Bitumenumbildung unter Temperatureinwirkung (die Temperatur an der Oberfläche natürlicher Aufschlüsse wurde berücksichtigt) und unter dem Einfluß der Sonnenstrahlung ganz richtig erklärt wurde. Die Genese des harten Mineralteers (des ,,Gagates“) ist ebenfalls richtig durch den dauernden Einfluß der Dynamometamorphose und der Entgasungsprozesse (,,lange währendes im Berge Liegen“) erklärt worden.

Das Einteilungsschema ist durch eine ziemlich hohe Detaillierung gekennzeichnet (als Beispiel kann das zehnte Kapitel unter dem Titel ,,Über Kupfer und Kupfererze“ dienen). In der ersten Einteilung wird gediegenes Kupfer und das bei der Erzverhüttung gewonnene Kupfer betrachtet. Es gibt 7 Gattungen von gediegenem Kupfer, 12 Gattungen von Kupfererzen, wobei die letzteren in Arten eingeteilt werden. Zum Beispiel wird Kupfergrün (Kieselkupfer, kieselsaures Kupferoxid) in 8, Kupferblau (Azurit) in 3, Kupferlasurit in 4 Arten usw. eingeteilt.

Neben den systematisierten Angaben über Mineralerze werden einige Informationen über die Gesteinsbildung, die Genese einer Reihe nutzbarer Bodenschätze sowie exogene und endogene Faktoren der geologischen Entwicklungsgeschichte angeführt.

Der erste Teil zeichnet sich im großen und ganzen durch seinen Inhaltsreichtum aus. Es ist offensichtlich, daß man in diesem Teil gesammelten Tatsachenmaterial vieljährige Erfahrungen von Bergleuten und deren zahlreiche geologisch-mineralogische Beobachtungen zugrunde gelegt worden sind [2]. Die Autoren der ,,Anleitung“ des Bergkollegiums kannten sich außerdem in der Fachliteratur jener Zeit gut aus. Beispielsweise stimmten die Autoren durch die Betonung der Vielfalt von ,,vielfarbigen Kreidearten“ und der Vielzahl der Versionen über ihre Entstehung der Auffassung von J. Lehmann zu. Nach Lehmanns Auffassung sind die ,,vielfarbigen Kreidearten durch die Auflösung von Kiesel- und Kalksteinen, deren Zerstörung durch unterirdische, zur Oberfläche ausströmende Dämpfe hervorgerufen sei, gebildet worden.[1]) Und sie weisen auch darauf hin, daß die kurzgefaßten Beschreibungen von J. G. Wallerius [1] und seine Einteilung aller ,,steinernen Gesteine“ in nur 4 Arten für eine umfangreiche Vorstellung von der Verschiedenartigkeit und Vielzahl dieser ,,Hartkörper“, die einerseits Metalle enthalten und andererseits für verschiedene Schmucksachen verwendet werden, gar nicht ausreiche. Außer den Hinweisen auf Werke von J. G. Wallerius und J. G. Lehmann sind in der ,,Anleitung“ Spuren der gründlichen Kenntnis anderer Quellen, darunter des grundlegenden Werkes von J. A. Schlatter [5] und des klassisch gewordenen Werkes von M. V. Lomonosov ,,Erste Grundlagen der Metallurgie oder des Hüttenwesen“ [4] erkennbar. Die Ähnlichkeit des Inhalts einiger Abschnitte der Anleitung des Bergkollegiums aus dem Jahre 1770 (vor allem im zweiten Teil) mit einigen Kapiteln des Werkes von M. V. Lomonosov (,,Über Gänge“, ,,Über die Hoffnung der Bergleute“, ,,Über die Lagebestimmung“) bestätigt noch einmal überzeugend die von uns früher geäußerte Meinung [2, S. 133], daß die geologischen Werke des großen Gelehrten gut bekannt waren, hoch geschätzt und in der praktischen Tätigkeit von seinen Zeitgenossen verwendet wurden.

In den vier Abschnitten des zweiten Teils der ,,Anleitung“ wird der Begründung der Suchmerkmale, der Präzisierung einer Reihe von bergbaugeologischen Fachausdrücken, der Ausarbeitung der Zweckmäßigkeitskriterien für das ,,Anlegen von Bergwerken“ in Abhängigkeit von den geologisch-ökonomischen (Lagerungstiefe, Mächtigkeit, Aufbau usw.) und geographischen (Wasser- und Waldvorräte, Kommunikationen) Faktoren sowie von den ,,Verhältnissen der Ortslage und der Zeit“ große Aufmerksamkeit geschenkt. Es wird eine ausführliche Charakteristik der ebenen und hügeligen (gebirgigen) ,,Ortslagen“ gegeben.

---

[1]) Über Werke von J. G. Lehmann siehe Russisches biographisches Wörterbuch, Bd. Labzina – Ljašenko. – St. Petersburg 1914, S. 185.

Die Berge werden in große (die Länge und Breite beträgt einige Werst) und kleine Berge (weniger als ein Werst) sowie Hügel (kleine Berglein auf ebener Fläche) eingeteilt. Es wird betont, daß die regelmäßig vorkommenden und zuverlässigen (trächtigen) Erze meistens in den flachen einfallenden Bergen großer Erstreckung auftreten. In den kleinen steilen Bergen kommen Erze auch vor, aber selten können diese für ständig auftretend und zuverlässig gehalten werden.

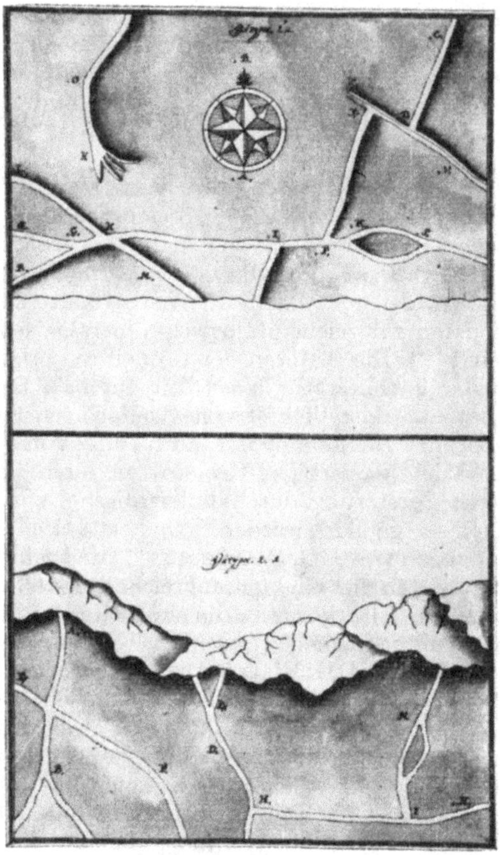

Schematische Zeichnung der Richtungen der Erzgänge (1770)

In einem speziellen Kapitel „Über Gänge“ werden ausfürlich die Parameter (Ausmaße, Lagerungstiefe, Streichrichtung, Erstreckung) und die Einteilung der Gänge in Klassen betrachtet. Die Hauptdefinition ist deutlich formuliert:

„Als Gänge bezeichnet man Spalten und Risse, die die Berge durchdringen und mit den im ersten Teil beschriebenen und sich vom Muttergestein und von der Lage des Berges selbst unterscheidenden Mineralstoffen ausgefüllt sind. Setzt sich z. B. der Berg aus dem graugefärbten Kieselgestein zusammen und ist die Spalte mit hellgefärbtem Bleierz ausgefüllt, so wird diese Spalte als Bleierzgang bezeichnet“.

Nach der im 18. Jahrhundert allgemeingültigen Terminologie (gemäß den Angaben des Bergkompasses) werden verschiedene horizontale und vertikale Richtungen der Gänge aufgeführt (s. Abbildung), die entsprechend bezeichnet werden — morgendliche, späte, flache, steile, aufrechte, liegende, flach fallende Gänge usw. Auch über andere praktischen Beobachtungen gibt es bemerkenswerte Anmerkungen: über häufige Kreuzung der Gänge, über „elementare“ Gänge, die taub sind; über den Übergang der engen (Mächtigkeit unter 1 Arschin) Gänge in breite und umgekehrt; über Erze, die im Innern der Erde nicht in Gängen, sondern als Nester auftreten; schließlich über folgende Beobachtung: „Je größere Teufenerstreckung die Gänge haben, desto breiter und an Edelmetallen ärmer werden sie“.

Die abschließenden Abschnitte des zweiten Teiles sind der Beschreibung der Suchmerkmale gewidmet, die in allgemeine und besondere (spezielle) Suchmerkmale eingeteilt sind. Der folgende kurze Auszug gibt die für jene Zeit charakteristische Auffassung der allgemeinen Merkmale wieder:

1. „Wenn in den Bächen und Quellen, die aus den Bergen ausfließen, irgendein aufgelöstes Mineral enthalten ist, was man am Geschmack schnell erkennen kann, und vor allem, wenn ein Eisenstück, das man in ihr Wasser sinken lassen hat, schnell verrostet;
2. wenn an den Bächen oder Flüßchen, die zwischen Bergen abfließen, Steine vorkommen, die meist zusammen mit den Erzen in den Gängen enthalten sind, und zwar: durchsichtiges Kristallglas, das farblos und manchmal grünlich, gelb oder kirschrot sein kann, und halbdurchsichtiges Kristallglas oder Quarz, ist zu hoffen, in diesen Bergen Erzgänge zu finden; dabei muß man auf folgendes aufpassen: sind die Steine scharfkantig und nicht gerundet, dann ist daraus zu folgern, daß die Gänge selbst in der Nähe liegen, und sind im Gegenteil die Steine gerundet, so liegen die Gänge von dem Ort, von dem die Steine abgetragen worden sind, weit entfernt.
3. Falls die auf der Oberfläche der Berge aufgefundenen Steine aneinander gerieben werden und dabei einen starken Geruch nach verbranntem Schwefel von sich geben, ist zu vermuten, daß in diesen Bergen Erze vorkommen. Doch muß man in diesem Fall sehr genau beobachten, ob kein Unterschied zwischen dem stofflichen Bestand der Steine und der Berge selbst besteht und die Steine nicht von anderer Stelle stammen.
4. Wenn die Erdoberfläche blutrote, blaue, gelbe oder grüne Farbe aufweist, ist zu hoffen, Kupfererze an den Orten zu finden, wo die Erdoberfläche blau oder grün gefärbt ist, und Eisenerze, wo diese rot oder gelb gefärbt ist.
5. Wenn das nesterartige Erz, das im Berg liegt, Gesteine enthält, aus denen das nahegelegene Gebirge besteht, müssen Gänge im nahegelegenen Gebirge vorkommen, weil das nesterartige Erz nichts anderes als nur ein Teil eines durch eine starke Erschütterung oder Überschwemmung zerrissenen und an andere Orte abgetragenen Ganges ist.
6. Die auf den Bergen, in denen Erzbildungs- und Mineralbildungsprozesse vor sich gehen, wachsenden Bäume sind meistens krank, d. h., ihre Blätter sind farblos, und die Bäume selbst sind klein, gekrümmt, astig, faul und vertrocknen vorzeitig.“

Es werden die Suchmerkmale abgesondert, die von der Lagerung der Erze selbst oder vom Zustand und der Art der Minerale in verschiedenen Gängen abhängig sind. Zum Beispiel, „hat der Hauptgang keine zu ihm einfallenden Spalten, ist er nicht besonders höffig“; „wenn die Gänge zusammentreten, sind die in ihnen enthaltenen Erze reicher an Metallen, als jeder einzelne von diesen Gängen“, „einzelne Gänge sind selten erzreich“. Es wird die Gesetzmäßigkeit des Überganges der Gänge, die oben erzarm sind, in erzreiche in den Tiefen bei 30—40 Sashen betont.

An einer Reihe von Beispielen werden beständige Kombinationen günstiger Merkmale vorgelegt. Darunter werden Bedingungen beschrieben, die für den Nachweis „starkmächtiger Quarzgänge“ verantwortlich sind. Das Auffinden solcher Gänge weist auf die Nähe der Metallerze, des öfteren des Goldes, hin, weil Quarz als „Metallmutter“ angesehen wird“.

Außerdem ist folgendes festgestellt worden:

— Kupfer- und Golderzgänge enthalten „in sich“ blaugefärbte Steine,
— ein beliebiger Hauptgang enthält Schwefel und gelblichen Ton (daraus gewinnt man Blei und ein wenig Silber),
— Antimon wird oft zusammen mit dem Silbererz usw. aufgefunden.

„Als günstige Merkmale, die auf die Metallnähe hinweisen", werden Fälle angesehen, wo das aus den Spalten in die Gänge durchsickernde Wasser das Sand- und Tonmaterial mitschleppt, aus dem Metalle, besonders Gold und Silber, ausgewaschen werden können.

Die vorläufige Gegenüberstellung des Inhalts der „Anleitung" von 1770 mit anderen Versuchen [3] zur Ausarbeitung ausführlicher Anleitungen und Vorschriften (1752, 1767, 1777, 1797) und mit den in der zweiten Hälfte des 18. Jahrhunderts wohlbekannten Werken solcher Wissenschaftler wie M. W. Lomonosov, J. G. Lehmann, J. A. Schlatter, J. G. Wallerius, P. S. Pallas läßt die Zusammenhänge zwischen dem theoretischen Erfassen geologischer Erscheinungen und Prozesse und der Verallgemeinerung der Erfahrungen aus der praktischen Tätigkeit erkennen.

Es ist ganz unverkennbar, daß für das gründliche Studium durch die Fachleute die Veröffentlichung dieses wertvollen historischen Dokuments als einer neuen Quelle zur Geschichte der Geowissenschaften in vollem Umfang erforderlich sein wird.

Literatur

[1] Wallerius, J. G.: Mineralogie oder Beschreibung verschiedener Erzarten und Bodenschätze der Erde. Aus der deutschen in die russische Sprache übersetzt von Ivan Schlatter. — St. Petersburg: 1763.

[2] Gol'denberg, L. A.: Die Karte des Nordkaukasus' (1768—1772) und Kurze Erklärung oder Mitteilung meiner Kenntnis vom Bergbau (1667) von S. L. Vonjavin. — In: Očerki po istorii geologičeskich znanij, Nr. 8, Moskau: 1959, S. 127—148.

[3] Gol'denberg, L. A.: Michail Fedorovič Sojmonov (1730—1804). Moskau: 1973.

[4] Lomonosov, M. V.: Erste Grundlagen der Metallurgie oder des Hüttenwesens. — St. Petersburg: 1763. (Dt. Übers. in: Ausgewählte Schriften in 2 Bänden. — Berlin: Akademie-Verlag, 1961.)

[5] Schlatter, J. A.: Ausführliche Anleitung zum Hüttenwesen (in 4 Teilen). — St. Petersburg 1760.

Schriftenr. geol. Wiss. · Berlin 24 (1985) · S. 165—169

Über die Beziehungen zwischen Paläontologie und Weltanschauung bei Otto Jaekel

Von Gerd Ludwig und Wolfgang Hansch (Greifswald)

Vorbemerkungen

Otto Jaekel (1863—1929) gehörte um die Jahrhundertwende zu den bedeutendsten Paläontologen in Deutschland. Die wichtigste Station seiner wissenschaftlichen Laufbahn war Greifswald. Von 1906 bis zu seiner Emeritierung im Frühjahr 1928 stand Jaekel dem Geologisch-Mineralogischen und später Geologisch-Paläontologischen Institut der Greifswalder Universität als Direktor vor. Bleibendes Zeugnis seines dortigen Wirkens ist die „Pommersche Geologische Landessammlung", die Jaekel am 2. 11. 1908 eröffnete. Jaekel erwarb sich Verdienste insbesondere auf dem Gebiet der Wirbeltierpaläontologie und der Pelmatozoenforschung. Darüber hinaus kämpfte er zeitlebens um die Selbständigkeit der Paläontologie und versuchte, sie als Disziplin von der Geologie zu lösen. Als eine Anregung für die Gründung der Kaiser-Wilhelm-Institute darf der von Jaekel unterbreitete Vorschlag angesehen werden, anläßlich der Hundertjahr-Feier der Berliner Universität im Oktober 1910, die Grundlegung einer Biontologischen Akademie zu verkünden. [10], [12] Unter Jaekels Vorsitz erfolgte 1912 in Greifswald die Gründung der Paläontologischen Gesellschaft mit einem eigenen Publikationsorgan.

Evolutionsauffassung

Der weltanschauliche Aspekt der Paläontologie kommt vor allem in der Phylogenetik zum Ausdruck. Jede Erklärung für evolutionäre Abläufe und Phänomene in der stammesgeschichtlichen Entwicklung geschieht auf der Basis einer theoretischen Konzeption, die zugleich bestimmte philosophisch-weltanschauliche Grundpositionen einschließt. Unter diesem Gesichtspunkt sind Jaekels Publikationen zur Evolutionsproblematik besonders interessant. Es soll im folgenden versucht werden, einige wesentliche Aspekte seiner Ansichten aus dialektisch-materialistischer Sicht kurz zu erörtern und in ihrer historischen Relevanz einzuschätzen.

Wie jeder ernsthafte Paläontologe um die Jahrhundertwende vertrat auch Jaekel die Auffassung einer evolutionären Paläontologie. Während in dieser Hinsicht weitgehend Einhelligkeit bestand, diskutierte man die Frage, inwieweit der Fossilbericht durch den Darwinschen Mechanismus der allmählichen Wandlung von Arten (Selektionsprinzip) zu erklären sei.

Eine Erscheinung, die durch dieses Prinzip materialistisch interpretiert wurde, war die relative Angepaßtheit der Organismen in Aufbau und Reaktion gegenüber der Umwelt. Jaekel dagegen erklärte die organismische Zweckmäßigkeit, die er zwar nicht absolut sah, wesentlich immanent-teleologisch und betonte als grundlegendes Charakteristikum eine den Organismen innewohnende Tendenz zur Vervollkommnung (1902 [4], 1916 [6]).

Auch zum Mechanismus der Vererbung, einer Problematik, die zu Beginn des 20. Jahrhunderts besonders in den Blickpunkt der biologischen Forschung gerückt war, nahm Jaekel Stellung. Ausgehend von der durch den Botaniker Naegeli aufgestellten „Micellarhypothese" entwickelte er ein mechanolamarckistisches Modell der Vererbung somatogener Eigenschaften (1922 [7]). Diese Auffassung Jaekels stellte aber nur eine Modifizierung der vorherrschenden Meinung dar, denn lamarckistisch orientierte Vererbungshypothesen wurden nach der Jahrhundertwende von einer großen Zahl der Biologen und auch Paläontologen vertreten.

Von zentraler Bedeutung für das Verständnis der Evolution war bei Jaekel die Beziehung zwischen Funktion und Form. Hieraus läßt sich der Kern der historischen Phylogenetik in bezug auf lamarckistische oder darwinistische Entwicklungskonzeption ableiten. Wird die organische Gestalt durch umweltbedingte Funktionen determiniert, oder realisiert sie sich durch die selektive Wirkung der Umwelt in ihrer Gesamtheit auf ein (genetisch) vorgegebenes Möglichkeitsspektrum? Jaekel vertrat mit dogmatischer Schärfe die lamarckistische Grundposition. Die Form ist Ausdruck ihrer Funktionen, dies war der Jaekelsche Fundamentalsatz (1902 [4]). Als modifizierende Elemente in phylogenetischer Hinsicht sah er die Ontogenese und die Artbildung an. Bei der Speziation hielt Jaekel das Kriterium der Kreuzbarkeit und die räumliche Isolation für wesentlich (1902 [4], 1914 [5]). Trotz dieses in den Grundlagen richtigen Artkonzeptes negierte Jaekel die Bedeutung der Art als grundlegende Kategorie für die stammesgeschichtliche Entwicklung. Er schrieb:

„Damit wurde die Artbildung zum Ausgangspunkt jeder phylogenetischen Divergenz als erste Etappe, mit der jede Umbildung beginnen musste. Diese Annahme, die in der Universalität der Artbildung ihre Grundlage und in der Selektionslehre ihre Stütze gefunden hat, suchte ich durch den Hinweis darauf zu entkräften, dass die Artbildung eine Folge des Kreuzungsausgleiches sei und dass die specifischen Charaktere, die sich dabei summieren, im allgemeinen in der Summierungsrichtung nicht zu denjenigen morphologischen Kennzeichen führen, die wir für die Begründung höherer systematischer Einheiten als unerlässlich ansehen" (1902 [4], S. 54).

Jaekel vertrat damit indirekt die Ansicht, daß jene höheren systematischen Kategorien durch einen im Vergleich zur Art anderen Bildungsmechanismus beherrscht werden. Hierin zeigt sich bereits ein Grundzug makroevolutionistischen Denkens. Zugleich wird die erst in den 20er und 30er Jahren terminologisch fixierte Problemstellung angedeutet. Phylogenetische Determiniertheit der Art und damit letztlich mikroevolutives Muster als konstitutive Basis stammesgeschichtlicher Entwicklung oder Mikro- und Makroevolution (im Sinne von Wappler 1973 [11], S. 29) als weitgehend unabhängige Prozesse und durch voneinander verschiedene Faktoren gesteuert.

Phylogenetische Prozesse werden bei Jaekel wesentlich durch Orthogenese, Epistasie und Metakinese definiert (1902 [4]). Die beiden letztgenannten von ihm eingeführten Bezeichnungen sind als begriffliche Modifizierungen einer Reformierung des Strukturplanes in frühontogenetischen Stadien anzusehen.

Wesentliche Momente all dieser Auffassungen Jaekels finden sich bei Beurlen (1932 [2], 1937 [3]) und Schindewolf (1950 [9]) wieder. Beide Paläontologen sind Vertreter eines Makroevolutionismus. So drücken Jaekels Vorstellungen der Metakinese und bedingt der Epistasie das Charakteristische der Schindewolfschen Typogenesephase aus — explosive Typenentstehung und damit diskontinuierliche Formbildung. Beide erachten, durch die Korrelation der Teile bedingt, die Umformung um so wirksamer, je früher sie erfolgt. Die von Jaekel (1914 [5]) mittels des Begriffes „Enggenese" modifizierte Orthogenese wäre ein Element der Typostasephase Schindewolfs. Auch auf einzelne Erscheinungen der Typolysephase wurde durch Jaekel bereits hingewiesen. Als eine Ursache für solche Entartungen sah er, ähnlich wie später Schindewolf, ein „Ende der phyletischen Lebenskraft" an (1902 [4], S. 58). Wenn Schindewolf als Kern seines Typostrophismus eine Entwicklung vom Allgemeinen zum Speziellen ansieht, die durch „durchgreifende Umformungsschritte" immer wieder reaktiviert wird (vgl. Schindewolf 1950 [9], S. 398), so gehen Jaekels Überlegungen von einem „durchgreifenden Verjüngungsprozeß", dem die höheren systematischen Kategorien ihr Dasein verdanken (vgl. JAEKEL 1902 [4], S. 53), in eine ähnliche Richtung. Obwohl die Typostrophenlehre autogenetisch begründet ist, und SCHINDEWOLF den Neolamarckismus JAEKELS vollkommen negiert (SCHINDEWOLF 1936 [8], 1950), besteht zwischen beiden Auffassungen in der Endkonsequenz überwiegend Einigkeit in der Ablehnung der prinzipiellen Bedeutung des kontinuierlichen DARWINschen Selektionsprinzips und der Annahme besonderer Evolutionsmechanismen für die stammesgeschichtliche Entwicklung.

Zusammenfassend läßt sich feststellen, daß JAEKEL von einer nicht konsequent durchgehaltenen mechanisch-materialistischen Naturauffassung (Neolamarckismus) ausging. Der von DARWIN hergestellte Zusammenhang von individueller Variation und natürlicher Selektion in der Evolution der Organismen und der damit vermittelte dialektische Widerspruch zwischen Innerem und Äußerem in der Organismus-Umwelt-Beziehung wurden von ihm nicht erkannt bzw. nur als eine mechanische Kausalkette betrachtet. Diese mechanistische Denkweise enthielt bei JAEKEL vereinzelt auch teleologisch-vitalistische Vorstellungen. Letztere kommen besonders in seiner Gegenüberstellung von Maschine und Organismus zum Ausdruck, wo er dem Mechanizismus den Vitalismus entgegensetzt (1922 [7]).

Die lamarckistische Grundtendenz und ihre teilweise eklektische Vereinigung mit vitalistischen Ansichten, wie wir sie bei JAEKEL finden, kann durchaus auch als ein Spiegelbild der theoretischen Diskussion in der damaligen Paläontologie angesehen werden. Eine verstärkte Verbreitung neolamarckistischen Schrifttums in jener Zeit legt davon Zeugnis ab. Dabei darf nicht übersehen werden, daß diese Entwicklung nicht nur durch wissenschaftsinterne Faktoren, sondern ebenso auch durch allgemeine gesellschaftliche Prozesse determiniert war.

Insbesondere JAEKELS Publikation aus dem Jahre 1902 zu den Besonderheiten und dem Ablauf der phylogenetischen Entwicklung ist als historisch bedeutsam und von problemgeschichtlichem Interesse einzuschätzen. Sie stellt zu dieser Zeit einen wichtigen Versuch dar, Erklärungen für die paläontologischen Tatsachen und Erscheinungen in jener Problematik zu geben. Allerdings waren von seiner philosophisch-weltanschaulichen Position und dem damaligen Entwicklungsstand der Paläontologie als Wissenschaftsdisziplin die dabei auftretenden Fragen nicht zu beantworten.

Staat und Gesellschaft. Politische Ansichten

JAEKEL gehörte zur relativ kleinen Zahl jener Naturwissenschaftler, die sich bemühten, auch den Menschen und sein gesellschaftliches Dasein aus der Sicht ihres Fachgebietes zu erklären. Seine diesbezüglichen Vorstellungen entsprangen aber letztlich bestimmten bürgerlichen Gesellschaftskonzeptionen und entsprachen herrschenden, im Grunde imperialistischen politischen Auffassungen des beginnenden 20. Jahrhunderts in Deutschland. JAEKEL unternahm den Versuch, solche Ansichten theoretisch zu begründen, indem er sie auf vermeintlich allgemeine Gesetze und Prinzipien der natürlichen Entwicklung zurückführte.Damit war JAEKEL keineswegs originell, denn der Sozialdarwinismus, seit dem letzten Viertel des 19. Jahrhunderts sich in Deutschland ausbreitend und überwiegend das ideologische Geschäft der deutschen Großbourgeoisie betreibend, ging eben in dieser Richtung vor. Wenn überhaupt, dann besteht das Besondere an JAEKELS Ansichten in der, wenn man es so nennen will, neolamarckistischen Variante sozialdarwinistischer Begründung sozialer Verhältnisse und Entwicklung.

Hauptquelle unserer Kenntnis der gesellschaftstheoretischen sowie politischen Auffassungen JAEKELS ist sein 1916 im Selbstverlag erschienenes Buch „Die natürlichen Grundlagen staatlicher Organisation“ [6]. Darüber hinaus finden wir in ihm auch eine relativ ausfürliche Darstellung der wesentlichen Punkte seiner Evolutionskonzeption.

Jaekel macht in diesem Werk eine biologistische Betrachtungsweise zur allgemeinen theoretischen Grundlage seiner Ausführungen. Er faßt den Menschen nur als biologisches Wesen und Produkt der tierischen Evolution bzw. die gesellschaftlichen Verhältnisse als Kopien natürlicher Wechselbeziehungen im Organismenreich auf. Dabei werden Gesellschaft und Staat, wie in sozialdarwinistischen Theorien seiner Zeit üblich, losgelöst von den ökonomischen Grundlagen und Klassenverhältnissen dargestellt. Diese Vorstellungen verknüpfen sich mit holistischem Gedankengut. Wie in einem Organismus jedes Teil eine bestimmte Funktion zu erfüllen habe, so müsse auch im Staat der einzelne an seinem Platz die ihm zubestimmten Aufgaben ausführen. Ausgehend von dem naturwissenschaftlichen Phänomen eines verschiedenartigen Angepaßtseins der Organismen postuliert Jaekel eine unterschiedliche Wertigkeit des Menschen. Die Unterordnung der Minderbegabten unter eine herrschende bürgerliche Elite in einem autoritären, hierarchisch gegliederten Staatsgebilde erscheint ihm naturgemäß und notwendig. Darwins Metapher vom biologischen ,,Kampf ums Dasein" sieht Jaekel als beherrschendes Element im Leben der Menschen an. Kriege werden in diesem Zusammenhang als unvermeidliche Konsequenz betrachtet.

Diese Ansichten Jaekels, die politisch zu ausgesprochen reaktionären Konsequenzen führen, entsprechen ganz den seinerzeit verbreiteten Theorien des Sozialdarwinismus. Es lassen sich besonders auffällige Parallelen zum Elaborat des Soziologen Ammon ,,Die Gesellschaftsordnung und ihre natürlichen Grundlagen" (1895) [1] feststellen. Die Entwicklung dieser Variante imperialistischer Ideologie wurde von bestimmten Vertretern der Monopolbourgeoisie intensiv gefördert. So fand 1903 ein Preisausschreiben unter der Thematik ,,Was lernen wir aus den Prinzipien der Deszendenztheorie in bezug auf die innerpolitische Entwicklung und Gesetzgebung der Staaten" statt. Initiator war F. A. Krupp, der wegen seines paläontologischen Interesses auch mit Jaekel freundschaftlich verkehrte. Eine nationalistische und antidemokratische Position in politischen Fragen zeigte sich bei Jaekel deutlich während der Zeit des 1. Weltkrieges, an dem er als Freiwilliger von 1914 bis 1916 teilnahm. So begrüßte er zum Beispiel die Zustimmung der rechten Führer der deutschen Sozialdemokratie zu den Kriegskrediten und sah als oberste Pflicht die Erhaltung eines ,,Burgfriedens" an (1916 [6]). Jaekel machte sich damit besonders in diesem Zeitraum zum Apologeten des deutschen Imperialismus und seiner militaristischen Ziele. Prinzipiell hat er diese reaktionäre Ideologie bis zu seinem Tode nicht aufgegeben.

Es wäre nun einseitig, die Ursachen dafür in der Beschäftigung mit Evolutionsfragen aus paläontologischer Sicht und einer teilweisen Übertragung der dabei gewonnenen Einsichten auf die menschliche Gesellschaft zu suchen. Jaekels Grundpositionen sowohl zur Gesellschaft als auch zur Stammesgeschichte waren zu Beginn des 20. Jahrhunderts für zahlreiche bürgerliche Intellektuelle, darunter Paläontologen, durchaus akzeptabel. Auch in der Folgezeit hat die Auseinandersetzung mit solchen oder ähnlichen Fragestellungen bei Paläontologen wiederholt zu idealistischen Spekulationen geführt (z. B. Dacque, Beurlen).

Grundlage jeder Diskussion solcher Probleme kann letztlich nur die Erkenntnis der Dialektik von Biotischem und Gesellschaftlichem und vor allem von der Eigengesetzlichkeit der gesellschaftlichen Entwicklung sein.

Literatur

[1] Ammon, O.: Die Gesellschaftsordnung und ihre natürlichen Grundlagen. — Jena: 1895.

[2] Beurlen, K.: Funktion und Form in der organischen Entwicklung. — Naturwissenschaften, Berlin **20** (1932) 5, S. 73—80.

[3] BEURLEN, K.: Die stammesgeschichtlichen Grundlagen der Abstammungslehre. — Jena: 1937.
[4] JAECKEL, O.: Ueber verschiedene Wege phylogenetischer Entwicklung. — Sonder-Abdruck aus den Verhandlungen des V. Internationalen Zoologen-Congresses zu Berlin, 1901. — Jena: 1902.
[5] JAEKEL, O.: Wege und Ziele der Palaeontologie. — Paläont. Z., Berlin **1** (1914), S. 1—57.
[6] JAEKEL, O.: Die natürlichen Grundlagen staatlicher Organisation. — Berlin—Brüssel: 1916.
[7] JAEKEL, O.: Funktion und Form in der organischen Entwicklung. — Paläont. Z., Berlin **4** (1922) 2/3, S. 147—166.
[8] SCHINDEWOLF, O. H.: Paläontologie, Entwicklungslehre und Genetik. — Berlin: 1936.
[9] SCHINDEWOLF, O. H.: Grundfragen der Paläontologie. — Stuttgart: 1950.
[10] SCHINDEWOLF, O. H.: Begrüßungsansprache des Geschäftsführers. — Paläont. Z., Stuttgart **37** (1963) 1/2, S. 28—31.
[11] WAPPLER, S.: Philosophische Studien zum Problemkreis Genetik und Evolution. — Jena: 1973.
[12] WENDEL, G.: Die Kaiser-Wilhelm-Gesellschaft 1911—1914. Zur Anatomie einer imperialistischen Forschungsgemeinschaft. — Berlin: 1975.

Schriftenr. geol. Wiss. · Berlin 24 (1985) · S. 171–176

Die sowjetischen „erdölgeologischen Schulen" und ihr Beitrag zur Entwicklung der Erdölgeologie

Von HERBERT PÄTZ (Freiberg)

„Eine gute Schule verleiht ihr Wissen nicht dazu, daß ihre Schüler anderen überlegen sein können. Sie verleiht überlegenes Wissen."

BERTOLT BRECHT (1898–1956)

1. Die wissenschaftliche Schule als schöpferisches Element in der Wissenschaftsentwicklung

Eigentlich sollten durch eine eindeutige Definition einer „wissenschaftlichen Schule" die Grundlagen für die Entwicklungsanalyse einer speziellen geowissenschaftlichen Disziplin, wie der Erdölgeologie unter dem Aspekt wissenschaftlicher Schulen hinreichend gegeben sein. Die Auffassungen über die wissenschaftlichen Schulen und ihr Wirken sind aber so unterschiedlich, daß man die gegenwärtig bekannten Formulierungen als Diskussionsbeiträge bzw. als Versuche zur Charakterisierung einzelner Herausbildungs- und Wirkungsfaktor von wissenschaftlichen Schulen werten kann. Grundlegend hat sich neben anderen Wissenschaftlern STEINER [18] damit auseinandergesetzt. Wenn er die „wissenschaftlichen Schulen als solche Organisationsform, in der sich die(se) [P.] dialektische Einheit von individuellem und kollektivem Erkenntnisfortschritt verwirklicht" definiert, so erfordert diese hohe Abstraktion eine ergänzende Erläuterung zur Charakterisierung der verschiedenen Betrachtungsweisen. In den kurzen nachfolgenden Darlegungen muß auf derartige Erörterungen verzichtet werden, stagnierende Einflüsse als Folge von sog. Schulenbildungen werden bewußt nicht ausführlich diskutiert. Im Sinne RODNYJS [16] wird vielmehr versucht, in den Beziehungen zwischen Wissenschaftlerpersönlichkeiten, der Wissenschaftsentwicklung und den methodischen Aspekten einige Charakteristika für wissenschaftliche Schulen auf dem Gebiet der Erdölgeologie kurz vorzustellen.

Wenn STEINER [18] wissenschaftliche Schulen stets als ein Ergebnis der dialektischen Einheit von Gesellschafts- und Wissenschaftsentwicklung postuliert, so hat gerade die sowjetische Erdölgeologie mit ihren speziellen theoretischen Richtungen und ihrem methodischen Vorgehen in der wissenschaftlichen und praktischen Tätigkeit wesentlich zur Herausbildung und Konsolidierung der Erdölgeologie als selbständige Wissenschaft beigetragen. Damit werden keineswegs die Einzelbeiträge der nichtsozialistischen sozialökonomischen Gesellschaftsformation negiert; sie bestimmen aber nicht den Wissenschaftsinhalt und die Organisation der Erdölgeologie in ihrer Gesamtheit.

2. Die schulenbildenden Faktoren in der sowjetischen Erdölgeologie

Im wesentlichen lassen sich die schulenbildenden Faktoren nach dem Hierarchieprinzip ordnen, wobei sich von der Entstehungsgeschichte her die Schulenbildung vom Lagerstättenabbau seit 1925 über die Suche und Erkundung zur Höffigkeitsbewertung größerer Gebiete vollzog. Geht man von dem gegenwärtig wirkenden Nachweiszyklus neuer

Lagerstätten aus, denn bilden die Höffigkeitsbewertung, die Such- und Erkundungsrichtungen bzw. -methodiken sowie die geologische Abbausteuerung der KW-Lagerstätten mit den sich inzwischen schon herausgebildeten Spezialdisziplinen in der Erdölgeologie die Schulenfaktoren 1. Ordnung. Wissenschaftsinhalte dieser Faktoren sind die Grundlagen für schulenbildende Faktoren 2. Ordnung, so die KW-Genesevorstellun-

Tabelle 1. Sowjetische erdölgeologische Schulen nach Wissenschaftlern und Entwicklungsrichtungen (Auswahl)

	Schulenbildende Faktoren	Vertreter bekannter sowjetischer Schulen	Hauptinhalt als Charakteristikum
I. Ordnung	Höffigkeitsbewertung	Gubkin, I. M.; Brod, I. O.; Bakirov, A. A. Dikenštejn, G. Ch. u. a.	Analogiemethode nach großtektonischen Einheiten geologische Gesamtanalyse
	Such- und Erkundungsrichtungen bzw. -methodiken	Bakirov, A. A.	Großlagerstätten, geologische Paläo-Analyse
		Nestorov, I. I.	Kriterienanalyse
	Abbauführung nach geologisch wissenschaftlich begründeten Erkenntnissen	Abramovič, M. V.; Mirčink, M. F.	Abbauprojektierung
		Ždanov, M. A.	Vorratsberechnung
II. Ordnung	Kohlenwasserstoff-Genesevorstellungen	Gubkin, I. M.; Barikov, A. A.	organische Theorie — Paläomilieu
		Vassoevič, N. B.; Neručev, S. G.	Hauptphase der KW-Genese
		Kantorovič, A. E. u. v. andere	Inkohlung
		Kudrjačev, N. A.; Kropotkin, P. N.; Dolenko, G. N.	Anorganische Theorien
	Kohlenwasserstoff-Lagerstättenbildungs- und -erhaltungsbedingungen	Gubkin, I. M.; Brod, I. O.	lithologische Fallen, Fallenklassifizierung insgesamt
	Kohlenwasserstoff-Lagerstättenverteilungsgesetzmäßigkeiten	Gubkin, I. M.	Tafel- u. Geosynklinalgebiete
		Brod, I. O.	Beckengliederung
		Bakirov, A. A.	Provinzengliederung
		Sorochtin, O. T.; Ušakov, S. A.; Zonenšajn, L. P.	Plattentektonik
III. Ordnung	Geologische Methoden	Gubkin, I. M.; Brod, I. O.	Kartierung
	Geophysikalische Methoden:		
	Feld-	Gamburcev, G. A.	Seismik
	Bohrloch-	Dachnov, V. N.	Elektrik, Radiometrie
	Geochemische Methoden	Sokolov, V. A.	Bodengasanalyse
		Maksimov, P. S.; Rodionova, V. F.	Bodengasanalyse, organische Geochemie
		Karcev, A. A.	Hydrogeologie
	Mathematische Methoden	Voronin, Ju. A.; Karataeva, G. N.; Churgin, Ja. I.	Statistik, Algorithmen, Faktorenanalyse
	Reservoirmechanische Methoden	Trebin, F. A.; Ščelkačev, V. N.	Strömungsmodelle

(nach zahlreichen Lehrbüchern und Spezialarbeiten zusammengestellt, s. auch Pätz [15]) gen, die KW-Lagerstättenbildungs- und Erhaltungsbedingungen sowie die daraus abgeleiteten KW-Lagerstättenverteilungsgesetzmäßigkeiten. Demgegenüber kann man in den Einzelmethoden und -verfahren zur Analyse der KW-Lagerstättensituation bestimmter Untersuchungsgebiete bzw. im Globalmaßstab schulenbildende Faktoren 3. Ordnung sehen. Zwischen diesen drei Faktoren bestehen naturgemäß Wechselwirkungen, so daß es zwischen den damit verbundenen wissenschaftlichen Schulen sowohl in der schöpferischen Tätigkeit der Wissenschaftler als auch in den organisatorischen Strukturen (Hochschulen, Forschungsinstitute) keine scharfen Trennlinien gibt. Die in der Tabelle 1 dargestellte Faktorenhierarchie wurde durch bekannte Wissenschaftlergruppen und ihre vertretenen Auffassungen, die den eigentlichen Schulencharakter ausmachen, ergänzt. Eine detaillierte Beschreibung dieser spezifischen Richtung ist nicht möglich. Durch die wichtigsten Begriffe werden die Inhalte nur angedeutet.

Das fernere Ziel erdölgeologischer Schulen, vor allem auf Grund der Faktoren 1. und 2. Ordnung ist in der Herausbildung einer allgemeingültigen KW-Lagerstättengenese und -verteilungstheorie im Sinne einer „Minerogenie“ der Kohlenwasserstoffe zu sehen. Hierfür gibt es erste Voraussetzungen durch die allgemein anerkannten tektonischen Schulen, wie sie sich in der SU besonders intensiv und markant entwickelt haben. [6]

3. Die sowjetischen erdölgeologischen Schulen als disziplinbildende Faktoren

Sowohl die Ausstrahlung einzelner Wissenschaftler, wie z. B. I. M. Gubkin, I. O. Brod oder M. V. Abramovič — um nur einige zu nennen —, als auch die Herausbildung spezieller erdölgeologischer Entwicklungsrichtungen führte zur Entstehung und Konsolidierung der Erdölgeologie als Einzeldisziplin. Charakteristisch hierfür sind die seit 1920 bestehenden spezifischen Ausbildungs- und Forschungsstätten sowie die Existenz aller weiteren Kriterien, wie sie für eine Einzeldisziplin bzw. Spezialisierungsrichtung typisch sind. [7, 8, 9, 11, 5] Außerdem führten gerade die erdölgeologischen Schulen in der Sowjetunion zu einer bemerkenswerten Spezialisierung innerhalb der erdölgeologischen Ausbildung. Die in Tabelle 2 zusammengefaßten Ausbildungsdisziplinen entsprechen den Hauptrichtungen der sich in der UdSSR immer mehr vollziehenden Spezialisierung. Die Erdölgeologie, in der SU als Erdöl-Erdgasgeologie bezeichnet, erweist sich somit als eine besonders deutliche Widerspiegelung der Einheit von Differenzierung bzw. Spezialisierung und Integration einer Wissenschaftsdisziplin.

4. Der Einfluß der erdölgeologischen Schulen auf die Erdöl- und Erdgassuche in der DDR

Für die Entwicklung der Erdölgeologie in der DDR haben sowjetische Wissenschaftler und in ihrer Person auch bestimmte erdölgeologische Schulen einen entscheidenden Anteil geleistet, nämlich:

1. bei der Ausbildung von Studenten, Aspiranten, Zusatzstudenten für die Praxis und Wissenschaft in der UdSSR an Hochschulen und in Industriebereichen
2. durch das Wirken sowjetischer Wissenschaftler an Hochschulen der DDR, vor allem an der Bergakademie Freiberg seit 1959 [12]
3. durch Konsultationen bzw. durch Organisation und Leitung der wissenschaftlichen Tätigkeit bei der Suche und Erkundung von KW-Lagerstätten in der DDR, insbesondere während der Erdöl- und Erdgasneueinschätzung der KW-Führung in der DDR zwischen 1967 und 1969 [6, 3]
4. durch die freimütige Unterstützung von Studierenden an den Hochschulen und Universitäten in der DDR bei Praktika und Exkursionen in der UdSSR;

Tabelle 2. Die spezifischen Erdöl- und Erdgasgeologischen Ausbildungsdisziplinen in der UdSSR

Die Erdöl- bzw. Erdöl-Erdgasgeologie als integrierende Einzelwissenschaft

		Perspektive
Erdöl-Erdgas-Such- u. Erkundungsgeologie	Erdöl-Erdgasfeldgeologie bzw. -förder- oder -abbaugeologie	— Marine Erdöl- u. Erdgasgeologie — Erdölbergbaugeologie
— Prognose bzw. Höffigkeitsbewertung — Allgemeine Erdölgeologie — Lagerstättenlehre — Methodik d. Suche und Erkundung	— Testgeologie	

Fach- und Spezialstudienrichtungen:

Erdöl/Erdgas-Such- u. Erkundungsgeologie	mit den Richtungen	↗ ↘	1. Höffigkeitsprognose (Ressourcenlehre [10; Lit. 2, 13, 14]) 2. Theoretische Grundlagen der Erdöl- u. Erdgassuche u. -erkundung
Erdölfeldgeologie	mit den Richtungen	↗ → ↘	Test- u. Fördergeologie Vorratsberechnung Reservoirmechanik (Physik bzw. Hydraulik der Erdölhorizonte)
Geophysik zum Nachweis von Erdöl-Erdgaslagerstätten	mit den Richtungen	↗ ↘	Feldgeophysik Bohrlochgeophysik
Geochemie der Kaustobiolithe	mit den Richtungen	↗ ↘	Geochemie der Erdöl- u. Erdgaslagerstätten Erdölgeochemische Suche u. Erkundung von Erdöl-Erdgaslagerstätten

sicherlich ließen sich noch weitere Möglichkeiten der Unterstützung und Zusammenarbeit nennen. Bezogen auf die Thematik läßt sich resümieren, daß im wesentlichen die Vertreter der organisch-genetisch orientierten erdölgeologischen Schulen der UdSSR die Entwicklung in der DDR beeinflußt haben.

Es soll aber auch darauf aufmerksam gemacht werden, daß in jüngster Zeit das Gedankengut der anorganisch-genetisch orientierten Schulen in Betrieben der Erdöl-Erdgassuche und -erkundung der DDR sowie auch in populären Mitteilungen der Tagespresse Eingang gefunden hat. Gerade die zuletzt genannte Thematik erregt immer wieder die Gemüter; Hinweise auf das Verhältnis beider grundlegenden Richtungen und ihre Berechtigung bzw. Irrtümer gibt es in mannigfaltiger Form. Entscheidend bleibt wohl gegenwärtig die Tatsache, daß die wirtschaftlichen KW-Akkumulationen ausschließlich nach den organisch ausgerichteten Grundgesetzen gesucht, gefunden und genutzt worden sind bzw. werden, was sich auch für die DDR feststellen läßt.

5. Ausblick auf künftige Entwicklungstrends

Analysiert man die Entwicklung der erdölgeologischen Schulen in der Sowjetunion, so scheinen sich die schulenbildenden Faktoren der 3. Ordnung, d. h. die Einzelmethoden eine besondere Bedeutung zu erlangen. Die Anwendung mathematischer Methoden sowie der Fernerkundungsmethoden aus dem Weltraum bzw. auf den Weltmeeren führt zu weiteren Schulen- und Spezialdisziplinenausbildung. Hinsichtlich der genetischen Auffassungen sowie der daraus abzuleitenden Verteilungsgesetzmäßigkeiten, deutet sich die Herausbildung einer neuen selbständigen Schule auf der Basis einer kombinierten KW-Genese an. Danach sind die Ausgangssubstanzen organischer Natur, während die Umwandlungs- bzw. Geneseprozesse der Substanzen bzw. Kohlenwasserstoffe anorganisch-geologischen Charakter tragen, wie z. B. im Falle des Plattentektonikmodells von SOROCHTIN u. a. [17] oder nach Auffassung TROFIMUKS [3].

Literatur

[1] Autorenkollektiv: Hochschulführer für die Lehr- und Forschungsstätte MINChiGP „I. M. GUBKIN“ — Moskau: Verl. Vneštorg-izdat, 1977.

[2] BELONIN, M. D.: Metodičeskie aspekty ocenki perspektiv neftegazonosnosti zemel'. — Geol. nefti i gaza, **22** (1977) 12, S. 32—37, 10 Lit., Moskau: „Nedra“, 1977.

[3] BOCHMANN, M.; SCHMIDT, K.: Der Einfluß der sowjetischen Geologie auf die Entwicklung der Erdöl- und Erdgasgeologie in der DDR. — Z. angew. Geol., Berlin **18** (1972) 12, VII—X.

[4] DÜMDE, B.: Bodenschätze durch Erdbeben? — ND-Notiz vom 15./16. 10. 1983, S. 12.

[5] FABIAN, E.; GIRNUS, W.; HOFFMANN, D.; RICHTER, J.: Gemeinsamkeiten und Differenzen in der historischen Genese neuer Wissenschaftsdisziplinen. — Rostocker wiss.-hist. Mskr., Rostock 1 (1978), S. 35—44.

[6] GLUSCHKO, W. W.; DIKENSCHTEJN, G. CH.: Die Entwicklung der Erdöl- und Erdgasgeologie in den 50 Jahren des Bestehens der UdSSR. — Z. angew. Geol., Berlin **18** (1972) 12, II—VII.

[7] GUNTAU, M.: Kriterien für die Herausbildung der Lagerstättenlehre als Wissenschaft im 19. Jahrhundert. — Geologie, Berlin **20** (1971) 4/5, S. 348—361.

[8] GUNTAU, M.: Zur Herausbildung wissenschaftlicher Disziplinen in der Geschichte (Thesen). — Rostocker wiss.-hist. Mskr., Rostock 1 (1978), S. 11—24.

[9] GUNTAU, M.: Zur Herausbildung der Geologie als naturwissenschaftliche Disziplin am Ende des 18. Jahrhunderts. — Rostocker wiss.-hist. Mskr., Rostock 2 (1978), S. 87—98.

[10] ISTOMIN, A. N.: Resursologija — novoe napravlenie v geologii prirodnogo gaza. — Gazovaja promyšlennost' **22** (1977) 5, S. 11—14, 10 Lit., Moskau: „Nedra“, 1977.

[11] KANT, H.: Der Einfluß gesellschaftlicher Bedürfnisse auf Herausbildung und Entwicklung der modernen Halbleiterphysik. — Rostocker wiss.-hist. Mskr., Rostock 2 (1978), S. 37—50, 4 Abb., 2 Tab., 19 Lit.

[12] MEINHOLD, R.; PÄTZ, H.: Die Beziehungen zwischen der Bergakademie Freiberg und sowjetischen Geologen auf dem Gebiet der Brennstoffgeologie. — Z. geol. Wiss., Berlin **4** (1976) 2, S. 209—217, 2 Abb., 7 Lit.

[13] NALIVKIN, V. D., u. a.: Teoretičeskie osnovy prognozirovanija neftegazonosnosti. — Geol. nefti i gaza **21** (1977) 12, S. 7—12, 13 Lit., Moskau: „Nedra“, 1977.

[14] NESTEROV, I. I., u. a.: Novye charakteristiki potencial'nych resursov. — Geol. nefti i gaza, **21** (1977) 12, S. 26—32, 3 Abb., 2 Tab., 3 Lit., Moskau: „Nedra“, 1977.

[15] PÄTZ, H.: Zur Geschichte des Wissenschaftszweiges „Erdölgeologie“. — Geologie, Berlin **19** (1970) 6, S. 637—659, 5 Abb.

[16] RODNYJ, N. J.: Probleme des wissenschaftlichen Schöpfertums und der Organisation der Wissenschaft in den Arbeiten von Naturwissenschaftlern. — In: „Wissenschaft — Studien zu ihrer Geschichte, Theorie und Organisation“, Berlin: Akademie-Verlag, 1972, S. 96 bis 151.

[17] Sorochtin, O. T.; Ušakov, S. A.; Fedinskij, V. V.: Dinamika litosfery plit i proischoždenie nefti i gaza. — Dokl. Akad. Nauk SSSR, Moskva **214** (1974) 6, S. 1407–1410.
[18] Steiner, H.: Wissenschaftliches Schöpfertum und Schulen der Wissenschaft. — Berlin: 1977, 316 Seiten, 6 Abb., 4 Tab., Lit.

FSC
www.fsc.org
MIX
Papier | Fördert gute Waldnutzung
FSC® C083411

Kolibri 360 GmbH
Ferdinand-Jühlke-Straße 7
99095 Erfurt, Deutschland
produktsicherheit@kolibri360.de